平原河网地区微污染
饮用水源生态净化

——盐龙湖湿地运行与管理研究

朱雪诞　左倬　胡伟　仓基俊　著

科 学 出 版 社

北 京

内 容 简 介

　　盐龙湖是我国首个沿海平原地区平地开挖建设的饮用水源生态净化工程。盐龙湖工程运用人工湿地水质净化作用,使蟒蛇河原水经净化处理后主要指标稳定达到Ⅲ类水标准;同时利用蓄水功能,在发生突发性水污染事件时,能保证盐城市区上百万居民7天正常供水,保障供水安全。历经7年的设计、施工建设、试验研究和运行优化,盐龙湖工程的主要功能全部得以实现。本书内容来源于历年盐龙湖工程科研成果的总结提炼,综合反映了盐龙湖工程建设、管理过程中的技术问题及解决方法,对今后类似饮用水源生态净化工程和人工湿地项目的设计优化、施工建设、运行管理具有指导和借鉴意义。

　　本书可供从事水体生态修复、湿地净化、水源地建设及管理的技术人员、科研人员和高等院校师生使用。

图书在版编目(CIP)数据

平原河网地区微污染饮用水源生态净化——盐龙湖湿地
运行与管理研究/朱雪诞等著. —北京:科学出版社,2016.11
　ISBN 978-7-03-050674-0

Ⅰ. ①平… Ⅱ. ①朱… Ⅲ. ①人工湖—饮用水—水源
卫生—盐城—文集 Ⅳ. ①TV882.953.3-53 ②TU991.2-53

中国版本图书馆 CIP 数据核字(2016)第 276881 号

责任编辑:许　健
责任印制:谭宏宇 / 封面设计:殷　靓

科 学 出 版 社 出版
北京东黄城根北街 16 号
邮政编码:100717
http://www.sciencep.com

南京展望文化发展有限公司排版
苏州越洋印刷有限公司印刷
科学出版社发行　各地新华书店经销

*

2016 年 11 月第 一 版　　开本:B5(720×1000)
2016 年 11 月第一次印刷　印张:16 3/4　插页:2
字数:384 000

定价:96.00 元
(如有印装质量问题,我社负责调换)

写作人员名单

审　核：李　巍　仓基俊

主　编：朱雪诞　左　倬　胡　伟　仓基俊

参加人员（按拼音排序）：

蔡丽婧　曹　卉　陈庆华　陈煜权

成必新　符新峰　何　伟　华浩发

蒋　欢　李茂学　李　阳　陆惠萍

卿　杰　饶婧婧　汤志华　唐陈杰

王　超　王瀚林　徐　平　余科平

张　俊　朱　斌　朱冬舟　周　晋

前　　言

随着经济的高速发展,我国许多水源地都受到了不同程度的污染,尤其是开放式河道型水源地极易受到化学品泄漏等突发性水污染事件的影响,供水安全状况堪忧,与社会不断提高的水资源和水质需求之间的矛盾与日俱增。近年来,我国在饮用水源污染防治方面做了许多工作,但仍有不少水源地水质依然处于恶化趋势,水污染事故频发,尤以工业发达的平原河网地区为甚,江苏省盐城市便是饮用水源受到污染的一个典型城市。

地处淮河平原的盐城市区被誉为"百河之城",穿城而过的新洋港(蟒蛇河)是区域洪水外排入海的主要通道之一,同时又是盐城市区居民重要的饮用水源。由于地处淮河流域下游,长期以来市区饮用水源水质不稳定,部分时段水质不达标,还不时受到突发性水污染的威胁,直接影响了盐城市区百万人口的生产和生活,也制约着盐城市区的社会经济发展。在这样的历史背景下,历经 2 年科学论证、3 年精心建设、投资近 8 亿元的江苏省盐城市区饮用水源生态净化工程(盐龙湖工程)于 2012 年 6 月 28 日正式建成启用,从根本上改变了盐城市饮用水源格局。

盐龙湖工程是国内外目前已建成的生态净化系统中规模最大、兼具常规供水与应急备用功能的生态水利工程,其工程目标是满足盐城市区 60 万 m³/天的供水规模、蓄水库容保证应急时 7 天以上的正常供水需求。自 2010 年以来,本课题组分别依托江苏省水利科技项目课题"生态湿地净化系统在盐龙湖工程中的研究与应用(2010022)"及"盐龙湖生态净化系统调试维护及调度运行关键技术研究(2014068)"等科研项目平台,围绕盐龙湖工程的设计、调试和运行的关键技术开展了系统研究,获取了大型原水生态净化工程的主要设计及运行参数,优化集成多项净水技术,构建出盐龙湖独特的生态净化系统,发挥其对水质的净化作用,并攻克了人工湿地无法长期稳定运行、人工湖富营养化等多项技术难题。研发提出多项创新技术,经水利部国际合作与科技司及江苏省科技厅分别组织的技术鉴定,多位院士及行业内资深专家评价盐龙湖工程总体上达到了国内领先水平,在保障饮用水安全的湿地净化工艺和工程结构设计方面处于国际先进水平,建议将"盐龙湖模式"及其相应技术在平原河网地区饮用水水源地建设中推广应用。

本书内容来源于历年盐龙湖工程科研成果的总结提炼,综合反映了盐龙湖工程从建设到运行过程中发现的技术问题及解决方法,研究内容丰富,实用性强,对今后类似饮用水源生态净化工程和人工湿地项目的设计优化、施工建设、运行管理具有较强的指导和借鉴作用。

在课题研究和成书期间,盐龙湖工程得到了社会各界的广泛关注和支持,在此表示衷心的感谢!

盐龙湖工程是一项多学科交叉、多领域融合的系统工程,作者水平有限,本书难免有疏漏及不足之处,敬请广大读者批评指正。

目　　录

第三篇 运行管理研究篇

第四篇 工程运行指导篇

第五篇　工程运行效益篇

第一篇

工程建设背景篇

近年以来,随着我国工业的发展、城市化进程的加快及农用化学品种类和数量的增加,国内许多城市饮用水源都受到了不同程度的影响,呈现出原水微污染特征。微污染原水通常存在溶解性有机物和营养盐类浓度偏高、水体异味、藻类繁殖等问题。国内多数城市水厂常规处理工艺对微污染原水中有机物、氨氮等污染物的去除效果不理想,甚者还会产生"三致"(致突变、致癌、致畸)消毒副产物。如何减轻水源污染、提高原水水质、保障饮用水源安全,关系到广大人民群众切身利益与社会的和谐稳定。

本篇概述了我国平原河网地区饮用水源现状以及所存在的问题,并对饮用水水源地原水净化技术的相关研究成果进行了综述。以地处我国东部平原地区、淮河里下河流域的盐城为例,探讨了该市市区供水所面临的问题以及建设饮用水源生态净化工程——盐龙湖湿地的必要性。

第一章　平原河网地区饮用水源现状及存在问题

1.1　我国平原河网地区饮用水源现状

1.1.1　水系情况概述

水系是具有同一归宿的水体所构成的水网系统,是由流域内大大小小的河流、湖泊、沼泽构成的脉络相通的水流系统,主要受地形和地质构造的控制。通常一条河流由多条相互衔接而形成网状结构的干支流组成,这种网状河流系统被称为河网水系。我国的河网水系主要包括七大水系:长江水系、黄河水系、淮河水系、珠江水系、海河水系、辽河水系以及松花江水系。

平原河流流经区域通常表现出地势平坦、水系发达、河流纵横交错呈网状分布的特征,称之为平原河网地区。该地区大小河湖纵横交错,河流与湖荡相连,河道比降小、流量少、流速低、易淤积,河水流量、流向多变,受洪水、潮汐及闸坝、泵站的影响,流向变化不定,水流有顺流、滞流、部分滞流、逆流,同一河网不同流向组合成多种流态,这些是平原河网水系的典型特点。

我国地形总体走势为西高东低,因此除内陆盆地平原外,平原河网区大都分布在华东沿海地区。以江苏省北部为代表的淮河流域中下游平原河网地区,由于历史上黄河夺淮的关系,淮河干流在江苏省西部注入洪泽湖后旋即消失,分成无数支纵横交错的大小河道,在江淮之间形成独特的互通网状水系。这些水系经过历代的人工疏浚,在整个苏北平原上形成了庞大的水路交通体系,南北方向由京杭运河和串场河连接,东西方向有通扬运河、苏北灌溉总渠和灌河等河道,而中小河道更不计其数。

1.1.2　饮用水水源地类型

平原河网地区水量充沛,自然水体的存在形式多样,各地城市通常选取水质相对较好、水量有保障的水体作为饮用水水源地。以江苏省县级以上集中式饮用水水源地为例,饮用水水源地类型可分为河道、湖泊、水库、地下水 4 类。根据江苏省人民政府发布的《全省县级以上集中式饮用水水源地保护区划分方案》(苏政复【2009】2 号),江苏省共有县级以上集中式饮用水水源地 111 个,其中河道型水源地 74 个、湖泊型水源地 13 个、地下水源地 14 个、水库型水源地 10 个。

1.1.3　水体污染类型及特征

1) 水体污染的类型

根据污染物质的来源、污染物质的性质、分布特征等,平原河网地区饮用水水源地水质污染可以分为以下类型。

（1）按污染物质的来源划分，饮用水源污染可分为生活污染型、工业污染型和农业污染型。生活污染指生活污水、城市地面径流和医院污水等污染饮用水，是饮用水污染的主要因素；工业污染指工业废渣、废水排放或事故性泄漏等污染饮用水，涉及多种有毒有害的化学物质，几乎所有的水源地突发性污染事故均与工业污染有关；农业污染指在农业生产中农药、化肥的过量或不当使用导致的饮用水源污染，主要发生在农村地区。李丽娟等（2007）研究表明，在我国由生活污染导致的饮用水污染事故占 65.1%，其次是工业污染（占 22.4%）。

（2）按污染物质的性质划分，饮用水源污染可分为物理污染、化学污染和生物污染。对于我国来说，饮用水污染主要是化学污染和生物污染。据统计资料显示，化学污染从20 世纪 90 年代开始频繁发生，主要由工业排放物中的六价铬、亚硝酸盐、苯、氰化物、挥发性酚、氨氮、甲胺磷等引起。生物污染则主要是由于藻类在水源地的大量滋生而导致的水体异色、异味与藻毒素的污染。

（3）按照污染源的分布特征划分，饮用水源污染可以分为点源污染和面源污染。点源污染指有固定排放点的污染源，如来自城市工业废水和社区生活污水的排放，具有排污点相对集中、排污途径明确的特征；面源污染来源比较广泛，无明确的排污点与途径，可理解为一种分散的污染源造成的水体污染，如农业径流污染。

2）污染特征及危害

一般来说，当水体所含的污染物种类较多、性质较复杂但浓度相对较低时，通常被称为微污染水体（slightly polluted water）。通常微污染水体存在溶解性有机物和营养盐类浓度高、有异味异色、藻类大量繁殖等问题，易超标的水质指标主要为：氨氮、总磷、有机污染物、溶解氧等。其中有机污染物可以分为两类：天然有机物和人工合成有机化合物。天然有机物是指动植物在自然循环过程中经腐烂分解所产生的物质，分为腐殖质和非腐殖质两类。腐殖质包含土壤浸析和植物分解产生的有机物质——腐殖酸和富里酸等，非腐殖质包括亲水酸类、蛋白质、氨基酸、糖类等。人工合成有机化合物大多为有毒有机污染物，包括农药、挥发性有机物以及其他由工业废水带来的各种有机物质。

微污染水体中超标污染物的存在，不仅使水体感观恶化，而且会对饮用水安全造成严重影响。目前，我国多数城市的自来水厂常规处理工艺（如混凝、沉淀、过滤工艺）对原水的有机物和氨氮的去除非常有限，一般只能去除有机物的 20%～30%、氨氮的 10%～25%。如果原水中腐殖质等有机物含量过高，一方面会影响管网的稳定，引起细菌繁衍并导致疾病的传播；另一方面传统给水处理工艺中用来消毒的液氯可能会与有机物质结合，产生消毒副产物，导致饮用水中含有 THMs、MX 等可疑致癌物及其他有机物，威胁人体健康。而如果原水中的氨氮偏高，则会造成管网中亚硝化菌和硝化菌的繁殖生长，从而使管网中硝酸盐和亚硝酸盐的含量超标，并进一步转化成为亚硝胺等"三致"物质，可能会导致婴儿患上高铁血红蛋白症。

1.1.4　饮用水水源地存在的主要问题

受平原河网地区独特的地理、气候条件以及社会化程度等因素的影响，平原河网地区的饮用水水源地往往具有如下代表性特征与突出问题。

（1）以开放式的河道型水源地居多，抗风险能力低。平原河网地区河道纵横交错，相互联通，大多数城市集中式饮用水源取水口都设置在开放式的河道上。然而，为了满足经济社会发展的需要，许多河道除了作为饮用水水源地为沿岸水厂供水外，往往还担负了灌溉、行洪、排涝、养殖、通航等多种社会功能，供水水质保障存在较大的安全隐患。若污染源治理和监管力度不够，上游一旦发生违法排污、偷排偷放等问题，势必造成饮用水源污染事故，增加饮用水水源地安全供水的风险。

（2）水文条件复杂，水量时空分配不均。平原河网地区不缺水，然而由于受到上、下游城市的工农业用水的空间差异以及近年来由全球性气候异常导致的洪水、暴雨和强潮的综合影响，引起了平原河网水文条件的复杂多变，使饮用水水源地水量在周年当中分配不均，供水保证率受到了一定影响。

（3）水环境容量较小，水质呈微污染态势。由于平原河网地区地势平缓，水体流动性通常不是很好，尤其是枯水期，河流流量较小，稀释作用弱，导致水环境容量较小。但与此同时，平原河网地区日益发达的工农业与密集的人口产生了明显多于其他地区的污废水，作为饮用水源的河流、湖泊等地表水体水质呈现逐年下降趋势，不能确保水源水质稳定达标。

（4）水生态破坏日益严重。平原河网地区经济发达，人口众多，土地资源紧张，自然环境下的水生态系统往往遭受到人类社会的严重干扰，造成了生境丧失、生物多样性降低等后果。健康的生态是水质稳定的重要保障，生态系统的破坏使得水源地保护工作举步维艰。

（5）水域生态系统初级生产力较高，易出现富营养化现象。平原河网地区光照充足、气候温润、水质营养物丰富，作为饮用水水源地的河流与湖泊生态系统往往具有较高的初级生产力。受到人类社会各种途径的干扰，许多自然水域中高等水生植物不复存在，在适宜的条件下，这部分剩余的生产力很容易转化成为藻类，从而引发水体富营养化现象。

1.2 传统给水工程净化技术研究进展

我国大多数水厂采取的"混凝、沉淀、过滤、消毒"常规水质净化工艺能满足出厂水浊度的要求，但对微污染水体中 BOD_5、COD_{Mn}、NH_3-N 等溶解性污染物指标的去除能力则非常有限，在原水恶化的情况下达不到处理要求。根据微污染水体的水质特性和出水水质要求，国内主要采取的处理对策有：① 强化传统水处理工艺的处理效果；② 在原有常规处理工艺前增加预处理工艺；③ 在原有常规处理工艺后增加深度处理工艺等。将各种预处理技术、深度处理技术与现有传统处理工艺集成联用，是当前微污染水源原水净化的基本技术对策；同时随着水处理技术的发展，寻求新型高效的微污染水源原水处理工艺也是研究和实践的热点。

1.2.1 强化传统水处理

在传统的水处理工艺"混凝、沉淀、过滤、消毒"的基础上，对传统水处理工艺的各项技术进行强化，加强各项技术对原水的净化功能，改善原水的净化效果。强化技术主要有强化混凝、强化沉淀及强化过滤技术等。

（1）强化混凝技术主要是通过改善混凝剂性能和优化混凝工艺条件，来提高混凝沉淀工艺对有机污染物的去除效果。

（2）强化沉淀技术主要是通过提高絮凝体的沉淀性能、优化沉淀池的水力学条件，来提高悬浮颗粒、絮凝体在沉淀池中的去除效率。

（3）强化过滤技术主要是通过采用新型滤料、在滤料表面培养生物膜等方式，来提高过滤工艺对浊度、有机物等的去除效果。

（4）强化消毒技术主要是通过优化消毒环节在水处理工艺流程中的顺序以及采用更安全、更高效的消毒剂等方式，来减少消毒工艺产生的有害副产物等。

1.2.2　增加预处理

在传统水处理工艺前增加预处理技术，将原水经过预处理后再通过常规工艺进行处理，降低原水的污染负荷，减少传统水处理工艺的净化压力，有效改善供水水质。预处理技术主要有吸附预处理技术、化学氧化预处理技术、生物氧化预处理技术和生态处理技术。

（1）吸附技术是利用吸附剂去除原水中的有机污染物，常用的吸附剂有活性炭、黏土、硅藻土、沸石等。

（2）化学氧化预处理技术是指在原水中加入强氧化剂，利用氧化剂的氧化能力氧化、分解、去除有机污染物，从而提高后续工艺及整体工艺的处理效果。常用的氧化剂有二氧化氯、次氯酸钠、臭氧、双氧水、高锰酸钾等。

（3）生物氧化预处理技术主要通过微生物的新陈代谢活动来去除水中的污染物，可以有效改善混凝沉淀性能、减少混凝剂用量，还能去除常规处理工艺不能去除的污染物，有利于后续处理工艺的运行。一般采用生物膜法，主要包括生物接触氧化、生物滤池、生物转盘、生物流化床等。

（4）生态处理技术主要指通过构建人工湿地或在水体中恢复水生植被等方法来建立小型水生生态系统，通过水生生态系统中生产者、消费者和分解者的活动对营养盐进行吸收转化，通过整个水生生态系统的净化可以去除常规工艺不能去除的一些污染物，为后续深度处理工艺提供必要的条件。常见生态处理技术有表流湿地、潜流湿地、镶嵌水生植物群落等。

1.2.3　增加深度处理

深度处理工艺多用于水厂的改造及新建水厂，可将常规工艺无法去除的污染物和消毒副产物的前体物进行有效去除。常用的给水深度处理方法主要包括臭氧—活性炭联用、膜分离、光催化氧化技术等。

（1）臭氧—活性炭联用技术采用臭氧氧化和生物活性炭滤池联用的方法。该技术将臭氧化学氧化、臭氧灭菌消毒、活性炭物理化学吸附和生物氧化降解四种技术合为一体，其主要目的是在常规处理之后进一步去除水中有机污染物、氯消毒副产物的前体物以及氨氮，以保证净水工艺出水的化学稳定性和生物稳定性。

（2）膜分离与传统过滤工艺的不同之处在于膜可以在分子范围内进行质液分离，并且该过程是一种物理过程，不发生相的变化和添加助剂。膜的孔径一般为微米级，依据其孔径的不同(或称为截留分子量),可将膜分为微滤膜(MF)、超滤膜(UF)、纳滤膜(NF)和反渗透膜(RO)等。其中,微滤可以过滤细菌,超滤可以过滤病毒,而反渗透膜可以过滤分子。

（3）光催化氧化技术是利用光激发氧化,将 O_2、H_2O_2 等氧化剂与紫外光辐射相结合,包括 uv - H_2O_2、uv - O_2 等工艺,可以用于处理污水中 $CHCl_3$、CCl_4、多氯联苯等难降解物质。

1.2.4　技术比较

对可规模化应用的微污染原水的传统处理技术的适用性及处理效果等进行详细比较,如表 1 - 1 所示。传统水处理工艺实施方便,相对投资较低,处理效果稳定,但需要依托已建或新建水厂的给水处理设施才能实现,仅适用于给水的末端处理,可去除的污染物类别较少。增加预处理技术利用吸附剂和化学氧化剂等处理污水,虽然均可以较快达到比较好的效果,但化学氧化法易产生二次污染,吸附剂回收利用的问题尚没有很好的解决方式,仅适宜于小规模水体,且相对投资较高,用到的原料和工艺复杂;生物氧化工艺多用在小型污水和微污染水处理项目中,较广泛应用于对水处理效果要求不高的农村河道等。增加深度处理技术一般效果显著,出水水质稳定,但处理设施建设投资和运行费用均较高,现主要应用于污水处理工程,在给水深度处理方面尚处于探索性运用阶段,因投资较大,运用较为局限。

表 1 - 1　微污染原水传统处理工艺比较

项　　目		工 艺 原 理	适用超标因子	处理费用	规模化应用领域	缺　　点
强化水处理	强化混凝	提高絮凝剂用量或性能、优化条件	有机物、浊度	一般	水厂	对氮磷基本无处理作用
	强化沉淀	提高絮凝体沉降性能、优化沉淀条件	有机物、浊度	一般	水厂	
	强化过滤	微生物降解、滤料改性	有机物、浊度、藻细胞、磷、重金属离子	较高	含重金属离子的微污染水	机理需进一步研究,未规模化使用
增加预处理	吸附	吸附剂投加	嗅味、色度、磷	高	含有机污染物的微污染水	吸附剂回收利用困难
	化学氧化	氧化分解	有机物	较高	含有机污染物的微污染水	可能产生有害副产物
	生物氧化	微生物降解	有机物、浊度、氨氮、藻细胞	较高	农村河道修复	处理能力有限,设施分散,管理相对复杂
增加深度处理	臭氧+活性炭	氧化分解后吸附	有机物、氨氮	较高	水厂深度处理	吸附剂回收利用困难
	膜分离	高效过滤	嗅味、色度、有机物、细菌、消毒副产物前体物、病毒等	高	高品质饮用水处理	处理能力有限,成本高
	光催化氧化	紫外光分解有机物	嗅味、色度、有机物	高	尚处于试验研究阶段,无规模使用案例	高效光催化剂及载体尚需发掘

总体上看,虽然近年来我国给水工程中所实施的传统给水净化技术已有长足的发展,然而为了确保饮用水供水安全,在面对日益恶化的饮用水原水时,水厂所采取的传统强化处理的措施受到了种种因素的限制,有的建设运行成本过高,有的无法有效地去除微污染水体中有机物、氨氮、重金属等污染物,甚至会产生"三致"产物。

1.3　水体生态净化技术研究进展

20 世纪 70 年代起,以水生生物净化为代表的水体生态净化技术以其低碳环保、高效低廉等其他技术无法比拟的优势受到了人们的关注。有别于高浓度污水的工程净化,在处理微污染水体中生态净化技术成效显著。生态净化技术是指利用完整的生态系统,通过其特定的物质循环与能量流动发挥出净化能力来净化微污染水体的技术。而污染物的生态净化过程,即这些物质在一定的非生物因子,如大气、土壤、水体及阳光等的条件下,经过一系列物理、化学变化以及各种生物因子的作用得到转移、富集、转化、降解的过程。

1.3.1　水生植物

在水生态系统中,水生植物通常包括大型维管束植物及藻类,其中大型维管束植物表现为 4 种生活型,分别为挺水植物、沉水植物、浮叶植物和漂浮植物。

1）挺水植物

挺水植物是根茎生于底泥中、植物体上部挺出水面的水生植物,代表物种有芦苇、茭草、香蒲等。挺水植物在水生生态系统中处于初级生产者的地位,在水体生态净化过程中能够发挥多种功能,如：挺水植物的茎叶可以减缓水流速度、消除湍流,起到过滤和沉淀泥沙颗粒、有机物颗粒的作用；水下发达的根茎为微生物提供了庞大的附着表面与有机碳源；发达的根系可以吸收水体与底泥中的营养盐类,从而可使植物体为作短期储存氮、磷等营养物质的仓库,净化水中的污染物；挺水植物还可将光合作用产生的氧气通过气道输送至根区,在水底营造出好氧或缺氧环境,为不同微生物提供各自适宜的生存条件,使微生物对氮素的硝化反硝化作用、磷素的过量积累作用得以进行。与其他生活型的水生植物相比,挺水植物更易于人工操纵,便于通过人工定期收获将其固定的氮、磷等营养物质带出水体。

利用挺水植物群落构建为主进行水体处理的人工湿地技术是 20 世纪 70 年代末发展起来的一种生态净化技术,近年来在国内外得到广泛关注并进行了大量研究,现已积累了较多的建设和运行经验。人工湿地是根据天然湿地的自净原理,主要利用土壤、植物、微生物的物理、化学、生物三重协同作用净化水质。根据水体流态,人工湿地技术可分为垂直流、潜流和表流 3 种类型,其作用机理包括吸附、滞留、过滤、氧化还原、沉淀、微生物分解、转化、遮蔽、残留物积累、蒸腾水分和养分吸收等。通常来说,垂直流和潜流人工湿地净化效果要优于表流人工湿地,但也存在容易堵塞、管护复杂、无法大规模应用的缺点。

生物浮床技术是另一项利用挺水植物进行水体净化的技术,该技术把挺水植物种植在飘浮于水面的载体上,消除了挺水植物生长受水深条件限制的短板,通过植物根部的吸收、吸附作用以及根际微生物的分解作用达到净化水质的目的。生物浮床技术的优点在于：直接从水体中去除营养物,不会对沉积物中的营养成分进行再次利用;原位修复水体,不另外占用土地;能适应各种水深,植株的管理和收获较为容易。浮床的植物根系悬浮在水中,有利于微生物附着于根部形成生物膜并直接参与水体有机污染物的净化过程,因此相比生长在底泥中的挺水或沉水植物,往往具有更高的 COD 去除率。然而,大面积的浮床系统对水底光照条件的遮蔽,会导致水下的沉水植物无法进行光合作用而消亡,是为该项技术的主要不足。

2)沉水植物

沉水植物是位于水层下的营固着生活的水生植物,整个植株沉入水中,茎生于泥中,叶多为狭长或丝状,根通常不发达或退化,代表物种如金鱼藻、苦草、狐尾藻、黑藻等。在水生生态系统中,挺水植物受到水深条件的限制,分布范围与面积有限,而沉水植物则能根据水体透明度条件,分布在更大的水域范围内。沉水植物群落可有效增加空间生态位,抑制生物性和非生物性悬浮物,改善水下光照和溶氧条件,为形成复杂的食物链提供了食物、场所和其他必需条件,成为了水生生态系统生物多样性赖以维持的基础。沉水植物表面还着生有大量藻类、原生动物和螺类等,一旦沉水植物消失,将使得水体生物群落结构发生改变,即食物链缩短,水体中的螺类、草食性鱼类和凶猛性鱼类等减少或消亡,滤食性鱼类增加。以太湖为例,在沉水植物丰富的东太湖区域,底栖硅藻、底栖动物种类与数量和鱼类种类与产量均较沉水植物群落遭受破坏的西太湖多出 2/3。在长荡湖,随着沉水植物群落的衰败,大型鱼类资源严重衰竭,鱼类种群结构简单化、小型化,草食性、杂食性鱼类失去了饵料保证,草丛产卵型鱼类资源骤减,而敞水产卵以浮游生物为食的梅鲚、银鱼的资源量逐渐上升,对当地水生生态系统造成了颠覆性的影响。

利用大型沉水植物群落构建为主进行水体处理的技术近年来得到了重视,该技术被称为"水下森林"技术。大型沉水植物在水底的生长迅速,其茎、叶和表皮都与根一样具有吸收作用,这种结构能够直接快速地对水体中污染物进行吸收同化;通过光合作用直接向水中释氧,为好氧微生物提供良好的生长环境;沉水植物还能通过养分竞争、克生物质释放以及提供植食性浮游动物庇护所等多种机制影响水生生态系统。"水下森林"技术主要用于对水质情况较好的水体进行深度净化,对水体的 COD、SS 等指标的削减能力较弱,若用于处理水质混浊的水体,需在前期辅以其他措施以改善水体透明度,满足沉水植物生长所需的光照条件。

3)浮叶植物

浮叶植物是指根附着在底泥或其他基质上、无明显的地上茎或茎细弱不能直立、叶片漂浮在水面的水生植物类群,代表物种有荇菜、睡莲、芡实等。浮叶植物有些是靠叶柄的伸长,有的是依靠细长的茎来使叶片浮于水面上。这些植物的叶柄或茎和叶片海绵组织较为发达,贮存有大量的空气。一般来说浮叶植物对水深的适应性较挺水植物要好,如睡莲叶柄长度可达到 2 m 以上,一般情况下适应水深为 0.8~1.5 m;芡实的适应水深也可达 1.5 m;荇菜适宜水深在 1 m 左右;萍蓬草当水深超过 1.2 m 时呈沉水植物状;菱作为浮叶植物其水深适应性可达 3 m,当植株长到一定程度时可以断根成为浮水植物,不受水深限制。浮叶植物的根和茎都可以起到吸收水体内营养盐的作用,其中在生态修复中运用较多的为睡莲。浮叶植物可以种植在水深条件变化较大的水域,由于其叶片漂浮在水面、根固着在水底的独特生长习性,可以在育苗后移栽至水体透明度条件较差的水体中,对该水体进行水质净化。

4）漂浮植物

漂浮植物是指根不着生在底泥中,整个植物体漂浮在水面上的水生植物类群,一般分布在静止或流动性不大的水体中,代表性物种有风眼莲、大藻、浮萍等。漂浮植物的叶片背后往往有气囊结构,可以支撑叶片漂浮在水面上,同时,由于浮叶植物的这种特性,它往往容易在水中迁移。漂浮植物具有繁殖快、耐污性强等特点,主要依靠水中发达的根系对水体中污染物质进行拦截、吸附和降解,对水中的化学需氧量、生化需氧量有明显的降解效果,对氮、磷、钾及重金属离子均有一定的吸收作用,是一种净化污水、美化环境的理想水生植物。

1.3.2　水生动物

水体中大型动物主要包括鱼类、底栖动物等,其中鱼类和虾、贝、螺等底栖动物属于水生态系统食物链中的消费者,也有如水丝蚓、摇蚊幼虫等分解者。各类水生动物通过捕食作用参与水生态系统的物质循环和能量流动,对水体水质产生关键影响。如鲢、鳙鱼等滤食性鱼类可以有效地摄食浮游动物或浮游植物,能明显降低水体中的 COD、TP、叶绿素的含量,对水质起到净化作用;杂食性鱼类可以摄食蚊蝇幼虫,避免水域对周围环境产生危害;蚌类则可将水中悬浮的藻类及有机碎屑滤食,提高水体的透明度;螺类主要摄食固着藻类,同时分泌黏液物质,从而使水体中悬浮物质絮凝、水体澄清。

1.3.3　微生物

水生态系统中的微生物主要包括存在于底泥、附着在悬浮颗粒物之上、悬浮于水体中的细菌、真菌、显微藻类以及一些小型的原生动物等。水体中微生物主要以分解者的身份参与生态循环过程,它们将难以自然降解的大分子有机物分解成为小分子有机物或无机物,供水生植物再次利用或通过其他形式转移出水体,从而起到削减水体污染物的效果。以水体中氮素的转化为例,其所涉及的 4 个主要过程,即固氮作用、硝化作用、反硝化作用和氨化作用,均由微生物所驱动。通过向水体中投加微生物或增强微生物活性的制剂,可起到降解污染物、抑制藻类生长的作用,特别是在处理水质恶化突发事件中,微生物投加法的作用时间短、见效快。目前应用于富营养化水体治理的微生物菌剂主要包括美国的 Clear-Flo 系列菌剂、LLMO(liquid live microorganisms)生物活性液、日本的有效微生物菌群(effective microorganism,EM)、光合细菌(photo-synthesis bacteria,PSB)、硝化细菌等,而随着现代生物技术的进步,将会有越来越多的更为高效经济的生物菌剂和酶制剂被开发并应用于水体生态治理工作中。

1.4　饮用水源净化工作的研究方向及面临问题

（1）单一净化工艺向多工艺组合转变。我国现行的《地表水环境质量标准》(GB 3838—2002)中已将 109 项指标纳入到水质检测范围,然而水体污染物质的种类却有成千上万。各种水体净化技术的原理和工艺流程差别很大，且受到各种因素限制，单一的技术对水体的净化效果有限，任何一种净化技术或工艺都无法对各类污染物质起到全面的净化作用。为确保水质达到相应标准，物化、生化、生态等多工艺组合互补的水质净化技术的研究业已成为主流趋势。

（2）制水工艺改造升级与水源地保护工程并举。近年来随着饮用水原水水质的恶化，为保障饮用水源原水达到供水标准，越来越多的城市水务部门不仅将水厂制水工艺改造升级，同时也加强了水源地的保护工作，将传统水厂"治标"处理模式向水源地保护"治本"处理模式延伸。

（3）水体生态净化技术的研究及应用日益受到重视。与传统的物理化学方法相比，利用生态方法净化微污染原水具有成本低廉、低碳环保等显著优势，近年来我国很多地方都在尝试采用生态净化法处理微污染水原水，也取得了一定的经验和成果。然而一方面微污染水原水净化具有一定的复杂性，国内尚无相应的规程规范和技术标准；另一方面取水方式由河流改为湖库后，由于初期生态系统的不完善以及水文条件的变化，还将面临着富营养化的风险。上述问题一直没有得到很好的解决，直接导致以往很多科研成果迟迟无法向产业转移。

（4）水源地保护工程的运行管理亟须研究。运行调度属于管理范畴，需要基于具体的工程化成果才能开展，由于我国饮用水源生态保护起步较晚，已建成的工程屈指可数，从目前国内的科研成果上看，在关于水源地保护工程的运行管理方面开展的研究十分稀少。然而我国近年来对水环境问题前所未有的重视，国务院《水污染防治行动计划》的出台更是将水源地生态保护提上议事日程，可以预见在不久的将来我国各地对水源地保护的诉求将得到集中释放，而这些工程的运行管理又将成为当务之急。

第二章 盐城市供水问题及水源地建设需求

2.1 城 市 概 况

2.1.1 社会经济

盐城市位于江苏省东部沿海地区,地处苏北平原中部,北纬 $32°34'\sim34°28'$,东经 $119°27'\sim120°54'$,东临黄海,南与南通接壤,西南与扬州、泰州为邻,西与淮安相连,北与连云港毗邻。盐城市总面积 1.70 万 km^2,截至 2014 年户籍人口 828.5 万人,是江苏省国土面积第一、人口数量第二的地级市。自新中国成立以来,盐城市的行政区划历经多次调整,截至 2015 年,盐城辖亭湖、盐都、大丰 3 区,东台 1 市,以及响水、滨海、阜宁、射阳、建湖 5 县。

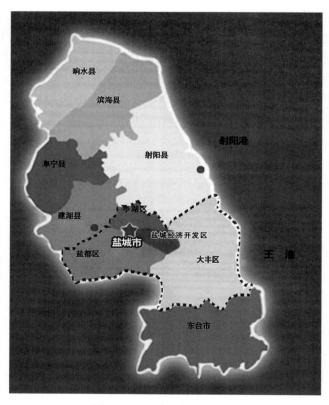

图 2-1 盐城区行政分区图

盐城市在我国华东片经济格局中具有独特的区域优势,它位于沪、宁、徐三大区域中心城市辐射半径的交汇点,是江苏沿海中心城市、长三角新兴工商业城市。江苏沿海开发、长三角一体化、"一带一路"建设等三大国家战略在盐城所形成的叠加优势,将进一步突出盐城在新一轮对外开放中的战略地位,给盐城产业发展带来千载难逢的战略机遇期。

2014 年,盐城市实现地区生产总值 3 835.6 亿元,比上年增长 10.9%。其中,第一产业实现增加值 516.9 亿元,比上年增长 3.5%;第二产业实现增加值 1 784.5 亿元,比上年增长 11.8%;第三产业实现增加值 1 534.2 亿元,比上年增长 12.1%。人均地区生产总值达 53 115 元(按 2014 年年平均汇率折算约 8 692 美元),比上年增长 10.9%。2014 年,全市户籍人口 828.5 万人,比上年末增加 4.7 万人,其中户籍城镇人口 374.3 万人,比上年增加 2.8 万人。全年人口出生率为 11.2‰,死亡率为 7.3‰,自然增长率为 3.9‰。城镇常住居民人均可支配收入 25 854 元,比上年增长 9.2%;人均生活消费支出 15 372 元,比上年增长 7.8%。农村常住居民人均可支配收入 14 414 元,比上年增长 11.6%;人均生活消费支出 10 782 元,比上年增长 11.9%。

2.1.2　自然条件

盐城地貌类型属古潟湖河流相堆积平原,地处里下河腹地,水系发育,地势平坦,地面坡降不足万分之一,地面高程在 2.2 m 左右。境内分为三个平原区:黄淮平原区、里下河平原区和滨海平原区。其中:黄淮平原区位于苏北灌溉总渠以北,其地势大致以废黄河为中轴,向东北、东南逐步低落;里下河平原区位于苏北灌溉总渠以南、串场河以西,本平原区四周高、中间低;滨海平原区位于苏北灌溉总渠以南、串场河以东,大致从东南向西北缓缓倾斜。

盐城属北亚热带季风气候区,季风性气候明显,兼有海洋性气候特征,因而雨水丰沛、雨热同期、日照充足、无霜期长。具有四季分明、气候湿润、雨量充沛的气候特点。冬季受西伯利亚高压控制,多偏北风,天气晴朗,寒冷而干燥;夏季受太平洋副热带高压控制,多偏南风,炎热而多雨,常有台风袭击。年平均气温为 13.9~14.5℃。年降雨量为 980~1 100 mm,平均日照时数为 2 241~2 390 h,无霜期为 209~218 d。冬季以偏北风为主,夏季以偏南风为主,年平均风速为 2.9~3.9 m/s,7 月多年平均最大风速为 12.3 m/s。

盐城河流众多,水网密布,大致以废黄河为界,分为淮河水系和沂沭泗水系,前者流域面积 13 700 km²,约占全市总面积的 91.4%。主要河流有苏北灌溉总渠、射阳河、黄沙港、新洋港、通榆运河、串场河、灌河等。盐城市区的河道有 111 条之多,是名副其实的"百河之城"。

2.2　供水格局及面临的问题

2.2.1　市区供水工程规划

根据《盐城市城市给水工程规划(2003—2020)》成果,盐城市区采用双水源供水格局,供水水源地为新洋港及通榆河,原水分别来自大纵湖(蟒蛇河)及长江。新洋港取水口设在城西大桥上游 280 m 处南岸,取水规模约 23.5 万 m³/d;通榆河取水口规划建在伍佑镇镇区上游、西潮河上游 4 km 处西岸,取水规模约 60 万 m³/d。

至 2003 年,盐城市区已建成越河水厂、城西水厂及城东水厂 3 座水厂,供水规模分别 2 万 m³/d、11.5 万 m³/d 及 10 万 m³/d,供水总量 23.5 万 m³/d,源水全部来自新洋港。根据规划预测结果,盐城市区近期(2007 年)最高日供水总量为 32 万 m³/d,远期(2020 年)最高日供水总量为 65 m³/d。为保证近远期供水水量,在新建通榆河取水口及调整水厂取水水源的基础上,规划扩建城西水厂及城东水厂,并新建河东水厂,形成多点供水格局,增加供水安全可靠性。近远期水厂建设规模及取水水源见表 2-1。

表 2-1　盐城市区水厂建设规模及规划取水水源

规划年限	规划需水量	水厂名称	建设情况	供水规模	水源地	备　　注
近　期	32 万 m³/d	越河水厂	已建	2 万 m³/d	新洋港	已建城东水厂取水水源调整为由通榆河取水
		城西水厂	已建	11.5 万 m³/d	新洋港	
			扩建	5 万 m³/d		
		城东水厂	已建	10 万 m³/d	通榆河	
			扩建	10 万 m³/d		
远　期	65 万 m³/d	城西水厂	已建	16.5 万 m³/d	新洋港	越河水厂远期废弃
		城东水厂	已建	20 万 m³/d	通榆河	
			扩建	10 万 m³/d		
		河东水厂	新建	30 万 m³/d	通榆河	

2.2.2　地表水集中供水工程现状

1)水源地建设现状

截至 2010 年年底,盐城市区已形成新洋港及通榆河双水源供水格局,总供水量为 23.5 万 m³/d,其中新洋港取水口取水规模为 13.5 万 m³/d,主要为城西水厂及越河水厂提供源水;通榆河取水口于 2006 年开始建设,设计取水规模 30 万 m³/d,已于 2007 年 10 月正式启用,供水规模为 10 万 m³/d,主要为城东水厂提供水源。

2)水厂建设现状

截至 2010 年年底,盐城市区城市集中供水水厂仍为越河水厂、城西水厂及城东水厂,供水总量 23.5 万 m³/d。

越河水厂位于城市中部串场河、蟒蛇河、越河之间,其水源取自新洋港。1965 年建成投产,当时规模仅为 0.5 万 m³/d。1980 年通过对越河水厂的改造,供水能力提高到 2 万 m³/d。受取水位置影响,越河水厂取自新洋港的水质较差,且难以保证安全,故于 2009 年拆除。

城西水厂位于城市西部新洋港和蟒蛇河交汇处,其水源取自新洋港。1983 年起开始建设,至 1993 年陆续完成城西水厂一、二、三期工程建设,供水能力为 11.5 万 m³/d。城西水厂于 2012 年 6 月末开始使用盐龙湖湿地净化后的原水作为水源。

城东水厂位于城市中部,大新河、世纪大道与文港路之间。1995 年开始筹建,2001 年一期工程建成投运,建成时采用新洋港水源,2007 年通榆河取水口建成后,改取通榆河源水,供水能力为 10 万 m³/d。至 2013 年 6 月,城东水厂二期、三期扩建工程全部完成,整个城东水厂供水能力达 30 万 m³/d。

截至 2013 年 6 月,盐城市区的供水能力达到 41.5 万 m³/d。随着区域供水的推进,目前正在建设盐龙湖水厂,该水厂近期供水能力为 30 万 m³/d,远期供水能力达 60 万 m³/d。至"十二五"末,盐城市区总供水能力将达 71.5 万 m³/d。

2.2.3 自备供水工程

自备供水工程是指工厂、企事业单位为保障生产、生活用水而自行兴建的直接供水工程。据调查统计,2006 年盐都区主要地表水自备供水工程有 16 处,合计年取水量 540.21 万 m³。

2.2.4 地下水供水概况

盐城地下水的开采利用已有一定的规模,自 20 世纪 70 年代初开始开采第Ⅲ承压水,80 年代初开始开采第Ⅱ、Ⅳ承压水以来,发展速度惊人,80 年代中后期达到高峰。90 年代随着经济的发展,开采量又有增加。至 2002 年底,全区有机井 72 眼,总供水量为 836.02 万 m³,主要用于工业用水和作为地面水水质恶化时的备用水源。由于地下水过度开采,第Ⅱ、Ⅲ、Ⅳ、Ⅴ承压水目前均已形成一定规模的水位降落漏斗。城区过量开采地下水还导致一定规模的地面沉降,年均沉降量达 4.5 mm,最大处年均沉降量 21 mm,现已形成解放桥—纺织厂、凌家庄—水泥厂两个沉降中心。目前,为控制地面沉降、合理利用地下水资源,地下水开采已得到有效控制。

2.2.5 市区供水面临的主要问题

(1) 但是盐城市区新洋港及通榆河水源地受上游工业、农业和城镇生活污染,特别是受龙冈镇镇区排污的影响,局部时段城东水厂、城西水厂及越河水厂取水口水质不稳定,取水水质平时可达到Ⅲ类水标准,但每年汛期溶解氧和氨氮指标只能达到Ⅳ类甚至更低的类别。近几年以来,市区饮用水源水质更是有下降趋势,高锰酸盐指数、氨氮、粪大肠菌群等的年平均值呈缓慢上升趋势,局部时段原水中的有机物、氮、磷等含量超过《地表水环境质量标准》(GB 3838—2002)中地表水饮用水集中供水Ⅲ类水质要求,原水水质得不到保障。

(2) 盐城市区虽已形成双水源供水格局,但两大水源地均为开敞式的河道型水源地,缺乏供水调蓄水量和应急调度手段,水源地供水安全面临的风险较大,近年来已发生了多起水污染事故。如:2003 年 1 月,盐城市龙冈香料厂发生原料泄漏事故,大量物料排入水体,经朱沥沟汇入蟒蛇河,导致盐城市区自来水产生异味,时间持续数日,引起社会恐慌;2004 年 1 月和 2005 年 1 月,饮用水源取水口上游龙冈部分河流水体有异味,在群众中引起强烈不安;2009 年 2 月 20 日,盐城市标新化工厂违法排污,导致市区饮用水源水质污染,市区部分区域连续停水 48 h,在群众中引起强烈恐慌,给社会造成很大影响,经过三天的紧急处置市区水污染危机才基本解除;2010 年 7 月,淮河流域里下河水系突降暴雨,地表径流携带大量的污染物以及农田焚烧秸秆的灰烬随雨水进入河道,导致蟒蛇河水色突变,水厂出水带有明显异色异味。

（3）市区城东水厂、城西水厂、越河水厂采用传统制水工艺，可有效去除悬浮物等污染物，但是对于水体中超标的氨氮、有机物、总磷等污染物的去除能力有限。在原水局部时段超标的情况下，为了达到供水水质要求，一般采取更换投放药剂、增大投药量和投加粉末活性炭等方法，来解决原水水质超标的问题。这在增加了制水成本的同时，也在一定程度上增加了制水副产物的数量及种类，不利于人群健康。

2.3　工程建设的需求

2.3.1　保障饮用水源安全

饮用水安全是关系民生的重要问题，是一个地区发展水平和生活质量的重要标志，也是实现小康社会的一项重要指标。随着我国社会和经济的快速发展，饮用水源污染趋于严重，饮用水安全风险问题已经十分突出，在我国构建和谐社会历史进程中，饮用水安全问题已经引起党和国家领导人的高度重视。近年以来，国务院及相关部委分别颁布了《国务院办公厅关于加强饮用水安全保障工作的通知》《全国农村饮水工程"十一五"规划》与《全国城市饮用水安全保障规划》等，从国家层面上确立了"全面推进，重点突破"的总体思路，明确国务院七项重点任务的重中之重是污染防治，而保障饮水安全又是重中之重的首要任务，要以重点突破带动全局工作。

2008年3月14日，江苏省省人大常委会与省水利厅联合举行新闻发布会，宣告从3月22日起施行《加强饮用水水源地保护的决定》（以下简称《决定》），进一步加大饮用水水源地保护力度，确保饮用水源安全。《决定》第七条第一款规定，"设区的市、县（市、区）人民政府应当加强应急饮用水源建设，保证应急用水。有条件的地区应当建设两个以上相对独立控制取水的饮用水水源地；不具备条件建设两个以上相对独立控制取水饮用水水源地的地区，应当与相邻地区签订应急饮用水源协议，实行供水管道联网"。《决定》第七条第二款规定："县级以上地方人民政府应当将水质良好、水量稳定的大中型水库、重要河道、湖泊作为区域发展预留饮用水水源地，按照地表水（环境）功能区划确定的饮用水源区的要求加以保护。"因此，将新洋港水源地取水口上移至水质较好的蟒蛇河，建设新水源地——蟒蛇河水源地，保障饮用水水源地的原水水质安全，既是改善民生的基本要求，也是构建和谐社会的重要支撑条件。

2.3.2　提供应急备用供水

近年来，盐城市经济社会快速发展，水资源作为区域经济社会发展的重要资源，供水安全作为区域经济社会发展的重要保障，正面临严峻的挑战和重要的发展机遇。2007年5月底由于太湖蓝藻爆发等原因导致无锡市供水危机、2005年11月哈尔滨松花江事件、上海市2003年发生的黄浦江上游重大水源污染事件以及2009年2月20日盐城市城西水厂原水受酚类化合物污染造成的市区大面积断水事件等，更是用事实直接说明和验证了保障水源地供水安全的重要性，给所有实施集中式供水的地方一个警示。

盐城市区水源地目前为开敞式的河道型水源地，缺乏供水调蓄水量和应急调度手段，水源地供水安全面临的风险较大。近几年频发的突发性水污染事故给盐城市区居民生活带来不便。鉴于盐城市区饮用水源的脆弱性和事故的频发性,要求盐城市在全面贯彻落实科学发展观、大力推进城市化进程中必须将饮用水源保护工作当作一项生命工程来做,采取切实有效的措施,加大投入,加快推进饮用水源保护工程建设步伐,保障城市居民喝上干净水,促进社会和谐稳定。

具有应急备用供水功能的新水源地工程的实施,在蟒蛇河水源受到上游可能的突发性水污染时,能够迅速切断污染源,保证水质不受影响。同时,充分利新水源地的应急备用及调蓄功能,在出现干旱或上游水量突然减少等情况时,能保证 7 天的供水期,为采取其他应对措施赢得时间。

2.3.3　提高并稳定原水水质

受上游生活污染、农业面源污染和工业污染的影响,盐城市区饮用水源主要水质呈现逐年下降趋势。在夏季,大量农药、化肥随雨水冲刷入河,导致水源氨氮时有超标;上游部分企业环境保护意识薄弱,污染物超标排放,导致饮用水源挥发酚检出水平较高。尤其是在枯水期,河流流量较小,稀释作用弱,检出频率高,影响水源水质。不能确保水源水质稳定达标。

新水源工程需具备生态净化的功能,能够对微污染水源进行深度处理,有效削减水体中悬浮物、高锰酸盐指数、氨氮、总磷等污染物,改善并稳定城市供水水质,确保湿地净化后水质能够满足Ⅲ类水标准,提高原水水质,保障原水供水质量,并减少后续处理的成本,为自来水厂提供优质的、清洁的、安全的原水,为居民提供放心水和安全水。

2.3.4　减轻区域防洪压力

盐城市地处里下河地区的下游,蟒蛇河位于新洋港的上游,新洋港穿城而过,既要承担本地区的洪涝水,还要承泄里下河腹地的洪涝水。盐城城区地势低洼,遇有雨洪则"四水"投塘、积涝成灾。新水源工程可增加调蓄库容约 500 万 m^3,减少进入盐城市城区洪涝水,削减进入城区洪峰流量,提高城区的防洪除涝安全。

因此,为适应盐城经济社会可持续发展的需要,保障盐城市区居民饮用水安全,改善供水水质,盐城市人民政府从战略发展角度实施新饮用水源工程,将新洋港取水口西移至盐都区龙冈镇上游的蟒蛇河上,建设蟒蛇河水源地,并在蟒蛇河南岸建设水源生态净化工程作为应急水源。新饮用水源工程实施后,盐城市区将形成蟒蛇河及通榆河双水源加应急备用水库的供水格局。

第二篇

工程设计建设管理篇

　　盐龙湖工程自 2007 年起筹建以来，经数年研究论证，设定工程建设目标为：在满足盐城市区近期 30 万 m³/d、远期 60 万 m³/d 供水规模条件下，原水经净化处理后水质稳定达到地表Ⅲ类水质标准；充分利用工程的蓄水能力，在发生突发性环境事件时，能够迅速切断污染源，保证 7 天的正常供水。

　　在平原上平地开挖建设饮用水源净化生态湖，难度大、要求高，在中外水利史上没有先例。课题组根据水源地特点和工程建设目标，创新提出了"前置预处理、中端生态湿地净化、后设生态调蓄库"的模块化水质提升与水量保障工艺。鉴于微污染水源生态净化处理的复杂性，且国内尚无相应的规范和标准，为确保工程的高效运行，验证总体工艺及集成技术的可靠性，按盐龙湖建设规模的 7‰ 比例开展中试研究工作。通过多项技术试验，获取了盐龙湖工程各净化单元设计参数的优化方案，为盐龙湖工程设计提供技术支撑和依据，有效保障了工程的成功建设。盐龙湖工程于 2010 年 1 月开工，于 2012 年 6 月 28 日通水投入使用。

第三章 工艺方案研究

3.1 建设任务及目标

3.1.1 建设任务

由于盐城市区饮用水源受上游工业、农业和生活污水影响,局部时段城西水厂取水口水质不稳定,存在一定的安全隐患。为保障目前市区 60 万、规划 100 万居民饮用水安全,改善供水水质,2009 年盐城市人民政府从可持续发展的战略高度出发,决定实施市区新饮用水源工程,将城西水厂西侧的取水口西移至盐都区龙冈镇境内蟒蛇河南岸,建设市区饮用水源生态净化工程——盐龙湖工程,让市区居民早日用上优质水,喝上放心水。

本工程任务为供水。按照盐城市中期发展规划,城市人口为 100 万人,而目前城市水源水质存在局部时段超标、规避风险能力差的问题,对人民身体健康和城市供水安全造成一定的影响。为尽快改善盐城市人民的饮用水水质,结合盐城市城市发展规划和湿地建设,充分运用生态湿地对水质的净化作用,建设盐城市区饮用水源生态净化工程,提升水源水质,使蟒蛇河原水经本工程净化处理后水质提升一个类别,达到Ⅲ类水标准,满足盐城市近期 30万 m^3/d、远期 60 万 m^3/d 的供水规模。同时,充分利用本工程的蓄水能力,在发生突发性环境事件时,能够迅速切断污染源,保证 7 天的正常供水,保障水厂的供水安全。

3.1.2 建设目标

(1)净化水源。对城市微污染水源进行生态处理,改善城市供水水源水质,确保湿地净化后水质稳定达到Ⅲ类水标准。

(2)满足盐城市市区近期 30 万 m^3/d、远期 60 万 m^3/d 的供水规模,供水水质保证率为 90%,供水水量保证率为 97%。

(3)规避风险,安全供水。本工程建成后至少有 7 天的供水容量,在发生突发性环境事件时,能够迅速切断污染来源,保证供水不受影响。

(4)结合盐城市的湿地文化,建设生态湿地型水源工程,使湿地环境能够兼具野生和园林的自然特征,成为城市中的湿地公园和湿地文化展示中心。

(5)满足城市水系规划及城市绿地系统规划等要求,兼顾综合利用,提高城市品位,为打造生态盐城、水绿盐城创造条件。

3.2 建 设 标 准

(1)防洪标准。工程建成后,将成为盐城市重要的供水水源地,远期向盐城市供水

60 万 m³/d,其防洪标准应与城市防洪标准一致,为 100 年一遇。

(2)引水标准。满足水厂远期 60 万 m³/d,97%供水水量保证率、90%供水水质保证率的供水,并具有连续 7 天的供水容量。

(3)水质标准。通过本工程生态净化后,水质稳定达到《地表水环境质量标准》(GB 3838—2002)Ⅲ类水标准。

(4)抗震标准。根据《中国地震动参数区划图》(GB 18306—2001)及《建筑抗震设计规范》(GB 50011—2001),场地地震动峰值加速度为 0.10 g,相应地震基本烈度为Ⅶ度,场地设计地震分组为第一组,场地特征周期为 0.45 s,根据《水工建筑物抗震设计规范》(DL 5073—2000),场地土类型为中软场地土,场地类别为Ⅲ类,属对抗震不利地段。

(5)工程等别和建筑物等级。根据《城市防洪工程设计规范》(CJJ 50—92)、《防洪标准》(GB 50201—94),盐城市区饮用水源生态净化工程等别为Ⅱ等工程,主要建筑物级别为 2 级,次要建筑物级别为 3 级,临时建筑物为 4 级。

3.3　工程区域条件分析

3.3.1　区域条件

1)地形特征

工程建设地点位于盐都区龙冈镇境内,北侧为蟒蛇河,河口宽约 100 m,河底高程约-3.0 m(废黄河高程,下同);东侧为通冈河;西侧为朱沥沟、东涡河,沿河地形为防洪堆堤,堤顶高程在 4.5 m 左右,河道堆堤所围农田自然地面高程在 2.0~2.2 m 之间。

2)降雨特征

工程所在区域多年平均降雨量为 1 020.5 mm,主要存在年内和年际变化较大两个主要特点。

(1)降雨年内分配极不均匀,季节变化较明显。5~9 月是本区域降雨较集中的时期,此时主要由于热带气旋和冷空气交汇引发降雨,多年平均降水量为 716.7 mm,占全年降水量的 70.2%。全年最大降水量大多发生在 7 月,多年平均月雨量为 228.0 mm,占全年降水的 22.3%;最小降水量发生在 12 月,多年平均月降水量为 22.4 mm,两者相差悬殊(图 3-1)。

(2)年际变化较大。根据区域多年系列降水量分析,平均 2~4 年就发生丰枯年型变化,大致有每隔 5~9 年的丰枯交替周期。年最大面降水量为 1 659.9 mm,发生于 1965 年;年最小面降水量为 471.9 mm,发生于 1978 年,前者约为后者的 3.5 倍。

3)水系特征

盐龙湖工程位于盐城市盐都区,属淮河流域里下河水系,区内河网纵横交错,蜿蜒曲折,数量众多,水乡特色显著。客水从西南入境,向东北流出。与本工程相关的主要河流为蟒蛇河、朱沥沟、东涡河、通冈河等,详见表 3-1 和图 3-2。

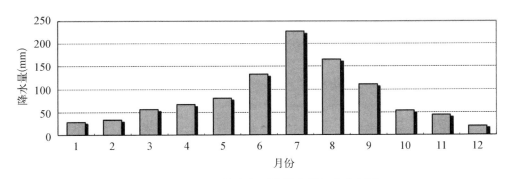

图 3-1 工程区域多年平均降水量年内分配图

表 3-1 工程周边主要河道基本情况表

河流名称	起 迄 地 点		长度 (km)	河口宽 (m)	河底宽 (m)	河底高程 (m)	坡 比
	起	迄					
蟒蛇河	北宋庄	盐城 九里窑	43	80～120	32	−3.0	1∶3～1∶4
朱沥沟	古殿堡	龙冈 泾口	30	40～70	20	−1.0～−2.0	1∶3～1∶4
东涡河	兴盐界河	龙冈 万刘庄	19	40～70	12	−1.5	1∶3～1∶4
通冈河	七支河	蟒蛇河	5	33	10	0.0～−0.5	1∶3

（1）蟒蛇河。蟒蛇河为新洋港上游段，是盐城市西南地区南北向集灌溉、排涝和航运等综合功能的重要河道。蟒蛇河西起北宋庄，经义丰、秦南、学富、龙冈至盐城西九里窑处入新洋港，河面宽 80～120 m，河底宽约 32 m，河底高程约−3.0 m，坡比 1∶3～1∶4，全长 43 km，流域面积约 640 km²。东涡河、冈沟河、朱沥沟为其一级支流。蟒蛇河为天然河道，弯道多，易淤塞，水流不畅，历史上曾经过多次整治。蟒蛇河与串场河原交汇于盐城市区登瀛桥，因陡弯和船舶影响，束水严重，新中国成立后分别于 20 世纪 50 年代和 70 年代进行了切滩和疏浚，先后开挖了老越河和新越河，束水状况明显改善，使西部来水经蟒蛇河直泻新洋港。

（2）朱沥沟。朱沥沟从兴盐界河的古殿堡起，流经大范庄、秦南仓至龙冈镇入蟒蛇河，全长约 30 km，河口宽 40～70 m，河底宽约 20 m，河底高程−1.0～−2.0 m，坡比 1∶3～1∶4，河床平坦，渲泄通畅，是盐都区中部南北向灌溉、排涝和航运的主要河道。

（3）东涡河。东涡河南起兴盐界河，向北至龙冈汇入蟒蛇河，全长约 19 km，河口宽 40～70 m，河底宽约 12 m，河底高程约−1.5 m，坡比 1∶3～1∶4，流域面积 40 km²，是盐都区排涝骨干河道之一。东涡河上游有两个支流，一是塘港河，南承界河水，北至赖陈庄流入东涡河，河口宽约 16 m，河底宽约 6 m，河底高程约−0.8 m；二是上官河，南承界河水，由郝荣庄东北流经葛武庄至赖陈庄，河口宽约 73 m，河底宽约 30 m，河底高程约−1.5 m。

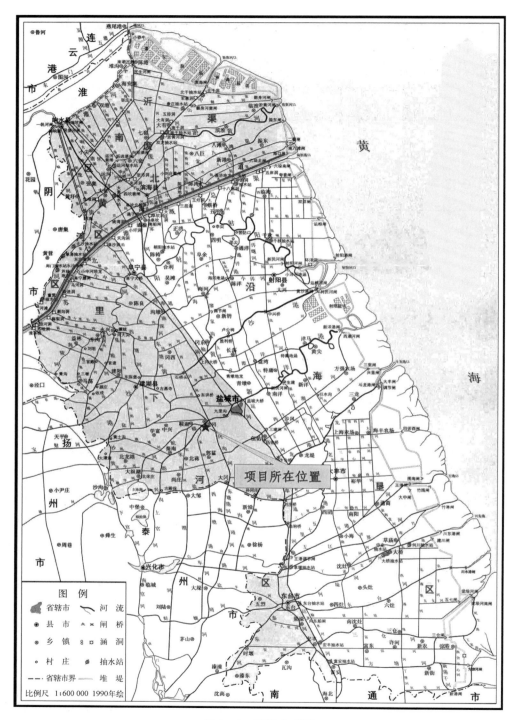

图 3-2　区域水系图

（4）通冈河。通冈河南起七支河，向北汇入蟒蛇河，全长约 5 km，是该区域主要的排水河道。河口宽约 33 m，河底宽约 10 m，河底高程 0.0～−0.5 m，坡比约 1：3。

4）地下水特征

工程区域地下水主要为赋存于松散沉积物中的孔隙水，地下水补给来源主要为大气降水和地表水体，水位受大气降水及地表水季节性变化的影响而变化。勘察时测得地下水初见水位埋深在 1.35～2.90 m，初见水位标高在▽＋0.55～0.72 m，平均标高在▽＋0.62 m 左右；地下水稳定水位埋深在 1.00～2.60 m，稳定水位标高在▽＋0.90～1.07 m，平均标高在▽＋0.96 m 左右。据调查，拟建场地近 3～5 年内最高地下水位标高为▽＋1.80 m，地下水变化幅度在 1.50 m 左右。第（4）层以下地下水具承压水性质，第（6）层为主要含水层，补给方式以侧向为主，与地表水的连通性较差，勘察期间测得承压水头平均在▽＋0.8 m 左右。

3.3.2 取水口条件

1）水位特征

盐龙湖工程拟建取水口位于龙冈镇境内的蟒蛇河南岸。对位于拟建取水口下游的盐城水位站 1925～1936 年、1957～2007 年逐日平均水位、最低日平均水位系列分别进行设计保证率水位计算，以求得取水口断面的水位条件。对盐城水位站不同保证率下的水位计算结果为：在保证率 $P＝75\%$、95%、97%、99% 条件下，日平均水位分别为 0.80 m、0.64 m、0.58 m、0.46 m，最低日平均水位分别为 0.11 m、0.03 m、−0.04 m、−0.15 m。根据本工程处外河水位比盐城站水位高出 0.04 m 的关系，求得盐龙湖工程拟建取水口处河面断面在各保证率下的水位，见表 3−2。

表 3−2 各保证率日平均水位计算成果表

保 证 率	$P＝75\%$	$P＝95\%$	$P＝97\%$	$P＝99\%$
日平均水位(m)	0.84	0.68	0.62	0.50
最低日平均水位(m)	0.15	0.07	0.00	−0.11

盐龙湖工程周边的蟒蛇河和朱沥沟为盐邵线航道的一部分，目前为 Ⅴ 级航道，最高通航水位 2.1 m，最低通航水位 0.5 m；规划航道等级为 Ⅲ 级，最高通航水位 2.3 m，最低通航水位 0.5 m。

2）流量特征

由于盐龙湖工程拟建取水口处河道断面无流量观测资料，分别对工程区域上游的北宋庄、古殿堡、陆舍三个巡测流量站实测流量资料进行分析，以此推算盐龙湖工程拟建取水口处河道流量。

计算结果表明，以上三站在保证率 $P＝97\%$ 时的日平均流量之和为 12.92 m³/s。分别代表蟒蛇河、朱沥沟和东涡河三条河上游的来水量，占取水口上游来水总量的 40%～50%。以此类推，取水口上游来水总流量在 25.84～32.3 m³/s。根据《盐城市盐都区水资源规划水资源配置》、《盐都区需水预测》以及《盐都区水资源及其开发利用调查评价》，灌溉期农业用水约占总水量的 50%，工业用水占总水量的 25%～30%，遭遇特殊干旱年时，通过减少农业用水量和工业用水量,可以满足盐龙湖工程的取水需求。

3)水质特征

盐龙湖工程拟建取水口处无长期水质监测数据,仅在下游约 1 km 处设有常规水质监测站(龙冈站),故设计阶段以 2009 年 3 月及 6 月在拟建取水口的补充监测水质数据为主要设计依据,同时参考龙冈站的 2005～2007 年年内及年际水质变化规律以及蟒蛇河上游污染源治理措施等,最终确定盐龙湖的设计水质情况为:总体上基本符合地表Ⅲ类水标准,但总磷、氨氮、溶解氧部分时段超过Ⅲ类水质标准;高锰酸盐指数、生化需氧量不稳定,但超标现象相对较少;水体中悬浮颗粒物粒径较小、不易沉淀,透明度较低。

4)输沙特征

根据《盐城市区饮用水水源地生态净化工程(生态调蓄水库)悬移质泥沙测验报告》(2008 年 7 月),朱沥沟不同断面含沙量在 0.038～0.057 kg/m³,输沙率在 1.62～3.23 kg/s,根据《盐城市区饮水水源地生态净化工程水质及泥沙环境质量监测报告》(2009 年 6 月),蟒蛇河不同断面含沙量在 0.018 3～0.084 8 kg/m³,输沙率在 1.73～4.76 kg/s。

3.4　工艺方案研究

3.4.1　工艺需要解决的关键问题

(1)复杂多变的外河水质与供水水质稳定达标之间的差距。本工程拟建取水口位于蟒蛇河,作为饮用水水源地,其供水水量能满足供水需求。但是其水质受上游生活、工业、农业及养殖等污染排放的影响,呈现有机微污染、季节性差异大、携带泥沙多的特点,局部时段超出水功能区划目标,达不到供水水质要求。然而为满足饮用水水源地水质要求,又必须源源不断地向市区水厂提供达标(Ⅲ类以上)原水。因此本工程必须设置一套具有抗水质波动的净化工艺,以解决复杂多变的外河水质与供水水质稳定达标之间的差距问题。

(2)开放式河道型水源地安全取水与河道其他社会功能之间的矛盾问题。蟒蛇河作为开放式的河道型水源地,除具有供水功能外,还承担了区域农业灌溉、排涝和航运等综合功能。近年以来,因上游暴雨导致的大量污染物集中入河,以及船只、化工厂偷排化学污染物引发了多起水环境污染事故,给供水安全带来了严重的威胁。因此,本工程必须设置一定的应急库容,并具有灵活调度的功能,以规避开放式水源地供水风险问题。

(3)大规模微污染饮用水水源地原水净化的复杂性。目前我国并无针对大规模微污染饮用水源水体强化净化的设计规范或成熟技术,可供借鉴类似工程经验也较少。而我国对水源地建设与保护又有严格的要求,作为一项具有水质净化作用的饮用水源水库工程,不同于污废水处理工程,本工程宜避免采用化学药剂处理的工艺,防止出现与水厂处理工艺重复以及二次污染问题。必须针对区域用地条件、水质气象等环境特点,理顺工艺路线,优选设计参数,研究提出高效的净化成套工艺。

(4)取水条件改变后,新开挖调蓄库富营养化防治问题。蟒蛇河来水氮、磷含量较高,改河道取水为湖库取水后,水体从急流变为缓流条件后易滋生藻类,加上调蓄库新构建形成生态系统不稳定,水体发生富营养化风险较大。为防止产生水体富营养化而导致的二次污染,需要研发一套既满足水量蓄存,又具有水质维持及富营养化防治功能的人工湖库工程布局以及相应技术。

（5）大规模水体净化处理的经济性和低碳节能问题。盐龙湖工程每日 60 万 m³ 原水的生态处理规模在全国首屈一指,相当于 6 座大型净水厂的净化规模。在净化过程中必然会产生一定的经济成本和能源消耗,而过大的成本和能耗并不能体现出净化技术的优势与先进性。因此,需要顺应自然与生态规律,研究出具有低碳节能理念、采用最小的成本和能耗完成大规模水体的净化处理。

3.4.2 工艺模块化设置

根据蟒蛇河原水成分复杂多变、季节波动明显、水体微污染、悬浮物不易沉降等特点,结合原水 Ⅲ 类供水水质、60 万 m³/d 供水水量及 7 天应急供水的需求,依据“降浊活化、脱氮除磷、调蓄备用”功能先后次序,提出一套集“前置预处理、中端生态净化、后置生态调蓄”的模块化水质提升与水量保障工艺。

（1）前置预处理模块。为了调节进水水质、防止进水携沙造成水库淤积和对各类水生生物生长造成不利影响,生态净化工艺对进水水体悬浮物含量、透明度和溶解氧有一定要求,宜尽可能减少悬浮物含量、提高水体透明度和溶解氧,减轻污染负荷。考虑到蟒蛇河原水水质浑浊、溶解氧较低、水质波动的特点,在工艺前端设置预处理模块,以起到对原水降浊活化的作用。

（2）中端生态净化模块。该模块是发挥水质净化功能的主要单元。采用首创的立体复合表流湿地技术为主体净化技术,主要结合深沟浅渠的湿地地形构建,营造出多样的生境条件,同时合理配置由挺水植物、沉水植物及浮叶植物等不同生活型植物共同组成的四季常绿型水生植物群落,通过植物、土壤及微生物的共同作用,将水体中大部分的营养盐在该区拦截、吸附、净化和分解。

（3）后置生态调蓄模块。该模块是本工程水质维持和水量保障的主要单元。根据工程建设目标,新建水源地应具有应急备用功能,能提供应急状态下 7 天的供水量,即须有超过 420 万 m³ 的蓄水库容,这样规模的湖库具有一定的环境容量,在不受外围污染物排入的影响下,能较好的发挥自净能力,维持并进一步提升库区水质。考虑将调蓄模块建设成为具有自净功能的生态库区,进一步提升工程出水,实现供水水量和水质的双重保障。

3.4.3 工艺流程分析

盐龙湖工程的工艺流程见图 3-3。依照工艺模块化划分,盐龙湖工程分为预处理区、生态湿地净化区(挺水植物区＋沉水植物区)及深度净化区三个主要单元。预处理区作为复合表流湿地前置系统,主要发挥降浊活化的作用;生态湿地净化区为中端主体净化单元,采用复合表流湿地技术,主要发挥脱氮除磷作用;深度净化区为复合湿地的后置系统,具有调蓄、净化及水质维持等作用。蟒蛇河原水经泵站提升或水闸引入送至预处理区沉淀处理后,通过各分区之间高程的不同,以重力流的方式送至生态湿地净化区和深度净化区,对原水进行净化,处理好的原水由深度净化区进入输水管道。

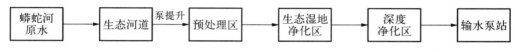

图 3-3 净水处理工艺流程图

本工程每个模块的主要功能明确,分别为降浊活化、脱氮除磷及调蓄备用的功能,每个功能区之间均设有超越管道,可灵活地将原水直接接入不同功能区,或者有选择的组合工艺进行净化。针对原水不同的水质情况及内部管护的需要,通过模块化工艺的机动灵活组合,可充分发挥工程的净化作用,保障供水安全,降低工程能耗。

（1）在蟒蛇河原水水质透明度较高、水体中悬浮物含量少,且水体污染物负荷不高时,可通过泵站将原水直接输送至生态湿地净化区,无需经过预处理工序。

（2）在蟒蛇河原水水质透明度较高、水体中悬浮物含量少、水体污染物负荷不高且水质满足Ⅲ水标准时,例如冬季水质较好时,可通过泵站将原水通过挺水植物区配水总渠及深度净化区布水渠直接输送至深度净化区,无需经过预处理区及生态湿地净化区。此时可对挺水植物区进行维护,晒滩收割,恢复基地的生物氧化性能。

（3）在深度净化区需要维护时,可将生态湿地净化区的出水直接向水厂供水。

（4）在蟒蛇河原水水质较为浑浊、水体水质略有超标时,而此时挺水植物区需要维护作业等,可将原水经过预处理后直接输送至深度净化区。

（5）当原水水质较差、污染物浓度含量高时,可停止取水泵站运行,暂时利用深度净化区和生态湿地净化区蓄滞的库容向水厂供水。

第四章 工程中试研究

4.1 研 究 目 标

在盐龙湖工程方案研究阶段,针对原水水质、水文特点及区域生态环境特征提出的"前置预处理、中端生态净化、后置生态调蓄"的模块化水质提升与水量保障工艺为国内首创,无相应的规范、标准及工程经验可参考借鉴。为确保工程建成后能稳定高效运行,全面达到建设目标,本课题组依托江苏省水利科技项目"生态湿地净化系统在盐龙湖工程中的研究与应用"等研究平台,在盐龙湖工程拟建取水口处开展工程性原位中试,旨在通过现实条件下的试验研究,验证盐龙湖工程所用总体工艺及集成技术的可靠性及高效性,对所用的关键技术进行应用探索,获取生态净化工程各净化单元运行和控制参数的优化方案,为盐龙湖工程的深化设计、工程施工和运行管理提供技术支撑和依据。

4.2 研 究 内 容

4.2.1 预处理主要技术研究

开展不同气温、停留时间、溶解氧、进水负荷等设计参数条件下预处理区对水体悬浮物沉淀性能、污染物去除效果、水体透明度及水体复氧等影响的试验研究。重点研究盐龙湖工程预处理区采用的人工增氧、人工介质、河蚌过滤及植物拦截等技术的综合净化效果,并对预处理试验区泥沙的沉淀位置及沉积速率进行测量跟踪,为预处理区优化设计提供依据。

4.2.2 生态湿地主要技术研究

(1)挺水植物区生态净化主要技术研究:开展不同气温、进水负荷、停留时间、植物配置、水位波动等条件下,水质净化效果的研究。筛选出适合盐城气候及目前水质的植物种类,合理配置挺水植物,提升湿地总体净化效果。

(2)沉水植物区生态净化主要技术研究:开展不同气温、停留时间、运行调度方式及进水负荷等条件下水质净化效果的研究。筛选湿地中沉水植物的最佳植物配置,为盐龙湖工程中沉水植物的合理配置及管理提供理论依据。

4.2.3 深度净化主要技术研究

开展拟采用的植物配置在不同气温、停留时间、运行调度方式及进水负荷等条件下净化效果研究的试验,探明水体自净能力与生物自净作用对水质的改善及水体变化情况,探索水库保育及维护技术。

4.3 技 术 路 线

通过对盐龙湖初步设计方案、专家审查意见等相关文件进行解读,针对"生态湿地系统在盐龙湖工程中的研究与应用"课题的研究内容,开展工程性原位中试基地的设计及建设,并在中试基地内开展预处理技术、生态湿地净化技术、深度净化技术等关键技术的研究。综合分析试验期间整体工艺和关键技术净化效果,提出盐龙湖设计的优化方案,应用至盐龙湖工程(图4-1)。

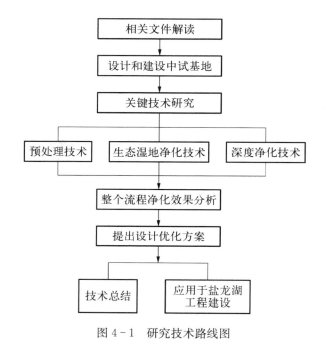

图4-1 研究技术路线图

4.4 试验基地建设

4.4.1 试验基地的总体布置

试验基地设在蟒蛇河及通冈河交界的南部地块,场地总占地25.1亩*。根据试验需要,遵循因地制宜、充分利用现状鱼塘隔梗、保障场地内水流顺畅、便于管护、减小占地等原则,根据盐龙湖工程的净化工艺及总体布局,设置临时取水泵站、预处理试验区、生态湿

---

* 1亩≈666.7 m²。

地净化试验区、深度净化试验区和管理区,其中生态湿地净化试验区包括挺水植物试验区及沉水植物试验区。试验基地的净化工艺和平面布置见图 4-2、图 4-3。

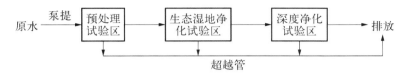

图 4-2　试验基地净化工艺图

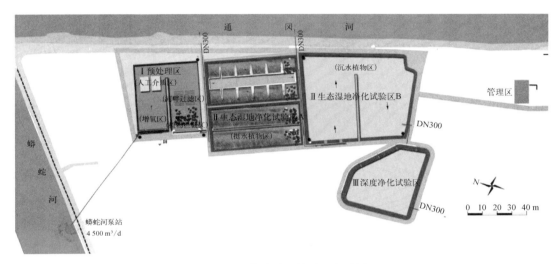

图 4-3　中试基地总平面布置图

4.4.2　试验基地的规模

依据盐龙湖工程初步设计的工艺流程及布局,统筹考虑中试场地的拟设位置条件及可利用占地,模拟盐龙湖工程生态净化工艺的设计水力停留时间、水深及水力负荷等参数,确定中试基地的预处理试验区、生态湿地试验区的进水速率为 320 m³/h,按每天运行 14 h 计,日处理规模为 4 500 m³/d,是盐龙湖工程 60 万 m³/d 设计规模的 7.5‰。深度净化试验区以水质保育及维护为试验目的,为节省投资、减少占地,适当减小深度净化区的试验规模,即该区设计规模为 450 m³/d。

各试验区设计参数与盐龙湖工程各净化区设计参数对比见表 4-1。

表 4-1　设计参数对比表

净化区或者试验区	盐龙湖工程各净化区设计参数			中试基地各试验区设计参数		
	高　程	有效水深（m）	水力停留时间	高　程	有效水深（m）	水力停留时间
Ⅰ 预处理区	控制常水位高程 3.3～3.4 m,塘底高程 1.4 m	2	15 h	控制常水位高程 3.3～3.4 m,塘底高程 1.4 m	2	16 h

续　表

净化区或者试验区		盐龙湖工程各净化区设计参数			中试基地各试验区设计参数		
		高　程	有效水深（m）	水力停留时间	高　程	有效水深（m）	水力停留时间
Ⅱ生态湿地净化区	挺水植物区	控制常水位高程2.9 m，露滩晒根时水位2.2 m，湿地底高程2.4～2.6 m	0.3～0.5	1.6 d	控制常水位高程2.9 m，露滩晒根时水位2.3 m，湿地底高程2.5 m	0.4	1.53 d
	沉水植物区	控制常水位高程2.0 m，塘底高程0.0 m	2		控制常水位高程2.0 m，塘底高程0.0 m	2	
Ⅲ深度净化区		控制常水位高程1.7 m，塘底高程－3.5 m，死水位－3.0 m，库容约500万 m³，有效库容约458万 m³	4.7	7.0 d	控制常水位高程1.9 m，塘底高程－1.1 m，库容约3 266 m³，	3	7.0 d

4.4.3　试验基地的建设过程

试验基地分为建筑工程及生态系统构建两大部分。其中，建筑工程包括临时取水泵站一座（包括彩钢板泵房）、管理用房一座、库区开挖及回填、溢流堰、闸门、渠道及管道、电气设备、道路等施工及安装；生态系统构建部分包括水生植物、水生动物、人工介质、增氧设施等施工、安装及调试。试验基地的建设过程如下。

（1）建筑工程于 2009 年 11 月开工，2009 年 12 月底基本完成。具体包括：① 土方工程，包括场地清理、各净化区的土方开挖及回填；② 砌体工程，包括砌体施工与抹灰施工两部分；③ 输水管道工程，输水涵管为 $\complement$ 0.3 m 钢管，直接从厂家订购，现场安装；④ 临时泵站工程，主要工程内容施工顺序为：取水口机塘土方开挖→施打泵站平台木桩→水下抛石护底→平台及泵房搭设→架设水泵及管路设备→拦污网安装→电气安装验收→试运行；⑤ 电气设备安装工程，按照设计工程量清单上所列电气设备，对采购的设备进行现场卸货、转运、保管、检查、验收、安装、启动及试运行。

（2）水生植物种植。2009 年 11 月 28 日完成沉水植物试验区的植物种植；2009 年 12 月 30 日，完成深度净化试验区沉水植物种植；2010 年 1 月 3 日，在挺水植物试验区过水渠中种植金鱼藻、轮叶黑藻和龙须眼子菜；2010 年 3 月 8 日，完成挺水植物试验区挺水植物和浮叶植物的种植；2010 年 6 月 27 日，在生态湿地净化试验区及深度净化试验区局部区域补种苦草，并对沉水植物进行优化，同时在深度净化试验区边缘种植狭叶香蒲、菱草和水葱等挺水植物；2010 年 8 月 11 日，对沉水植物试验区和深度净化试验区进行沉水植物补种；2010 年 12 月 21 日，对挺水植物试验区甲区行进了菹草石芽的种植。

（3）水生动物投放。2010 年 10 月中旬和 11 月上旬，两次投放底栖动物和肉食性鱼类。共计投放底栖螺蛳类 60 kg，其中挺水植物试验区投放 24 kg、沉水植物试验区 23 kg、深度净化试验区 13 kg；投放肉食性鱼类黑鱼 63 尾，其中预处理试验区 18 尾、沉水植物试验区 15 尾、深度净化试验区 20 尾；投放鳜鱼 82 尾，其中沉水植物试验区 42 尾、深度净化试验区 40 尾。

（4）人工介质河蚌挂网的安装。2010 年 2 月，对预处理试验区人工介质固定杆进行采购及安装；2010 年 5 月 25～30 日，在预处理试验区挂人工介质；2010 年 11 月 8～9 日，在深度净化试验区制作安装人工介质；2010 年 10 月中旬，在预处理试验区进行河蚌挂网。

4.4.4　试验过程

于 2010 年 1 月正式开展中试试验研究工作。为了掌握蟒蛇河原水的沉淀性能，2010 年 2～4 月开展了量筒、沉降柱等沉淀性能的小试，并在此基础上进行预处理试验区中试；2010 年 5～7 月，根据原水水质及预处理中试初步成果，逐步开展"预处理—生态湿地—深度净化"全流程串联试验，初期以小流量进水试验为主，逐步增加进水流量；至 2010 年 8 月，进水流量达到设计进水量，中试基地按照设计的运行要求持续进水，开展全流程串联工况试验，即蟒蛇河原水提升后依次经预处理试验区、生态湿地试验区（挺水植物试验区及沉水植物试验区）及深度净化试验区净化；2011 年 3 月底试验结束；2011 年 4 月通过结题验收。

4.5　主要研究成果

4.5.1　蟒蛇河原水水质变化规律

根据蟒蛇河各月水质监测数据进行水质类别评价（表 4-2）。2010 年 2 月至 2011 年 1 月，12 个月中有 7 个月的水质达到地表水水源地水质Ⅲ类标准要求，分别为 2～5 月、8 月、11 月及 12 月，其余月份水质为Ⅳ类～劣Ⅴ类，BOD_5、NH_3-N、TP、DO 等指标超标。其中 9 月水质最差，水质类别为劣Ⅴ类，主要超标指标为 TP、DO 等指标。TN 指标参考湖库标准评价连续 12 个月超标，为Ⅳ类～劣Ⅴ类。

表 4-2　蟒蛇河各月份水质评价表

月　份	pH	COD_{Mn}	BOD_5	NH_3-N	TP	DO	石油类	综合类别	TN
2010 年 2 月	Ⅰ	Ⅲ	Ⅲ	Ⅱ	Ⅲ	Ⅰ	Ⅰ	Ⅲ	劣Ⅴ
2010 年 3 月	Ⅰ	Ⅲ	Ⅲ	Ⅱ	Ⅲ	Ⅰ		Ⅲ	劣Ⅴ
2010 年 4 月	Ⅰ	Ⅲ	Ⅲ	Ⅱ	Ⅲ	Ⅰ	Ⅰ	Ⅲ	劣Ⅴ
2010 年 5 月	Ⅰ	Ⅲ	Ⅰ	Ⅱ	Ⅱ	Ⅱ	Ⅰ	Ⅲ	劣Ⅴ
2010 年 6 月	Ⅰ	Ⅲ	Ⅲ	Ⅱ	Ⅲ	Ⅳ	Ⅰ	Ⅳ	Ⅴ
2010 年 7 月	Ⅰ	Ⅲ	Ⅲ	Ⅲ	Ⅲ	Ⅴ	Ⅰ	Ⅴ	劣Ⅴ
2010 年 8 月	Ⅰ	Ⅲ	Ⅰ	Ⅰ	Ⅲ	Ⅰ	Ⅰ	Ⅲ	Ⅴ
2010 年 9 月	Ⅰ	Ⅲ	Ⅰ	Ⅱ	Ⅳ	劣Ⅴ	Ⅰ	劣Ⅴ	Ⅳ
2010 年 10 月	Ⅰ	Ⅲ	Ⅰ	Ⅰ	Ⅲ	Ⅳ	Ⅰ	Ⅳ	Ⅳ

续　表

月　份	pH	COD_Mn	BOD_5	NH_3-N	TP	DO	石油类	综合类别	TN
2010 年 11 月	I	III	I	II	II	II	I	III	V
2010 年 12 月	I	III	I	I	III	II	I	III	V
2011 年 1 月	I	III	IV	IV	III	I		IV	劣 V
波动范围 (mg/L)	7.4～8.2	4.7～5.9	1.0～4.2	0.06～1.3	0.057～0.213	1.6～13.6	0.00～0.04		1.32～3.11

注：TN 参考湖库标准评价。

4.5.2　生态工艺净化效果

2010 年 8 月起，开展全流程串联试验，至 2011 年 3 月底共进行了 73 次全流程取样监测，其中 2010 年 8 月进行了 2 次、9 月进行了 9 次、10 月进行了 11 次、11 月进行了 14 次、12 月进行了 15 次、2011 年 1 月进行了 8 次、2 月进行了 3 次、3 月进行了 11 次。

按照单因子评价法分析各月生态净化系统进出水水质类别，结果见表 4-3 与图 4-4。2010 年 8 月、2011 年 2 月及 3 月水质从劣 V 类提升至 III 类，2010 年 9 月、2011 年 1 月水质从 V 类提升至 III 类，2011 年 10～12 月水质从 IV 类提升至 III 类。总体上看，在试验期间，蟒蛇河原水为 IV 类～劣 V 类，经生态系统净化后，各月出水水质均可达到 III 类水标准。

表 4-3　不同月份进、出水类别分析

月　份		水　质　类　别					
		COD_Mn	TP	TN	NH_3-N	DO	综合评价 (不含 TN)
2010 年 8 月	进水	IV	劣 V	IV	V	劣 V	劣 V
	出水	III	III	II	III	II	III
2010 年 9 月	进水	IV	V	III	II	V	V
	出水	III	II	II	II	I	III
2010 年 10 月	进水	III	III	III	II	IV	IV
	出水	III	II	II	I	I	III
2010 年 11 月	进水	III	III	IV	II	IV	IV
	出水	III	II	II	I	I	III
2010 年 12 月	进水	III	IV	V	II	IV	IV
	出水	III	II	III	I	I	III
2011 年 1 月	进水	IV	V	劣 V	III		V
	出水	III	II	IV	II		III
2011 年 2 月	进水	IV	劣 V	V	III		劣 V
	出水	III	II	IV	II		III
2011 年 3 月	进水	IV	劣 V	V	III	I	劣 V
	出水	III	II	III	II	I	III

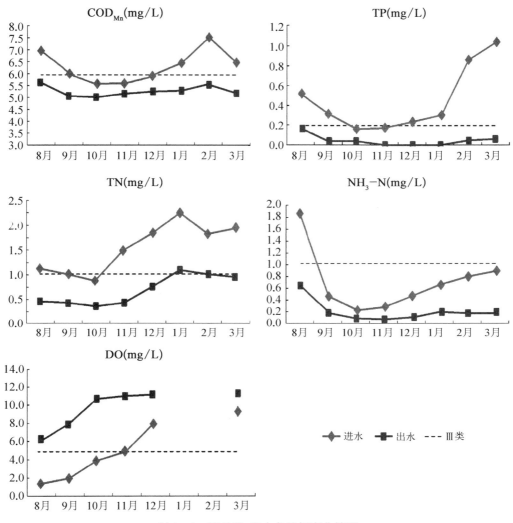

图 4-4　逐月进、出水各指标变化情况

中试研究结果表明，盐龙湖工程所采用的工艺总体净化效果良好，对 TN、TP、NH₃-N 及浊度有较好的去除效果，平均去除率分别为 57.2%、87.7%、73.0% 及 91.1%，出水透明度可达 1.5 m 以上；DO 在无机械增氧的条件下平均提升 147%；对 COD$_{Mn}$ 的平均去除率为 14.2%。全流程串联试验期间，总体工艺的出水水质（不含 TN）在春季、夏季、秋季及冬季均可稳定达到Ⅲ类水标准，全年达标率为 100%。当 TP、NH₃-N、DO 进水为Ⅲ类水时，出水可至少提升 1 个类别；COD$_{Mn}$ 进水为Ⅲ类水时，出水基本接近Ⅱ类标准。

TN 指标在 2011 年 1 月中旬之前出水均能达标，因 1 月下旬至 3 月，实际进水 TN 浓度是设计进水浓度的 2 倍左右，超出生态系统对 TN 的净化能力，故在此期间出水均略有超标，出水 TN 的平均出水浓度为 1.15 mg/L，超标约 0.15 倍。全年达标率为 84%。

第五章 工程总体设计

5.1 总体布局设计

5.1.1 设计原则

(1) 满足水源地库区引水、供水、防洪综合功能要求；

(2) 满足水源地净化水体的工艺需要；

(3) 平面布局紧凑合理，管理调度方便；

(4) 各单体建筑物间满足功能要求的前提下，景观协调、衔接平顺，满足规范要求；

(5) 有利于工程的施工、设备布置、安装、运行及监测；

(6) 对内、对外交通便利。

5.1.2 总体布局

盐龙湖工程选址于盐城市盐都区龙冈镇境内的蟒蛇河南岸，东侧以通冈河为界，南侧以五河为界，西侧以朱沥沟及东涡河为界，总占地面积3 342亩（不包括安置区）。根据净化工艺流程，本工程共分为3个区，分别为Ⅰ预处理区、Ⅱ生态湿地净化区及Ⅲ深度净化区。工程的总平面图见图5-1，竖向布置图见图5-2，各功能分区的面积及水位控制见表5-1。

表5-1 各功能分区面积及水位控制要求

功能分区		水面积（亩）	高程	设计有效水深（m）
Ⅰ预处理区		296	常水位高程3.3～3.4 m，塘底高程1.4 m	2.0
Ⅱ生态湿地净化区	挺水植物区	619	常水位高程2.9 m；植物萌发季，根据植物生长需要，水位在2.70～2.90 m波动；露滩晒根时水位2.0 m；湿地底高程2.4～2.6 m	0.3～0.5
	沉水植物区	558	控制常水位高程2.0 m，塘底高程0.0 m	1.2～2.0
Ⅲ深度净化区		1 573	控制常水位高程1.7 m，塘底高程−3.5 m，死水位−3.0 m，库容约500万 m³，有效库容约458万 m³	4.7

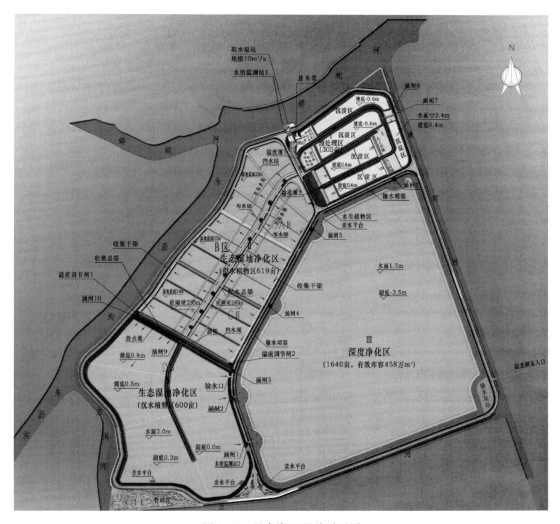

图 5-1　盐龙湖工程总平面图

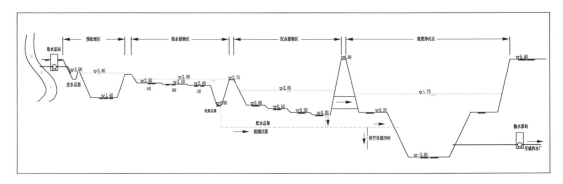

图 5-2　盐龙湖工程竖向布置图

1）生态河道

本工程通过在工区外围的蟒蛇河、朱沥沟、东涡河上培土构建宽度不等、总长度2 755 m的生态河道,河道滩岸种植芦苇等净化功能较强的水生植物,构建健康良性的河滨缓冲带,对蟒蛇河、朱沥沟来水进行预净化,降低进入生态湿地的负荷。

2）预处理区

预处理区是生态净化工程的重要前置单元,总面积305亩,水面积296亩。主要通过自然沉淀、人工介质拦截及植物拦截等作用降低水体悬浮物,提高出水透明度;并采用微泡增氧技术快速恢复水体溶解氧,初步净化水质。

预处理区分为两组,蟒蛇河原水经取水泵提升至预处理区进水渠中,通过溢流方式均匀布水至预处理区。预处理区前端设置增氧区,在原水溶解氧较低时启动微泡增氧机,快速向水体充氧;其后布置水流挡板,表层流水体由挡板的中、下部进入预处理区,改善水体流态;水中大颗粒的泥沙在沉淀区Ⅰ中去除;沉淀后的水体流经组合填料人工介质区,水中部分胶体、细颗粒及有机污染物被填料吸附降解,填料上脱落的生物膜及吸附的颗粒物在沉淀区Ⅱ中沉淀去除;沉淀出水再经水生植物茎叶拦截去除部分细小颗粒物后,均匀溢流至生态湿地净化区。

该区集成采用跌水增氧、微泡增氧、均匀布水、自然沉淀、人工介质生物膜及水生植物拦截等技术,具有去味、缓冲调节、沉降大颗粒泥沙、削减细颗粒悬浮物、增加水体溶解氧、提高水体透明度和初步净化水质的功能。

3）生态湿地净化区

生态湿地净化区是生态净化工程核心单元,面积1 219亩,水面积1 177亩,由挺水植物区、沉水植物区串联而成,是进一步去除水体营养物质、净化水质的重要场所。

挺水植物区水面积619亩,采用挺水植物—微生物—土壤共同作用,高效发挥湿地拦截、净化等功能。挺水植物区分A、B、C三个区梯级控制,顺水流方向逐步增大湿地水深,常水位2.90 m条件下,湿地水深分别为0.3 m、0.4 m及0.5 m。挺水植物区采用羽状布水,进水由配水总渠通过涵闸、布水渠均匀进入各处理单元,净化后的水体通过湿地两侧集水干渠收集。湿地滩面主要种植芦苇、黄菖蒲、茭草、水竹、千屈菜、狭叶香蒲、睡莲、伊乐藻、大茨藻、小茨藻及菹草等,渠道内主要种植轮叶黑藻、苦草、穗状狐尾藻等。

挺水植物区出水通过滚水坝溢流进入沉水植物区,滚水高度90 cm,进一步提高水体中的溶解氧。沉水植物区面积600亩,水面积558亩,顺水流方向水深分别为1.2 m、1.5 m、1.8 m及2.0 m,主要种植矮型苦草、轮叶黑藻、菹草、伊乐藻、大茨藻、苦草、刺苦草、龙须眼子菜等。

4）深度净化区

面积1 640亩,水面积1 573亩,总库容约500万m³,有效库容约458万m³,满足7天不间断供水的需求。本工程通过对该区5个进水口的流量控制,改善库区水体流态;同时,塑造有利于水生植物生长的生境,合理配置植物群落,并投放鱼、虾、贝、螺等水生动物,形成完整的食物链,人工构建健康良性的生态系统,维持并改善库区水质。另外,为了解决近期供水量达不到规划水量而导致水库水体交换时间延长的问题,在该区设置了10台太阳能循环增氧系统,加快水体的更新周期,防止水库富营养化。

5.2 预处理区设计

5.2.1 平面布置

盐龙湖工程的预处理区靠近取水口区域,总面积 305 亩,其中水面面积 296 亩(图 5-3)。根据中试研究成果,预处理区采取内、外双组并联运行,充分利用跌水增氧、微泡增氧、均匀布水、自然沉淀、人工介质生物膜吸附降解及水生植物拦截等技术对原水进行预处理。

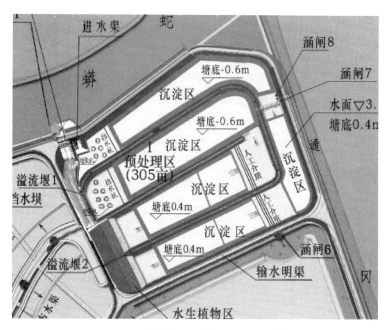

图 5-3 盐龙湖工程预处理区平面布置

预处理区单组呈长条形,于短边顶部进水,有利于进水中泥沙的沉降及充分利用库容,延长水体在预处理区的停留时间。蟒蛇河原水经增氧后进行一次沉淀,再通过人工介质区吸附后进行二次沉淀,随后经过植物拦截区溢流出水。预处理区进水渠顶宽 17.4 m、底宽 6.0 m、深度 1.9 m、渠顶高程 3.4 m、水位高程 3.5 m。在预处理区中部设置生态导流堤,长 467.5 m、堤顶高程 3.8 m。控制常水位高程 3.3~3.4 m,塘底高程设置为 0.6~1.4 m。

5.2.2 进水系统

在预处理区进水溢流堰顶部设置可调节的配水堰板,调节高度 0~10 cm,通过人工调节使溢流堰布水均匀。在距离溢流堰下游 50~70 m 处,增氧区后方设置挡水板,挡板中、下部开槽,上部高出水面 20 cm,一方面进水经挡板阻挡后,水平流变为垂直流,由挡板的中、下部进入沉淀区Ⅰ,可改善流态,防止出现短流现象,另一方面因挡水板高出水面,可以拦截水体中的漂浮物,便于集中打捞。在溢流堰上部设检修步道,便于进水系统的布水、检修、清漂(图 5-4 至图 5-6)。

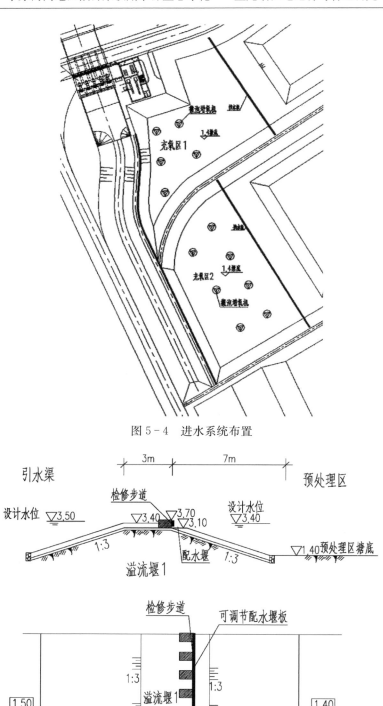

图 5-4　进水系统布置

图 5-5　可调节堰板及检修步道方案

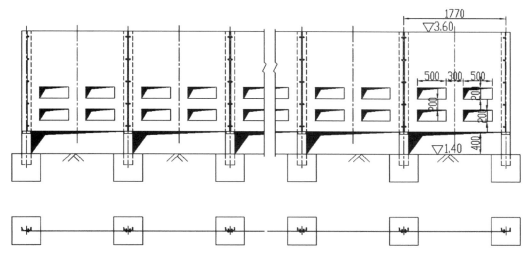

图 5-6　挡水板设计方案

5.2.3　沉淀池

　　根据中试期间预处理试验区底泥沉积试验结果,原水中携带的悬浮物在预处理试验区沉积量较小,因人工介质的拦截作用,泥沙主要分布在预处理试验区溢流堰至人工介质前,该区后半段也有沉积,但沉积量小于前半段。结合地形和人工介质的布置,分别在预处理区内、外圈的溢流堰及人工介质之间开挖沉淀池 1,储泥深度 2 m,在人工介质—植物平台之间开挖沉淀池 2,储泥深度 1 m。

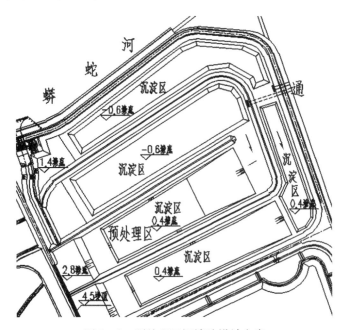

图 5-7　预处理区沉淀池设计方案

5.2.4 机械增氧

设计采用 24 台功率为 3 kW 的微泡增氧机对初步沉淀后的水体进行富氧,一方面加大对水体的扰动,可使水体中呈胶体状态、难以沉淀的颗粒物脱稳,使颗粒物在后续工艺中易于沉淀;另一方面可提升水体溶解氧,在微生物的作用下,促进水体中胶体颗粒物、溶解及半溶解絮状物的沉淀,并增强微生物的水质净化效果,为后续的吸附工艺及水生植物的生长提供充足的溶解氧。

5.2.5 人工介质

为强化水质净化效果,在盐龙湖工程预处理区的内、外圈分别设置人工介质区,安装数道组合式填料。组合式填料是在软性填料和半软性填料的基础上发展而成,其结构上由塑料圆环和醛化纤维共同组成,既能挂膜,又能切割气泡,从而提高氧的转移速率和利用率。共布设组合式填料 1 920 m³。

5.2.6 水生植物带

为进一步保证预处理区水质净化效果,强化生态景观,在预处理区内、外圈出水溢流堰处设置 20 m 宽的水生植物带,种植荷花、睡莲等水生植物,进一步延缓水流速度,加强颗粒物沉降,提高水体透明度。水生植物种植面积 3 400 m²,其中荷花 2 040 m²(占 60%),睡莲 1 360 m²(占 40%)。

5.2.7 出水溢流堰

在预处理区出水端设置溢流堰,堰顶高程 3.2 m,堰上部设置人行堤,堤顶高程 4.5 m,与周边隔堤连接。

5.3 生态湿地净化区设计

5.3.1 平面布置

生态湿地净化区分为挺水植物区、沉水植物区两个子单元,其中:挺水植物区采用复合式表流湿地技术构建,采用深渠浅沟羽状配水方式,通过均匀布水,让湿地内上层的挺水植物、水下的沉水植物、微生物及土壤共同作用,高效发挥湿地拦截、净化功能;沉水植物区根据不同地形条件,形成适应不同气温的水生植物群落,保障水源净化工程全年特别是冬季的净化效果。

(1)挺水植物区面积 619 亩,与预处理区相连。该区分为 A、B、C 三个亚区梯级控制,其中 A 区湿地底高程 2.60 m,控制常水位高程 2.90 m,有效水深为 0.3 m,植物生长需露滩晒根时,降低湿地水位,使水流仅在渠道内流动,不进入湿地植被区,水位高程为 2.40 m;B 区湿地底高程 2.50 m,控制常水位高程 2.90 m,有效水深为 0.4 m,露滩晒根时水位高程为 2.30 m;C 区湿地底高程 2.40 m,控制常水位高程 2.90 m,有效水深为 0.5 m,露滩晒根时水位高程为 2.20 m(图 5-8)。

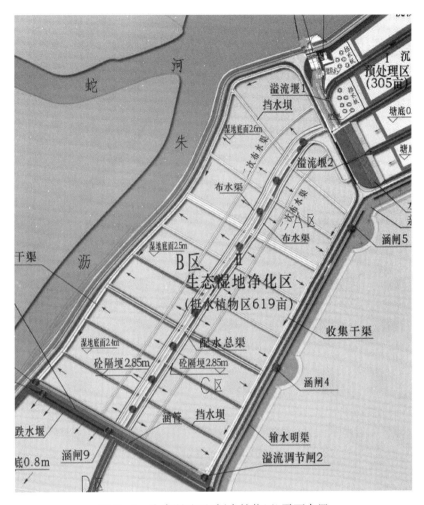

图 5-8　生态湿地区(挺水植物区)平面布置

(2) 沉水植物单元面积 600 亩,通过一道跌水堰与挺水植物区相连。该区控制常水位高程 2.00 m,顺水流方向库底高程依次降低,分别为 0.8 m、0.5 m、0.2 m 和 0.0 m,即在常水位条件下,水深分别为 1.2 m、1.5 m、1.8 m 及 2.0 m(图 5-9)。

5.3.2　均匀布水

湿地内部的布水情况关系到受处理水体的实际水力停留时间,进而影响到湿地工程的生态净化过程,对于大规模的人工湿地而言,能否均匀布水更是显著影响其最终工程的建设效果。根据平面布置,盐龙湖工程挺水植物区共分为东、西 2 组,每组 9 个单元,为使各个单元内布水均匀,充分发挥表流湿地的净化作用,采用 MIKE21 模型软件进行 3 种湿地布水方案的流场模拟,以验证均匀布水的最佳方案。

图 5-9 生态湿地区(沉水植物区)平面布置

方案 1 采用点状布水方式,进水由中部配水总渠经由 18 个闸门控制的支渠向各滩面配水,为防止发生短流现象,在各支渠中部设置多个拦水坝,以促使支渠进水向周边滩面分散布水(图 5-10a)。

方案 2 同样采用点状布水方式,进水同样由中部配水总渠经由 18 个闸门向各滩面配水。与方案 1 不同的是,方案 2 取消了配水支渠,进而采用导流堤的方式使来水在滩面上自由流动(图 5-10b)。

方案 3 采用的是多级分散推流的羽状布水方式,进水由中部配水总渠经由 18 个闸门进入各单元后,通过设置 1 次布水渠、2 次布水渠,使来水整体上在滩面呈现出推流的方式(图 5-10c)。

考虑 Bousinesque 近似和浅水假定,以及风应力的影响,则垂向积分的二维水动力学方程组如下。

1) 连续方程

$$\frac{\partial \zeta}{\partial t} + \frac{\partial p}{\partial x} + \frac{\partial q}{\partial y} = S$$

2) 动量方程

$$\frac{\partial p}{\partial t} + \frac{\partial}{\partial x}\left(\frac{p^2}{h}\right) + \frac{\partial}{\partial y}\left(\frac{pq}{h}\right) + gh\frac{\partial \zeta}{\partial x} + \frac{gp\sqrt{p^2 + q^2}}{C^2 h^2}$$

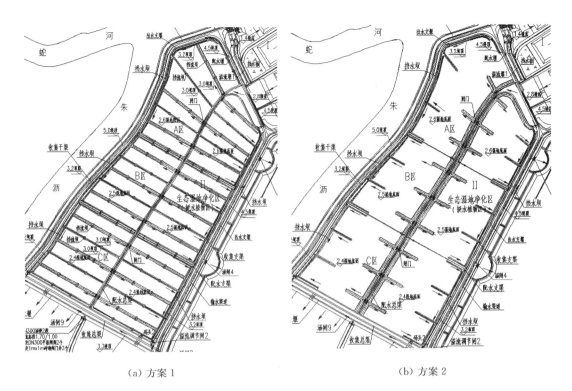

(a) 方案 1 (b) 方案 2

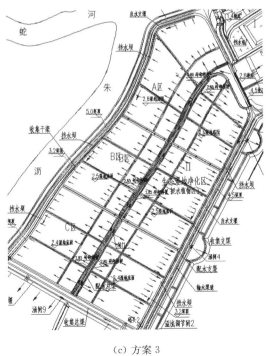

(c) 方案 3

图 5-10 布水方式平面图

$$- \frac{1}{\rho_{\mathrm{w}}} \left[\frac{\partial}{\partial x} (h\, \tau_{xx}) + \frac{\partial}{\partial y} (h\, \tau_{xy}) \right] - \Omega q - fVV_x + \frac{h}{\rho_{\mathrm{w}}} \frac{\partial}{\partial x} (p_{\mathrm{a}}) = 0$$

$$\frac{\partial q}{\partial t} + \frac{\partial}{\partial y} \left(\frac{q^2}{h} \right) + \frac{\partial}{\partial x} \left(\frac{pq}{h} \right) + gh \frac{\partial \zeta}{\partial y} + \frac{gq \sqrt{p^2 + q^2}}{C^2 h^2}$$

$$- \frac{1}{\rho_{\mathrm{w}}} \left[\frac{\partial}{\partial y} (h\, \tau_{yy}) + \frac{\partial}{\partial x} (h\, \tau_{xy}) \right] + \Omega p - fVV_y + \frac{h}{\rho_{\mathrm{w}}} \frac{\partial}{\partial y} (p_{\mathrm{a}}) = 0$$

式中，h 为水深(m)；ζ 为水位(m)；p、q 为 x、y 向的单宽流量[m³/(s·m)]；$C = \frac{1}{n} H^{1/6}$ 为谢才系数，其中 n 为曼宁系数；f 为风阻力系数；V、V_x、V_y 为风速及其在 x、y 方向上的分量(m/s)；Ω 为 Coriolis 参数；p_{a} 为大气压[kg/(m·s²)]；ρ_{w} 为水的密度(kg/m³)；τ_{xx}、τ_{xy}、τ_{yy} 为剪切应力分量。

3）网格设置

采用三角形网格对研究区域进行网格剖分。网格面积为 1～100 m²（图 5-11）。

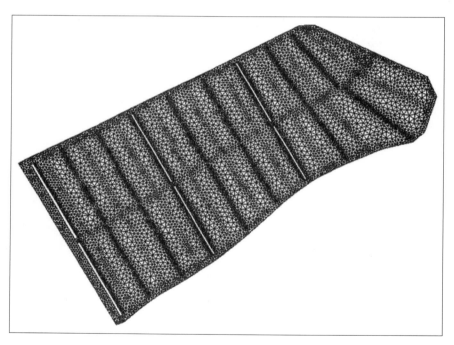

图 5-11　方案网格图

4）参数选取

涡黏性系数按 Smagorinsky 公式确定。

5）流场计算及分析

3 种方案流场图及局部放大图见图 5-12。

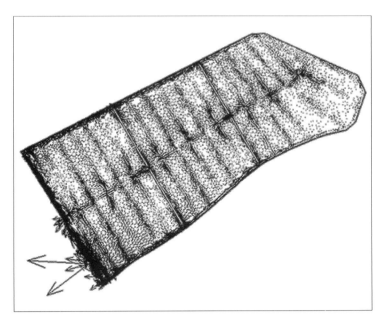

（a）方案1流场图

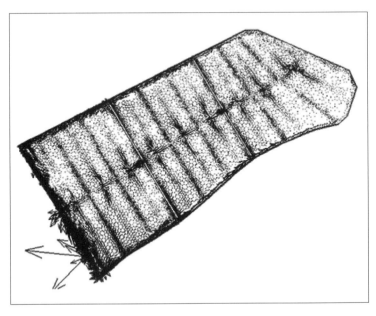

（b）方案2流场图

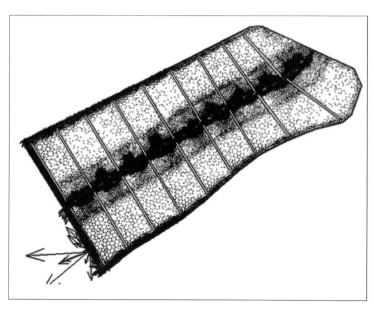

(c) 方案 3 流场图

图 5-12　流场图

从不同方案的模拟流场来看,3 种方案下的流场空间分布均较为均匀,没有明显的滞流区,但在流态上有所不同。方案 1 和方案 2 流态基本相同,受两侧挡水坝阻水影响,湿地内水流为斜下方向(西南方向),向收集干渠汇集。但方案 1 由于配水支渠和收集支渠上挡流坝的阻水作用,局部区域流速比方案 2 小 1～3 mm/s 左右。方案 3 流态较前两种方案有所变化,由于紧邻配水总渠两侧的收集深沟和砖砌格梗的高差大,地形的急剧变化使配水口两侧形成了一定范围的漩流区,但漩流区对湿地内流态的影响有限;受各湿地分块间隔断坝的边界约束,湿地内水流平行于隔断坝顺直流动,并于湿地末端汇入收集干渠。总的来说,3 种方案湿地内的流场分布均较为均匀,没有明显的滞流区,各方案流速差异也仅局限于毫米量级,不会对湿地水生植物的生长产生显著影响。综合流态、工程复杂性、投资等因素,结合盐龙湖中试成果,考虑沟渠冬季植物种植及保种,分析认为方案 3 相对较优。

5.3.3　水生植物配置

1) 挺水植物区

中试结果表明,挺水植物区的植物配置可采用上层挺水植物、下层套种沉水植物的方式,形成立体的水生植物群落结构,有利于充分利用光照条件,取得更为理想的水质净化效果。因此在盐龙湖工程挺水植物区栽种挺水植物的同时,在滩面及沟渠中种植沉水植物,充分发挥两类植物的净化功能。挺水植物区种植的主要品种包括芦苇、茭草、狭叶香蒲,各类挺水植物群落套种金鱼藻、菹草、龙须眼子菜等沉水植物。此外,为增强区域景观效果,局部采用黄菖蒲、千屈菜、睡莲等开花植物作为景观点缀(表 5-2)。

表 5 - 2　挺水植物区主要配置品种

物　种	特　性
芦苇 *Phragmites australis*	多年生禾本科植物,植株高大,具粗壮的匍匐根状茎,以根茎繁殖为主,夏秋开花,花期为 8～12 月。多生于低湿地或浅水中
香蒲 *Typha orientalis*	多年生落叶、宿根性挺水型的单子叶植物,茎极短且不明显。走茎发达,不分歧或偶尔分歧,前端可以不断地分化出不定芽株,花果期为 5～8 月。喜温暖、光照充足的环境,生于池塘、河滩、渠旁、潮湿多水处
茭草 *Zizania latifolia*	禾本科多年生水生宿根植物,又名菰、茭白,花果期秋季。广泛分布于我国南北各地的湖沼之中

2）沉水植物区

沉水植物区物种配置原则为:净化效果好、本地种优先。盐龙湖工程沉水植物区的水生植物配置主要参照中试工程的种植模式,主要品种包括大茨藻、金鱼藻、刺苦草、伊乐藻、龙须眼子菜、穗状狐尾藻等(表 5 - 3)。为保证所用物种的适应性以及生态安全,所配置的绝大多数物种均为当地常见种。

表 5 - 3　沉水植物区主要配置品种

种　名	所属科	拉丁名
金鱼藻	金鱼藻科	*Ceratophyllum demersum*
龙须眼子菜	眼子菜科	*Potamogeton pectinatus*
苦草	水鳖科	*Vallisneria natans*
矮型苦草	水鳖科	*Vallisneria natans* cv.
大茨藻	茨藻科	*Najas marina*
轮叶黑藻	水鳖科	*Hydrilla verticillata*
刺苦草	水鳖科	*Vallisneria spinulosa*
伊乐藻	水鳖科	*Elodea nuttallii*
菹草	眼子菜科	*Potamogeton crispus*
狐尾藻	小二仙草科	*Myriophyllum verticillatum*

5.4　深度净化区设计

5.4.1　平面布置

深度净化区位于通冈河西侧,与沉水植物区相连,占地面积 1 640 亩,总库容约 500 万 m³,有效库容约 458 万 m³。控制常水位高程 1.70 m,湖底高程−3.5 m。深度净化区集成采用生物操纵、多点进水、生态湖滨带、太阳能循环复氧等技术,防治水体富营养化,改善并维持水质。

5.4.2　多点进水

为了减少库区缓滞流区,在盐龙湖工程深度净化区西侧及北侧约 1.5 km 的岸线段,分散设置涵闸 2、3、4、5、6,共 5 个口门进水。应用 MIKE21 模型系统对深度净化区在不同进水方案下的流场进行模拟,设计提出在同等进水量条件下的最佳进水点位与水量分配方式。共设计三种方案,方案1进水口设在涵闸2和涵闸3处,入流量均为5 m³/s;方案2在涵闸2和涵闸3处各设一进水口,流量均为3.5 m³/s,在深度净化区西北侧涵闸4、涵闸5、涵闸6各设一个进水口,流量均为1 m³/s;方案3在涵闸2和涵闸3处各设一进水口,流量均为4 m³/s,在深度净化区北侧涵闸5、涵闸6各设一个进水口,流量均为1 m³/s(图5-13)。

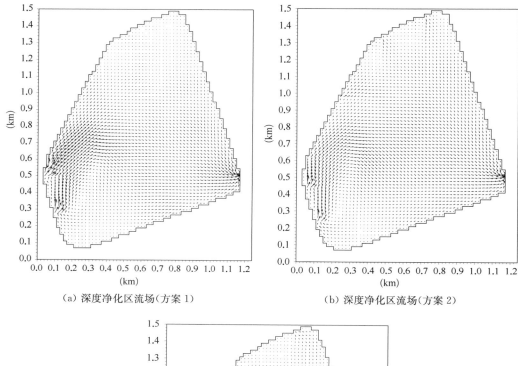

(a) 深度净化区流场(方案1)　　　　　(b) 深度净化区流场(方案2)

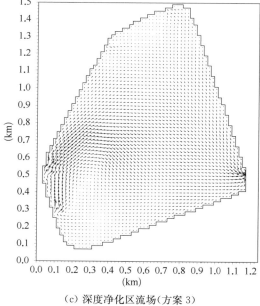

(c) 深度净化区流场(方案3)

图5-13　深度净化区流场图

　　根据模拟结果,在这三种方案下,主流均自西岸顺时针方向由东北向逐渐转为东南方向流向出口处,在西侧进水口附近形成一定的回流区。但方案 1 净化区北部有一较大范围的滞留区,水体几乎不发生交换,对湖区水质不利。方案 2 西北侧增加了 3 个进水口,带动了北部湖区水体的流动,流速在 0.005～0.01 m/s,在一定程度上促进了水体的交换。方案 3 在北侧增加 2 个进水口,北部区水体也有一定的流动,但整体流态略差于方案 2。从布水均匀性和湖区流态的角度考虑,推荐方案 2。

5.4.3　生态滨岸带

　　考虑到深度净化区在应急供水期间水位波动频繁,不利于库滨带水生植物群落的稳定,在中试阶段采用了带有保水土坎的种植平台结构,保证水位消落期间水生植物生长所需的水深条件。试验结果亦表明,上述工程措施可保证库滨带生态系统的健康稳定。因此在盐龙湖工程深度净化区中拟采用类似的保水种植平台结构,水生植物采用中试期间生长较好、可适应当地环境的植物进行配置,其中沉水植物品种包括大茨藻、金鱼藻、伊乐藻、矮型苦草等,挺水植物品种包括狭叶香蒲、菱草、西伯利亚鸢尾、水葱及芦苇等。

　　消浪浅堤设置在距离岸线 20 m 处,采用三层组合网箱结构,网箱外露面采用无锈熔接网,内部及底部采用双绞石笼网片,采用块石进行网箱填充,并在底部设置 DN300 的 UPVC 连通管与外界水体相连。在浅堤圈围形成的水域范围内,按照自然条件下的滨岸带水生植物群落结构依次种植挺水植物、沉水植物和浮叶植物(图 5-14),在起到强化消浪作用的同时,增强库区的水质生态净化效果与藻类控制的作用。

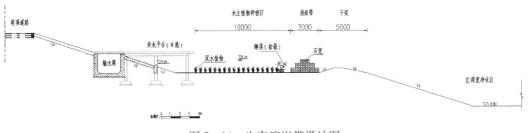

图 5-14　生态滨岸带设计图

5.4.4　生物操纵

　　水生动物是水生生态系统的重要组成部分,盐龙湖工程作为新建的人工湖泊,可运用生物操纵技术,通过食物链调控水生生态系统结构,进而起到净化水质、抑制蓝藻水华的作用。参照类似工程投放经验,结合盐龙湖工程实际情况,按照 25 kg/亩水平投放滤食性鱼类,其中鲢鱼、鳙鱼比例为 7∶3;在鲢鱼与鳙鱼投放后的第二年投放肉食性鱼类,如乌鳢、鳜鱼等,按 1～3 条/亩控制。底栖动物投放以蚌类为主,按 20～50 个/亩控制,同时投放一定数量的黄颡鱼作为河蚌钩介幼体的寄生鱼。

5.4.5　太阳能复氧循环

　　盐龙湖深度净化区水位较深,在夏季高温季节易产生分层现象,这会使藻类更容易上浮聚集。为改善水体分层,使库区上、中、下层水质均匀,可通过水体的纵向循环促使水体中水温、溶解氧、营养盐在垂向上均匀化,使水体表层温水与底层冷水充分混合,破坏蓝藻所喜好的温暖、静止的生长条件。太阳能复氧循环机使用太阳能作为驱动能,以高效的水循环对污染水体进行混合、复氧、循环和生化降解,其主要用途及功能主要体现在复氧和抑藻两大方面。在深度净化区安装10台太阳能复氧循环机(图5-15),可基本对深度净化区水面进行全覆盖,以实现对水华的控制。

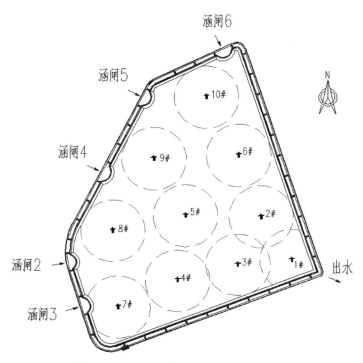

图5-15 太阳能复氧循环机安装示意图

5.4.6 溢流井

深度净化区主导风向的下风向的角落处偶尔会出现水体发绿现象,而这部分水体藻类含量较高,无法自行消散,因此在该区的东北及西北角分别设置溢流井,通过滗水装置将表层水体排至外河。溢流井一方面可以排放库区蓄水,起到调节水位减少停留时间、调活水体改善水体流态的作用;另一方面,库区如果发生藻类积聚现象,可以通过溢流井将水面的藻类溢流排放,减少对水库供水水质的影响。

5.5 其他专业设计

5.5.1 水工建筑物

根据生态净化工艺、工程总体布置需要,本工程主要水工建筑物由生态围堤、隔堤、生态导流堤、1 座 10 m³/s 的单向取水泵站、2 座溢流堰、1 座跌水堰、2 座放空涵闸、18 座配水涵闸、10 座输水涵闸、配水渠、收集渠、输水明渠、2 座溢流管、码头和管理区等建筑物组成，主要建筑物布置见表 5-4。

表 5-4　盐龙湖工程主要水工建筑物一览表

项　目	位　置	规　模	备　注
外围生态围堤	库区四周外围	长 5 937.42 m，宽 10 m，顶高程 5.0 m	路面高程 5.00 m
库区隔堤	Ⅰ区与Ⅲ区、Ⅱ与Ⅲ区	长 2 179.0 m，宽 6 m，顶高程 4.50 m	
生态导流堤	Ⅰ、Ⅱ区	Ⅰ区 1 462.3 m，顶宽 2 m，顶高程 3.8 m Ⅱ区 566.0 m，顶宽 2 m，顶高程 2.4 m	
取水泵站	Ⅰ区蟒蛇河侧进水口	10 m³/s，4 用 1 备	
涵闸 1、涵闸 7（放空涵闸）	Ⅰ区通冈河侧	孔口尺寸为 1.2 m×1.2 m	宽×高
涵闸 2、涵闸 3（输水涵闸）	Ⅱ与Ⅲ区	3.0 m×1.7 m	宽×高
涵闸 4～涵闸 6（输水涵闸）	Ⅱ与Ⅲ区	D 1.80 m	直径
涵闸 8（输水涵闸）	Ⅱ区挺水植物区至Ⅲ区	3.5 m×2.8 m	宽×高
涵闸 9、涵闸 10（输水涵闸）	Ⅱ区挺水植物区至Ⅱ区沉水植物区	3.5 m×2.3 m	宽×高
溢流调节闸 1、溢流调节闸 2（输水涵闸）	Ⅱ区挺水植物区至收集总渠	5.0 m×1.7 m	宽×高
配水涵闸	Ⅱ区挺水植物区	0.62×0.62 m	共 18 座
溢流堰 1	进水渠至沉淀区	堰顶高程 3.4 mm，顶宽 3 m，流量 10 m³/s	
溢流堰 2	Ⅰ区沉淀区至Ⅱ区配水总渠	堰顶高程 3.2 m，顶宽 3 m，流量 10 m³/s	
跌水堰	Ⅱ区挺水植物区至Ⅱ区沉水植物区	堰顶高程 2.75 m，顶宽 3 m，流量 10 m³/s	
引水渠	取水泵站出水口	长 159.1 m，渠断面：底宽 4.90 m，边坡 1:3，口宽 19.6 m	
配水总渠	Ⅱ区挺水植物区	长 845.3 m，渠断面：4.0 m×2.25 m、3.0 m×2.25 m、2.0 m×2.25 m	
收集干渠	Ⅱ区挺水植物区	长 1 813.0 m，渠断面：底宽 2.0 m，边坡 1:3	
收集总渠	Ⅱ区挺水植物区与沉水植物区间	长 486.8 m，渠断面：底宽 8.5～9.7 m，边坡 1:3	
输水明渠	Ⅱ与Ⅲ区间	长 1 235.7 m，渠断面：2.6 m×2.0 m、2.4 m×2.0 m、2.2 m×2.0 m	
溢流管 1、溢流管 2	Ⅱ与通冈河、Ⅲ区与五河间	溢流井 4 m×6.5 m，溢流管管径 DN800 mm	
通冈河桥	Ⅲ区市政取水泵站处	20 m×9.6 m	单跨，长×宽

5.5.2　水景观

蟒蛇河、朱沥沟、东涡河、通冈河及五河将盐龙湖完美切割成一颗耀眼的钻石。预处理区、生态湿地净化区（挺水植物区）、生态湿地净化区（沉水植物区）和深度净化区，则是这颗钻石美丽的切面。根据预处理区、挺水植物区、沉水植物区及深度净化区不同的功能定位、种植条件及基底环境，分区进行水生植物配置，突出水景观效果。

（1）预处理区。末端的水生植物拦截带主要用于拦截吸附水中的细悬浮颗粒物，因此主要配置叶片繁密、阻截效果好的沉水植物，如轮叶黑藻及耐寒苦草等。同时，均匀种植睡莲，一方面遮挡光线，避免藻类的生长，另一方面也可丰富景观，像明珠一样镶嵌在水面上，可吸引眼球，令人神往。

（2）生态湿地净化区——挺水植物区。该区进一步拦截细悬浮颗粒物，并利用水生植物吸收、吸附水体中的营养盐，因此该区湿地滩面上主要种植芦苇、茭草、狭叶香蒲三种水质净化效果好的挺水植物，并在挺水植物的下方种植了菹草、伊乐藻、金鱼藻、大茨藻和小茨藻等沉水植物，以增强该区的拦截净化功能。在各单元靠近道路的附近，点缀种植水竹、黄菖蒲、千屈菜、狭叶香蒲、睡莲、大花美人蕉等具有一定净化功能且景观效果好的挺水植物，既能发挥去除污染物的功能，又能使湿地景观锦上添花。

（3）生态湿地净化区——沉水植物区。该区主要种植矮型苦草、轮叶黑藻、菹草、伊乐藻、大茨藻、苦草、刺苦草、龙须眼子菜等沉水植物。由于进入沉水植物区的水体细悬浮颗粒物较少，水体透明度高，可以见到水底的沉水植物，从上往下看，沉水植物的茎叶随波摇曳，一片生机盎然的景象。

（4）深度净化区。该区面积大，形成一片大湖面，在深度净化区水下1.5 m水深处的平台上种植矮型苦草、金鱼藻、伊乐藻、大茨藻、龙须眼子菜等沉水植物，用于构建生态健全的生态系统。在水下0~0.5 m水深处种植狭叶香蒲、茭草、西伯利亚鸢尾、水葱及芦苇等挺水植物，一方面可以和沉水植物构建全系列湖滨缓冲带，拦截和净化陆域面源污染；另一方面利用挺水植物带减少风浪对岸坡的侵蚀，降低水土流失，并增加护岸带的生物多样性，使得水生植物和陆域景观植物和谐搭配，层次丰富，春景秋色，各具风采。

5.5.3　陆域景观

水是生命之源，是人类赖以生存的根本。生态水源地设计的核心理念，就是通过水把人与自然联系起来，达成最为理想化、最为人性化的互动关系。营造出一个真正意义上的人文的、生态的、和谐的城市中的水源之地。陆域景观设计分为三部分，包括堤防、主入口及景观节点。

1）主堤

主堤及隔堤两侧以小乔灌木紫薇、女贞、红叶石楠相间搭配作为主要景观，整个主堤采用统一树种，使得景观保持连续性和整体性。

2）主入口

主入口处设置半圆形广场，为主要景观节点，通过花坛层次的变化，竖向地形的起伏配合植物群落的错落搭配，营造大气的入口景观。管理区景观以自然生态为设计主旨，围绕管理房组织交通，堆坡造型，丰富植物群落，将管理房隐匿在一片绿色海洋之中。

3）景观节点

整个盐龙湖景观设置5处节点：源之彩、源之灵、源之韵、碧水天园、水之源。

（1）源之彩。设置在南端主入口，是一开阔的广场，为车辆提供回转空间，三角地带是景观色彩的重要表达，既有植物的绿、花卉的红、叶色的黄，又有水面的蓝，展现了水源地多姿多彩的自然气息，弧形的台阶花坛和植物相依相靠赋予生命的跳动，让人忘记城市的喧嚣，享受水赋予我们的纯净。

（2）源之灵。这里要展现的是水源地的灵动之美，椭圆形的花坛、弧形的亲水平台与周围景观巧妙的结合在一起，形成了灵动的音符，也让此处成为主要的观景点之一。

（3）源之韵。位于泵站处，这里步行的道路穿梭在风景林带中，就好像是大海的波涛，变换出美妙的弧度。通过观景廊架可以感受到水岸一色的美妙景致和景色的四季变换。四周竹林的包裹、小径的延伸，结合小青砖的建筑外立面，营造一种古朴别致的庭院之韵。

（4）碧水天园。一滴水能映射太阳和万物，水是生命的源泉，运用水滴的原理来进行设计，通过地面的铺装并结合周围的植物来实现水滴滴入地面的效果。植物岛形成了水滴的中心，也自然成为了视觉的焦点，通过植物的组合每一个立面都能有不同的效果。

（5）水之源。水之源位于管理房的所在之处，是整个景观区域面积最大的一部分，这里是真正的景观源头所在，大片开阔的草坪以及草坪上华盖的大树，让人联想起古老的庄园，结合周围流通的河水，绿与水两种自然介质和谐地穿插于环境之中，营造出浑然天成的滨水风光。自然起伏的地形设计配合不同植物群落的天际线变化，形成了良好的生态氛围和极好的视野。从保护区水面的水生植物，到陆地的乔灌木，都以乡土植物为主，形成从水到陆的立体植物绿化体系，为周边形成可持续性循环的生态系统奠定基础，有了植物群落的和谐生长，生物的多样性也会逐渐完善。管理区用房隐藏于这片生态绿林之中，人的参与融合在大自然环境之中，体现出尊重水源文化、以绿色为主导的营造理念。

5.5.4　水土保持

结合盐龙湖饮用水水源地主体工程分区，共划分为6个水土保持分区，即预处理区、生态湿地净化区、深度净化区、生态围埂区、余土堆放区和施工生产生活区。

（1）预处理区水土流失主要存在于湖内开挖的过程，湖泊开挖边坡防护主要是在湖泊开挖斜坡上修建挡水土埂，围堤、导流堤堤顶栽植乔灌木，林下及边坡撒播草籽。

（2）生态湿地净化区分为挺水植物区和沉水植物区两个部分，该区种植大量的水生植物，构造生态湿地对来水进行净化，因此在施工开挖时先剥离表土，待主体工程布置完成再将表土回填，为水生植物提供适宜生长的耕植土层。人工生态沟渠、堰闸工程是连通盐龙湖内外水体的主要通道，施工期间开挖排水土沟及沉淀池，施工结束后对临时排水设施等进行场地平整。此外，挺水植物区的隔堤边坡采取砌石硬化，挺水植物区的导流堤以及围堤堤顶种植乔灌木，林下及边坡撒播草籽。

（3）深度净化区面积大，采用分区施工的办法，将该区域开挖形成人工湖。湖区开挖前进行表土剥离,然后将土方运至余土堆放区后,堆土表面进行表土覆盖。施工期间,人工湖区的围堤斜坡边界建挡水土埝,并开挖排水土沟及沉沙池,进行拦挡和排水,以减少边坡的水土流失,施工结束对相应的临时排水设施进行场地整治。围堤及导流堤的堤顶种植乔灌木,林下及边坡撒播草籽。

(4)生态围埝区边坡开挖排水土沟及沉沙池,施工结束后对临时排水设施进行场地平整。生态围埝区采用 2 m×1 m×1 m 的箱型石笼构建生态护岸,所有护坡堤顶均栽植乔灌木,林下及边坡撒播草籽。

(5)余土堆放区,堆放土方之前先进行表土剥离并设专区隔离堆放,四周用塑料钢板、袋装土围护拦挡,堆土区外围开挖排水沟及沉沙池。堆土区表面撒播草籽,来不及撒播草籽的区域可采用塑料彩条布遮盖。

(6)施工生产生活区的道路采取了硬化措施。

5.5.5　综合自动化系统

计算机技术的应用能够极大地提高生产率,用自动化技术实现生态净化也是当前的一个必然的趋势。综合自动化系统主要由计算机监控系统、视频监控系统、水质在线监测系统及水位水量自动测报系统组成,采用三级控制方案,即上级远方监控、管理区取水泵站集中监控和现地控制。优先顺序自下而上,即现地控制级具有最高优先权,然后依次是泵站监控分中心,管理区集中控制,最后是上级远方监控。各级控制严格按照优先级进行设定,以防止误操作。监控系统主控层上位机设备完成对水源地所有受控对象的监控。其主要功能包括图形显示、系统监视、水源地视频图像监控、水质监测、运行参数计算、数据存储及管理、数据报表打印、全泵站运行监视和控制功能、发操作控制命令、作定值切换、设定与变更工作方式、通信控制、系统诊断、软件开发以及语音报警等功能。现地控制层以 PLC 为控制核心,实现自动控制。PLC 主要具有数据的采集及数据预处理功能,同时也具有控制操作和监视功能。各 LCU 通过以太网与主控层通信,当 PLC 与主机系统脱离后,可对各受控设备进行必要的监视和控制,而当其与主机恢复联系后又能自动地服从上位机系统的控制和管理。

1)计算机监控系统

系统总体框架分为管理楼集中监控中心,取水泵站监控分中心,取水泵站、配水总渠涵闸、引水涵闸和溢流堰调节闸现地控制设备 LCU 等几部分。它们既是一个统一的整体,又是能够单独运行的个体,各系统通过冗余光纤环型以太网联接通信,各个系统通过以太网进行联动控制。工程设置有两个监控中心,分别是管理楼集中监控中心和取水泵站监控分中心,两个监控中心均能实现对水源地各系统的联动控制。泵站内部、配水总渠涵闸、引水涵闸和溢流堰调节闸分别设置单元控制机设备,负责采集各个单元的监控对象数据,并进行控制。

2)视频监控系统

本工程视频监控系统分成两个部分:一部分是水源地内部设备监控,即取水泵站、涵闸管理区视频,均接入水源地自动化系统。水源地视频监视系统是由前端的摄像机、网络编码器、网络设备、视频工作站、视频控制兼管理服务器、专用电源、视频设备柜、视频终端箱、浪涌保护器及接插件等设备组成。另一部分为大坝周界视频监控系统,该系统为独立的系统,采用先进的网络视频监控系统对水库进行全方位实时监控,视频监视点的设置按照全库区无死角进行设计,在环绕水源地的大坝上,按着 100～200 m 间隔装上网络高速球形摄像机,同时在摄像机前端加室外音柱和拾音器,各摄像机通过光缆传输到中心控制室的网络视频监控平台,可利用图像技术进行视频报警监控。

3）水质自动监控

本工程设有水质在线监测站 3 套,分别设在蟒蛇河取水口(取水泵站)、深水植物区和输水泵站附近,其中输水泵站监测站由自来水公司负责实施,不属于本工程范围。

水质自动监测系统主要由采配水单元、预处理单元、分析单元、过程逻辑控制、数据采集及传输单元和辅助设备构成。

采水单元主要包括采水泵(潜水泵或自吸泵等)、采水管路等设备,配水单元主要包括配水管道及阀门等设备,所有主管路采用串联方式,管路干路中无阻拦式过滤装置,每台仪器都从各自的过滤装置中取水,任何仪器出现故障都不会影响其他仪器的工作。

预处理单元主要包括沉淀及过滤设备、电磁阀、电动球阀、空压机、加药装置、增压泵及管路配件等设备,采用初级过滤和精密过滤相结合的方法,水样经初级过滤后,消除其中较大的杂物,再进一步进行自然沉降,然后经精密过滤进入分析仪表。预处理单元具备自动反清(吹)洗功能。

控制单元主要包括 PLC 控制系统、数据采集传输控制仪、水质监控计算机、水质监控软件、温湿度计、稳压电源、防雷设备等。系统的控制单元应具有系统控制、数据采集、存储及传输功能。控制单元通过数字通讯接口采集监测仪器实时数据并存储,数据采集装置与监控中心采用统一开放的工业以太网通讯协议,通过光缆进行数据传输并同时自动传入盐龙湖综合自动化系统各分控中心及集控中心数据库,并能对各级控制中心进行权限设置。

分析单元主要包括各类仪表,如 pH、水温、电导率、浊度、溶解氧五参数分析仪,COD 锰法分析仪,氨氮分析仪,总磷/总氮分析仪,挥发酚分析仪(仅 1 号站配置)。

辅助设备有冷却水及纯水单元、配电系统及 UPS 单元、超标留样系统、红外感应探测器及防盗摄像系统、网络接入系统和专用工具等几个子单元组成。

4）水位水量自动测报系统

为实现盐龙湖工程水位水量的自动化管理,将各净化区的水位及重要节点的流量监控工作纳入自动化管理轨道,实时掌握工程区域的水位及流量变化情况,为取水泵开启数量及持续时间、闸门开启度调整等提供依据,保证生态净化系统持续稳定运行,确保供水安全。

共设 9 个水位测站:① 预处理区 1 个,设计水深 2 m;② 挺水植物区东西两组 A、B、C 区各 1 个,共 6 个,滩面设计水深 0.3～0.5 m,渠道最大水深 2 m;③ 沉水植物区 1 个,设计水深 1.2～2.0 m;④ 深度净化区 1 个,设计水深 5.2 m。

共设 24 个流量测站:① 挺水植物区配水渠道起端设置 1 个流量测站,可实时反映工程的处理流量,即水泵的取水规模;② 在配水渠道 18 个进水闸门上设置流量测站,实时反映进入各净化单元的流量;③ 在深度净化区 5 个进水闸门处设置流量测站,实时反不同闸门进入该区的流量。

工程已建闸门的开启度数据以模拟量信号传输至现地 PLC 系统,然后再传输至中央控制室,现地 PLC 系统安装在控制柜内。流量测定如需要使用闸门开启度数据可在现场采集。通过无线传输,将水位及流量数据传送至位于管理区的中央控制室,在中央控制室内设置公共机,并接入中央控制室的控制系统。

5.5.6 主要建筑物及设备功能

主要建筑物及设备功能见表 5-5。

表 5-5 主要构建筑物及设备功能表

序号	净化区	构建物及设备	数量	单位	功 能
1	取水泵站		1	座	将蟒蛇河原水提升进入本净化工程
2	水质自动监测站		1	座	定期监测蟒蛇河原水水质,并将监测结果传输至取水泵站
3	预处理区	溢流堰 1(含可调节堰板)	1	座	均匀配水及跌水增氧,并将取水泵站出水分别溢流至预处理区的内圈及外圈
		微泡增氧机	12	台	当进水 DO 低时,为水体增氧
		挡水板	1	道	使溢流进入预处理区的水从中下部均匀过流
		人工介质	6	道	拦截、吸附、净化水体
		溢流堰 2	1	座	控制预处理区的水位,均匀出流
		涵闸 1	1	座	放空外圈
		涵闸 7	1	座	放空内圈
		亲水平台	1	座	观测、水质取样
4	生态湿地净化区	配水闸	18	座	调节各单元进水流量
		溢流调节闸	2	座	调节范围 1.9~3.1 m,控制挺水植物区水位
		涵闸 8	1	座	超越设施,将挺水植物区出水排放至输水渠道,直接输送至深度净化区
		滚水坝	1	座	控制挺水植物区水位,跌水增氧
		涵闸 9、10	2	座	挺水植物区水位低于 2.9 m 时由此过流
		涵管及阀门	3	根	将收集总渠部分水引入沉水植物区
		水质自动监测站	1	座	自动监测沉水植物区出水水质,并传输至管理区的中央控制室
		亲水平台	2	座	观测、水质取样
5	深度净化区	涵闸 2、3、4、5、6	5	座	调节深度净化区的进水流量,放空沉水植物区
		输水渠道	1	座	将沉水植物区出水输送至涵闸 4、5、6
		溢流井	2	座	将表层漂浮物溢流排放外河
		太阳能循环增氧设施	10	台	提升 DO,缩短水体的交换周期,提高水体流速
		亲水平台	2	座	观测、水质取样
6	管理区				办公、管理、住宿、水质分析等

第六章 工程建设与管理

盐龙湖工程是盐城市委、市政府从保护人民群众饮用水安全、促进经济社会发展的战略高度出发,决策实施的一项重大民生工程。工程于 2009 年 4 月 28 日举行开工仪式,在盐城市委、市政府的正确领导下,在盐都区和盐城市各有关部门的关心支持下,通过参建各方共同努力,盐龙湖工程顺利实施完成,于 2012 年 6 月 28 日正式启用向市区供水。

6.1 工程建设总体情况

6.1.1 立项、初设文件批复

2009 年 3 月 16 日,江苏省发展和改革委员会批复了《盐城市区饮用水源生态净化工程的项目建议书》(苏发改投资发[2009]364 号)。

2009 年 4 月 24 日,江苏省发展和改革委员会批复了《盐城市区饮用水源生态净化工程可行性研究报告》(苏发改投资发[2009]499 号)。

2009 年 9 月 11 日,江苏省发展和改革委员会批复了《盐城市区饮用水源生态净化工程初步设计报告》(苏发改投资发[2009]1338 号),批复工程静态总投资为 7.91 亿元,工期 3 年。

6.1.2 主要建设内容

主要建设内容包括:中试试验研究、土建施工及设备安装工程、生态系统构建工程及生态调试等,并配套建设道路、桥梁、绿化、供电、路灯、增氧机、自动化控制、视频监控、水质自动监测、水位水量自动测报及管理用房等设施。兴建的主要建筑物包括:外围大堤、内部隔堤、1 座 10 m³/s 的取水泵站、3 座溢流堰、2 座溢流管、30 座涵闸、各类渠道及管理用房等。

6.1.3 工程投资

盐龙湖工程静态总投资为 7.91 亿元,其中征地拆迁移民安置投资 4.23 亿元,工程建设投资 3.68 亿元。工程总投资中省级财政补助 5 000 万元,其余均为市级财政多方筹资。

6.1.4 主要工程量和工期

盐龙湖工程共完成开挖土方 680 万 m³,混凝土浇筑 2.65 万 m³,砌筑石笼护坡 4.73 万 m³,钢筋制作安装 1 744 t,生态系统构建工程种植水生植物 19 种计 1 221 亩。初设批复及实际完成的工程量见表 6-1。

表 6 - 1 主要工程量对比表

序　号	项目名称	单　位	批复工程量	完成工程量
1	土方	万 m^3	731.31	679.36
2	砼	m^3	19 592	26 476
3	石笼	m^3	24 613	47 345.7
4	钢筋制安	t	866	1 744
5	水生植物种植	亩	1 327	1 221

盐龙湖工程计划于 2009 年 4 月开工,2012 年年底完成全部工程。实际于 2009 年 4 月开工,2011 年年底完成主体工程,2012 年 5 月建成,6 月 28 日正式启用向市区供水。

6.2 工程建设

6.2.1 工程参与单位

1)上级主管部门

江苏省发展和改革委员会为本工程项目的立项、设计审批单位,负责工程前期的项目建议书、可行性研究报告和初步设计的审查、批复;由盐城市发展和改革委员会下达年度投资计划,批准重大设计变更和主持工程竣工验收等。

盐城市水利局为本工程的主管部门,负责工程前期项目的立项、可行性研究报告、初步设计等设计文件的初步审查,负责工程建设过程中基建程序管理、行业管理以及计划、财务管理等工作,对工程进行全面组织协调、检查和督促,并主持工程阶段性验收。

2)项目法人

2009 年 5 月 27 日,盐城市盐龙湖工程建设领导小组办公室以《盐龙湖办〔2009〕1 号》文件批复成立盐龙湖工程建设处(简称"建设处")。建设处作为盐龙湖工程的项目法人,负责工程建设管理工作,行使项目法人职责。2009 年 6 月 12 日,盐城市水利局以《盐水基〔2009〕16 号》文组建了盐龙湖工程建设处。

3)质量监督机构

建设处于 2009 年 11 月 17 日以《盐龙湖建〔2009〕6 号》文向盐城市水利工程质量监督站上报了盐龙湖工程的质量监督申请。建设过程中,盐城市水利工程质量监督站负责本工程质量监督工作。

4)设计单位

经竞争性招标,并受建设处委托,上海勘测设计研究院有限公司(水利行业甲级设计院)为盐龙湖工程的设计单位,负责完成从工程初步可行性研究报告到施工图设计的全过程设计工作。并在工程现场派驻设计代表,解决施工中的设计技术问题,参与重大技术问题的研究,审核关键部位的施工方案,及时完成设计变更,保证工程实施。

5)监理单位

通过公开招标,选定上海宏波工程咨询管理有限公司为本工程建设监理单位。监理单位成立了现场监理机构——监理部,配备总监、副总监、各专业工程师、计量工程师、质量工程师、安全工程师等人员,具体负责工程的建设监理工作。

　　6)施工单位

　　通过公开招标确定各工程项目的施工及设备制造单位。施工及设备制造单位在工程实施过程中,均设立项目经理部,对承建工程和承造的设备进行项目管理,按合同规定履行合同职责,按照规程严格保证质量和进度。

6.2.2　施工准备

　　每项单位工程开始前由上海勘测设计研究院进行招标图设计,由建设处组织开展招标设计及相关招标工作,择优选定监理、施工单位。建设处与中标单位签定合同后,监理单位发出开工通知,施工单位及时进场,认真做好临时设施的搭建及施工组织设计报审等各项现场与技术准备工作。施工前,由建设处组织各工程施工图纸审查及技术交底等工作。

6.2.3　工程施工分标情况

　　盐龙湖工程施工、设备采购及监理单位均采用公开招标的方式确定,先后开展 21 批次、36 个标的招标工作,其中监理标 1 个、土建及设备安装工程标 20 个、材料及设备采购标 16 个。

6.2.4　工程开工报告及批复

　　建设处于 2010 年 1 月 15 日向盐城市水利局上报了盐龙湖工程开工报告,盐城市水利局于 2010 年 1 月 26 日以《盐水行审〔2010〕9 号》文批复。

6.2.5　主要工程开完工日期

　　主要工程开完工日期详见表 6 - 2

表 6 - 2　主要单位工程开完工日期一览表

序　　号	单位工程名称	开 工 时 间	完 工 时 间
1	土建施工及设备安装工程 I 标	2010 年 2 月 1 日	2012 年 1 月 10 日
2	土建施工及设备安装工程 II 标	2010 年 2 月 1 日	2012 年 1 月 10 日
3	III 区土方工程 01 标	2011 年 3 月 1 日	2011 年 10 月 25 日
4	III 区土方工程 02 标	2011 年 4 月 2 日	2011 年 11 月 25 日
5	III 区土方工程 03 标	2011 年 4 月 2 日	2011 年 11 月 25 日
6	III 区土方工程 04 标	2011 年 3 月 1 日	2011 年 15 月 5 日
7	生态围堤防渗处理工程 01 标	2011 年 9 月 20 日	2011 年 12 月 18 日
8	生态围堤防渗处理工程 02 标	2011 年 9 月 24 日	2011 年 12 月 10 日
9	生态系统构建工程	2011 年 11 月 18 日	2012 年 5 月 30 日
10	场内永久道路工程	2012 年 1 月 18 日	2012 年 4 月 15 日

续　表

序　号	单位工程名称	开工时间	完工时间
11	取水泵站 10 kV 主备供电源受电工程	2012 年 2 月 10 日	2012 年 3 月 10 日
12	通冈河桥工程	2012 年 3 月 1 日	2012 年 5 月 20 日
13	绿化工程	2012 年 3 月 8 日	2013 年 6 月 8 日
14	路灯工程	2012 年 4 月 1 日	2012 年 4 月 30 日
15	视频监控及水质自动监测系统	2012 年 4 月 8 日	2013 年 3 月 7 日
16	管理用房工程	2012 年 4 月 21 日	2012 年 12 月 25 日
17	盐龙湖上游水质自动监测站工程	2013 年 3 月 12 日	2013 年 9 月 12 日
18	溢流管工程	2013 年 5 月 15 日	2013 年 12 月 20 日
19	水位水量自动测报系统	2013 年 10 月 11 日	2014 年 2 月 25 日
20	太阳能循环复氧系统	2013 年 10 月 11 日	2014 年 5 月 25 日

6.2.6　专项工程和工作

1）征地拆迁和移民安置

盐龙湖工程占地 3 342 亩,涉及盐都区龙冈镇的凤凰居委会、万家村及盐龙街道的丁堰村,拆迁房屋 9 万余平方米,永久征地 3 286 亩,堆放弃土的临时占地 3 160 亩,移民 557户 1 800 余人。征迁投资为 4.23 亿元,由盐都区政府负责实施。征迁工作于 2012 年 4 月完成,安置房屋于 2012 年底建成。

2）水土保持设施

在工程实施过程中,严格按水土保持方案开展水土流失治理及水土保持监测工作,各项治理措施全部到位,并做到了"三同时"。

3）工程建设档案

建设处确立了"建一流工程,创精品档案"的管理目标,落实责任,建立健全各项管理制度,按照档案管理有关规定,力求做到建设档案完整、齐全、可靠、准确、系统。共形成工程纸质档案 869 卷(不含复制数)、图纸 973 张、照片档案 355 张、光盘 1 册 7 张。

4）环境保护工程

在工程建设中,认真落实盐龙湖工程环境影响报告书及江苏省环境保护厅对报告书的批复要求,实施施工期环境监理,做到文明施工。工程落实了环境影响评价制度和环境保护"三同时"制度,建设过程中主动通过优化设计方案减缓工程建设对环境的影响,各项环境质量指标满足相关要求。

6.3　项 目 管 理

6.3.1　项目招标投标管理

盐龙湖工程所有监理、施工招标均由建设处统一组织,由建设处委托盐城市招标代理公司负责具体招标工作,包括组织编制招标文件,在中国招投标网、江苏水利网、盐城市招投标网等媒体发布招标公告,并组织工程开展评标工作。盐城市纪委、监察局及其驻市水利局纪检监察室、盐城市水利工程建设招标投标管理办公室对招标全过程进行监察、监督。

6.3.2 合同管理

严格执行国家和省、市有关规定,工程合同均由建设处与施工单位、监理单位签定,同时签定廉政合同和资金安全合同等。合同签署后,根据工程进度和合同规定,定期或不定期检查合同履行情况,对发现的问题及时督促整改。

6.3.3 材料及设备供应管理

本工程主要设备均通过公开招标确定供货单位,质量经过省水利建设工程质量检测站检测,均满足有关标准和设计要求。

土建工程所使用的材料均由施工单位自行采购,并由监理单位把好货源和到工质量检验关。到工的大宗材料均由施工单位及时送有资质的检测单位检测。

6.3.4 资金管理

工程价款结算严格执行合同条款,按照施工单位申报、监理单位审核、建设单位复核、审计组审查的结算程序,采用银行转账结算方式,按期支付,没有因为工程价款支付而影响工程施工进度。工程建设期间,建设处与合同各方及时办理结算业务,没有出现合同纠纷。

6.3.5 质量管理

在工程建设管理中,严格落实"建设单位负责、施工单位保证、监理单位控制、政府部门监督"的质量管理体系,依据相关规程和标准,将盐龙湖工程划分为 20 个单位工程、159 个分部工程、2 254 个单元(分项)工程。经施工单位自评、监理单位复核、建设单位认定,20 个单位工程全部合格,其中按照水利工程施工质量检验评定标准评定的 10 个单位工程全部优良,优良率 100%。盐城市区饮用水源生态净化工程(盐龙湖)施工质量自评定为优良等级。

6.4 工程移交

6.4.1 管理机构

为强化盐龙湖工程的运行管理,盐城市政府专门成立了盐城市盐龙湖饮用水源管理处,正科级建制,编制 12 人,全额拨款事业单位。

6.4.2 工程移交

2015 年 7 月 8 日,在盐城市政府主持下,建设单位正式将盐龙湖工程移交盐城市城建部门组建的管理单位。

6.5 工程建设大事记

（1）2007年盐城市政府第102次专题会明确由盐城市水利局负责工程的前期工作。

（2）2008年盐城市水利局组织开展调研、考察及项目建议书与可行性研究报告的编制工作。

（3）2009年3月、4月，江苏省发改委分别批复了项目建议书及可行性研究报告。

（4）2009年4月28日，盐城市委、市政府在工程现场举行开工仪式。

（5）2009年5月27日，盐城市政府批准成立市盐龙湖工程建设处。

（6）2009年9月11日，江苏省发改委批复了初步设计报告，核定工程投资7.91亿元。

（7）2009年11月13日，盐龙湖工程建设监理及第一期土建工程向国内公开招标。

（8）2009年12月～2011年3月，成功开展原位中试试验研究。

（9）2010年9月6日，盐龙湖取水泵站通过盐城市发改委主持的通水验收。

（10）2011年12月31日，盐龙湖主体工程竣工。

（11）2012年5月31日，盐龙湖工程建成。

（12）2012年6月20日，江苏省环保厅批准盐龙湖试运行。

（13）2012年6月26日，盐龙湖工程通过盐城市发改委主持的通水投入使用验收。

（14）2013年12月12日，盐龙湖工程通过江苏省住建厅、水利厅及环保厅联合组织的饮用水水源地建设达标验收。

（15）2015年7月8日，在盐城市政府主持下，盐城市水利局正式将盐龙湖工程移交市城建部门管理。

（16）2016年2月6日，盐龙湖工程通过江苏省环保厅组织的竣工环境保护验收。

第三篇

运行管理研究篇

　　盐龙湖工程作为目前国内外建成生态净化规模最大、兼具常规供水与应急备用功能的原水生态净化工程,集水利学、水动力学、环境科学、生态学、生物学等多学科、多净水技术于一体。如何将这一项大型民生工程管理好、运行好,成为盐龙湖工程建成后的头等大事。

　　为巩固盐龙湖工程建设成果,充分发挥工程各项预期功能,课题组在盐龙湖工程通水运行后,依托江苏省水利科技项目"盐龙湖生态净化系统调试维护及调度运行关键技术研究(2014068)"继续深入开展为期两年的工程调试研究。研究内容涵盖工程预处理区、生态湿地净化区及深度净化区三个功能区中各类水质净化设施的运行管理、生态系统的维护管理,以及盐龙湖工程在常态化运行及特殊工况下的调度管理等。研究成果保障了盐龙湖工程的长效稳定运行。

第七章 预处理区运行管理研究

根据工艺设计,盐龙湖工程预处理区总面积305亩、水面积296亩,采取内、外双组并联运行,由机械增氧、自然沉淀、人工介质拦截等主要工艺技术组成。在盐龙湖工程运行调试期间,对上述主要工艺的实际运行情况进行跟踪研究,提出了预处理区科学运行管护方案。

7.1 微泡增氧机运行方案研究

溶解氧(DO)是地表水环境质量标准基本项目之一,是反映水质的一项重要指标。在人工湿地系统中,有机污染物及营养盐的去除效率很大程度上依赖于湿地中的DO水平。提高湿地内溶解氧的含量可提高微生物的数量和活性,加强微生物的氧化与硝化作用,有利于降低水体有机物、氨氮等的浓度。若水体DO过低,则可能会造成水生生物窒息,降低微生物硝化反应速率和总脱氮率,出现亚硝酸盐的积累,导致水质及水生态系统出现连锁恶化。

自然水体的DO的提高主要是通过植物输氧、大气复氧和水体更新复氧三种途径进行,过程较为缓慢。盐龙湖工程预处理区设计、安装了多台微泡增氧机,可在蟒蛇河原水溶解氧较低时为水体强制充氧,使水体在较短时间内恢复到较高的DO水平,以提高后续湿地系统的净化效果。为了充分发挥上述增氧设施效用,同时降低运行能耗,避免无效充氧,本课题组开展了微泡增氧机运行方案研究。

7.1.1 研究方法

蟒蛇河原水自身DO的含量是决定微泡增氧机启闭的依据。2012年9月～2013年8月期间,通过自动监测设备按2 h/次的监测频率,对原水DO进行监测分析,全年共获取蟒蛇河原水DO数据4 380组,并按不同季节、不同时段进行统计分析,掌握蟒蛇河原水DO的变化规律。

根据工程设计,预处理区分为内、外两圈并联运行。为掌握微泡增氧机对水体增氧的实际效能,将预处理区内圈作为对照组,全天处于不增氧状态;于清晨6时开启预处理区外圈增氧机,此后每隔4 h对增氧机前后区域的水体DO进行测定。上述对照试验分别于2013年10月(秋季)及2014年5月(春季)、2014年8月(夏季)开展。

7.1.2 蟒蛇河原水溶解氧日变化规律

蟒蛇河原水DO的变化规律见图7-1。可以看出,蟒蛇河原水DO在不同季节条件下均呈现出一定的日变化规律。

(1) 从季节变化规律上看,蟒蛇河原水DO的平均值由小到大排列依次为:夏季(2～

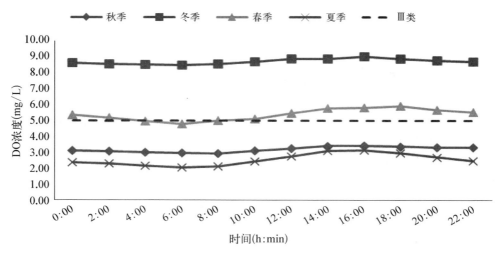

图 7-1 不同季节下蟒蛇河原水 DO 日变化趋势

$3\,\mathrm{mg/L}$)＜秋季($3\sim4\,\mathrm{mg/L}$)＜春季($4\sim6\,\mathrm{mg/L}$)＜冬季($8\sim9\,\mathrm{mg/L}$)，这与水温的季节变化所造成氧气溶解度的变化，以及与各类水生生物的活性变化有关。

（2）从日变化规律上看，各季节均表现为夜间 DO 持续下降，至清晨 6 时左右达到最低值，昼间 DO 持续上升，至下午 16 时左右达到最高值，且在春、夏两季原水 DO 的昼夜变化相对秋、冬两季更为显著。造成原水 DO 昼夜变化的主要原因，在于昼间水体中的藻类通过光合作用产生氧气，其释氧速率随着光照强度的增加逐步大于各类水生生物代谢的耗氧速率，使原水中 DO 不断积累；而夜间各类水生生物代谢耗氧，又无光合作用释氧作为补充，从而造成原水中的 DO 持续下降。

上述结果表明，蟒蛇河原水 DO 指标在冬季可保持在较高水平，完全满足地表Ⅲ类标准（＞$5\,\mathrm{mg/L}$），从提升 DO 的角度上看，增氧机冬季不必开启；春季原水 DO 在Ⅲ类标准上下波动，大多数时段仍可满足后续生态净化处理的需求，仅在清晨局部时段 DO 较低，需要进行充氧；夏、秋季原水 DO 含量全天虽有波动，但总体持续在较低水平，需要长时间开启增氧机对水体充氧。

7.1.3 增氧机启闭对照试验

（1）秋季测定当日，蟒蛇河原水 DO 日均值在 $3.0\,\mathrm{mg/L}$ 左右，昼夜变化较小，变化量在 $0.3\,\mathrm{mg/L}$ 以内。相比预处理区内圈（不增氧工况），外圈（增氧工况）的水体 DO 有所提升，且随着时间推移，至增氧 8 小时后，提升率达到 21％ 左右并保持稳定，最终水体 DO 稳定在 $3.7\sim3.9\,\mathrm{mg/L}$。全天平均 DO 提升率为 16.1％。

（2）春季测定当日，蟒蛇河原水 DO 日均值在 $3.7\,\mathrm{mg/L}$ 左右，昼夜变化量达到 $1.5\,\mathrm{mg/L}$。相比不增氧工况，增氧工况下水体 DO 有所提升，且随着时间的推移，在增氧 $8\sim10$ 小时后提升率可达到 21％ 左右并保持稳定，最终水体 DO 稳定在 $3.7\sim3.9\,\mathrm{mg/L}$。全天平均 DO 提升率在 15.2％。

（3）夏季测定当日，蟒蛇河原水 DO 日均值在 $1.7\,\mathrm{mg/L}$ 左右，昼夜变化量达到 $0.8\,\mathrm{mg/L}$。相比不增氧工况，增氧工况下水体 DO 有较大提升，尤其在夜间原水 DO 较低的条件下持续增氧的效果较为明显,增氧 8 小时后 DO 的提升率可达到 40%～50%。然而由于原水 DO 含量全天持续较低,增氧后水体 DO 最高值仍低于 3 mg/L。全天平均 DO 提升率在 40.7%。

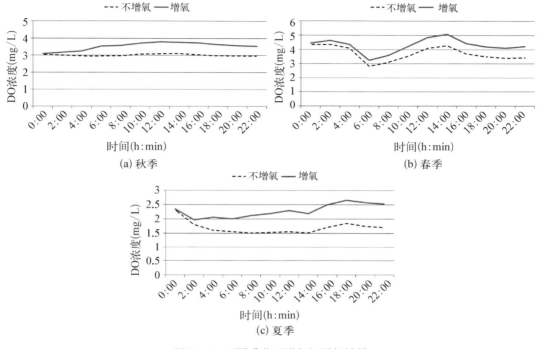

图 7-2　不同季节下增氧机增氧效果

7.1.4　小结与建议

除冬季原水 DO 本身含量较高无需开启增氧机外,春、夏、秋三季均应保持增氧机的适时开启工况。在不同季节条件下开启增氧机均可对水体进行不同程度的充氧,其中秋季原水 DO 昼夜变化较小,可根据 DO 的实际情况适时开启;春季原水 DO 昼夜变化相对较大,可选择在每日 20 时～次日 8 时时段内开启,白天无需开启;夏季原水 DO 持续较低,应保持增氧机全天开启,停机养护时段可选择在原水 DO 最高时段,即每日的16～18 时。

7.2　沉淀区清淤方案研究

蟒蛇河原水泥沙含量较高,会造成湿地系统堵塞,不利于生态处理,对蟒蛇河原水进行扩容沉淀是盐龙湖工程预处理区的主要功能之一。随着预处理区运行时间的推移,其底部所沉积泥沙会逐渐增多,进而会占据库容、缩短水力停留时间、影响处理效果,需定期对其进行清淤。为提出科学的清淤方案,需开展预处理区悬浮物去除效果以及泥沙沉积规律研究。

7.2.1　研究方法

　　结合预处理区的工艺流程,在预处理区的内、外圈分别设置挡水板后、自然沉淀区、人工介质前、人工介质后4道样线,每道样线平行设2个直径30 cm、高度50 cm的圆柱状沉积观测桶,点位布置平面如图7-3所示。2012~2014年按季度开展沉积物观测,观测频率为3个月/次。每次沉积桶提起时,顺着固定绳索缓慢沉下一铁板覆盖桶面,以保持桶内沉积物不受搅动,沉积桶提起后静置2~3天,待沉积物界面稳定后用虹吸法排干上覆水,测量沉积物厚度,同时定量取样并烘干至恒重以测定沉积物的含固率。

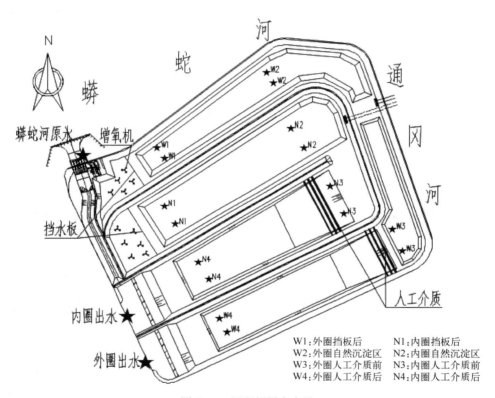

图7-3　沉积桶样点布设

7.2.2　泥沙沉积的时空规律

　　预处理区内、外圈沉积物厚度随样点变化趋势如图7-4、图7-5所示。从时间上分析,夏季各点的沉积厚度明显高于其他季节。预处理区沉积量上升明显,亦证明预处理区对固体悬浮物的处理负荷较大,在污染负荷较重的情况下依然发挥了较好的拦截沉降效果。4个季度下,在同一样点的沉积物含固率基本相同,具体情况如图7-6、图7-7所示。

　　从空间上分析,预处理区内、外圈的沉积物厚度均呈现依次降低的趋势。沉积厚度最

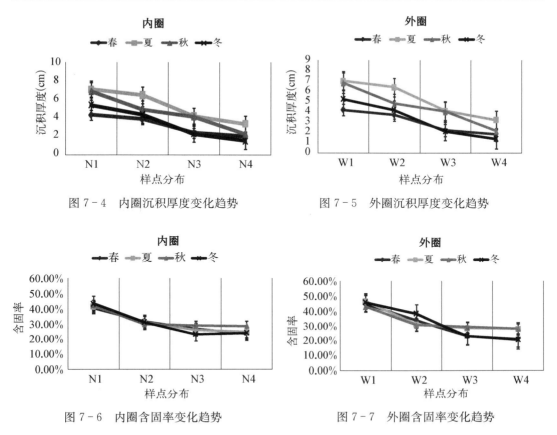

图 7-4　内圈沉积厚度变化趋势　　　　　图 7-5　外圈沉积厚度变化趋势

图 7-6　内圈含固率变化趋势　　　　　图 7-7　外圈含固率变化趋势

高点出现在夏季 N1 点,为 9.1 cm;最低点出现在秋季 N4 点,为 1.3 cm。说明在预处理区进水之后,沉降的泥沙顺水流的方向减少,较长的停留时间能使沉降物充分下沉。预处理区的内、外两圈沉积物的含固率均呈现顺水流方向前高后低的趋势,其中 W1、N1 样点的沉积物含固率最高(41%~47%),W4、N4 样点沉积物含固率最低,全年在 21%~29%。研究结果表明沉积物粒径和含水率呈负相关,故可推测人工介质之前部分沉降颗粒较大且致密;人工介质后沉降颗粒较小,含固率较低,对应含水率较高。

7.2.3　沉积物的厚度与时间的关系

内、外圈沉积厚度情况与时间的关系如图 7-8 所示。从放沉积桶开始计量,一年时间,内圈累计沉积厚度最高的 N1 为 23.44 cm,最低的 N4 为 9.00 cm;外圈沉积厚度最高的 W2 为 22.15 cm,最低 W3 为 9.60 cm。根据悬浮物与沉积厚度的正相关关系,可推算出预处理区全年的沉积厚度为 9.00~23.44 cm,平均厚度约为 16 cm。

预处理区底部沉积物过多会占据库容而影响处理效果,含固率较低的淤泥厚度大于 40 cm 后,再悬浮造成污染的风险较大,定期对其进行清理能有效降低表层底泥污染,可减缓沉积物污染释放。预处理区水面积约 296 亩,含固率按 50% 计,由此可以估算出每年产生泥量平均约为 1.6 万 m³,清淤周期可定为 3~5 年。

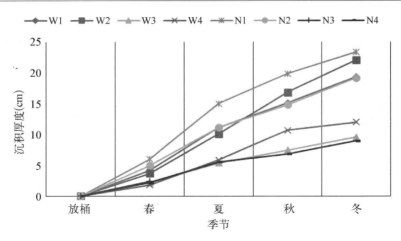

图 7 - 8　预处理区沉积厚度变化趋势图

7.2.4　小结与建议

（1）顺着水流方向，预处理区内、外两圈各样点的沉积物厚度、含固率均呈现下降趋势，前端样点的沉积物厚度较厚，含固率也较高。夏季的沉积厚度明显高于其他季节，但在不同季节同一样点的沉积物含固率基本相同。

（2）预处理区沉积物厚度随时间累积，全年沉积物厚度为 9.00～23.44 cm，平均厚度约为 16 cm。由沉积物的空间及时间分布规律基本可以确定每年产生泥量约为 1.6 万 m^3，从保证库容、防止沉积物再悬浮及沉积的有机物与营养盐向上覆水体释放等角度出发，建议清淤周期定为 3～5 年。

（3）由于预处理区分设了并联运行的内、外两圈，清淤工作可在不断水的条件下交替进行，清淤方式可采用水力冲挖方式进行。在清淤的同时，要注意保护湖底原状底泥不被破坏，以利于水生植物、水生生物种群的生态重建。淤泥经脱水固化处理后可以用作堤岸加固、低洼地填方，也可用作湖区坡岸和绿化基质用土等。

7.3　人工介质净化效果研究

人工介质水质净化技术作为一种工艺较成熟、管理维护方便的生态净化技术，现已应用于微污染原水处理。人工介质具有较大比表面积和容积利用率，以此作为生物载体，可对水体中的微生物进行富集，利用微生物对有机污染物的吸附降解作用以及硝化—反硝化作用等，去除部分水体中的有机污染物以及悬浮物和氮磷等营养元素，从而达到净化水质的目的。

为强化水质净化效果，在盐龙湖工程预处理区的内、外圈分别设置了人工介质区，安装数道组合式填料。组合式填料是在软性填料和半软性填料的基础上发展而成的，其结构上由塑料圆环和醛化纤维共同组成，既能挂膜，又能切割气泡，从而提高氧的转移速率和利用率。为掌握人工介质区的水质净化作用与管理维护方法，按季度开展人工介质净化效果研究。

7.3.1 研究方法

2013～2014 年,在预处理区内、外圈的人工介质区前后分别设置采样断面进行监测试验,由于断面较宽,同一断面分设 3 个不同采样点进行混合。监测指标为高锰酸盐指数(COD_{Mn})、总磷(TP)、总氮(TN)、氨氮(NH_3-N)和悬浮物(SS)。监测频率为每季度在 20 天内进行 5 次。试验期间四个季节的平均水温分别为 15.5℃、27.4℃、17.1℃、4.7℃,日均进水流量均为 20 万 m^3。

7.3.2 净化效果分析

人工介质区对水体污染物的总体净化效果见表 7-1,对 COD_{Mn}、NH_3-N、TN、TP 和 SS 指标的年度平均去除率分别为 7.2%、38.0%、16.8%、24.4% 和 34.4%。总体上看,预处理区内圈去除率相对外圈要低一些,这是由于预处理区内圈的流程相对外圈要短,在同等进水负荷下,水体流速相对较快、水力停留时间也相对较短所造成的。

表 7-1 人工介质对污染物的去除效果

项 目	进水平均浓度(mg/L)	出水平均浓度(mg/L)		去除率(%)	
		内圈	外圈	内圈	外圈
COD_{Mn}	5.81	5.45	5.33	6.2	8.3
NH_3-N	0.29	0.19	0.17	34.5	41.4
TN	1.84	1.54	1.52	16.3	17.4
TP	0.164	0.126	0.122	23.2	25.6
SS	31.08	21.3	19.5	31.5	37.2

人工介质在不同季节对污染物的去除效果见表 7-2。就不同指标而言:

COD_{Mn} 各季节平均去除率表现为夏季>春季>秋季>冬季。人工介质主要通过介质吸附及富集在其上的微生物对有机物的降解作用,达到去除 COD_{Mn} 的目的,温度对微生物的生长繁殖和活性有显著影响,冬季温度低,微生物活性下降,导致去除率低,春秋两季温度相近,夏季温度接近微生物活性最大温度范围,故而夏季去除率较其他季节要高。

NH_3-N 和 TN 各季节平均去除率均表现为夏季>秋季>春季>冬季,氮素的去除主要通过挥发、介质吸附、硝化—反硝化等途径得以实现。冬季低温条件下通过直接挥发的 NH_3-N 的量大为减少,同时介质上微生物的代谢活动减缓,硝化速率在 10℃ 以下受到抑制,6℃ 以下急剧下降,4℃ 趋于停止;反硝化速率在 15℃ 以下急剧下降,试验区冬季平均水温仅为 4.7℃,不利于氮素的去除,而春秋季节的温度下微生物的活性比较稳定,有研究发现亚硝酸细菌数量与 TN 去除率之间相关性极显著,亚硝酸细菌又是在 25℃ 左右繁殖最快,因此夏季氮素去除率较高。

TP 和 SS 各季节平均去除率均表现为冬季>秋季>夏季>春季,呈现出一定的相似性,这主要是由于呈颗粒态部分的 TP 与 SS 含量相关,而人工介质对颗粒态的 TP 与 SS 的去除机理主要通过物理吸附拦截作用。在不同季节条件下,来水 TP 与 SS 的粒径分布与沉降性能不同,从而造成了其去除率的季节差异。

表 7-2　不同季节污染物的平均去除率　　　　　　（单位：%）

项　目	春　季	夏　季	秋　季	冬　季
COD_{Mn}	6.6	12.2	6.4	1.4
$NH_3\text{-}N$	37.4	45.8	37.8	28.8
TN	14.2	23.8	17.4	10.0
TP	18.0	19.2	26.8	44.2
SS	24.4	27.2	38.8	41.2

7.3.3　小结与建议

（1）预处理区现有人工介质对 COD_{Mn}、$NH_3\text{-}N$、TN、TP 和 SS 的平均去除率分别为 7.2%、38.0%、16.8%、24.4% 和 34.4%。人工介质对污染物的去除效果因季节而异，COD_{Mn} 各季节平均去除率表现为夏季＞春季＞秋季＞冬季；$NH_3\text{-}N$ 和 TN 各季节平均去除率表现为夏季＞秋季＞春季＞冬季；TP 和 SS 各季节平均去除率均表现为冬季＞秋季＞夏季＞春季。

（2）人工介质本身并不存在季节性问题，但是水温变化仍然是影响人工介质上微生物活性的重要因子。对于多数指标上看，夏季高温季节人工介质的净化效果均要高于冬季低温季节，为保证低温季节的水质净化效果，可采取减少进水负荷或序批式、间歇式运行的方式，通过延长水力停留时间强化人工介质的处理效果。

7.4　预处理区层流现象研究

由于预处理区采用表层溢流进水、表层溢流出水的运行方式（纵断面如图 7-9），可能会存在水体短流现象，造成实际水力停留时间的缩短。为减轻预处理区的短流情况，在设计阶段尝试在预处理区进水端设置了一道底部过流的挡板，以改善水体流态。在盐龙湖工程实运行中，拟通过对水体分层流速、分层水质的监测，判断预处理区层流现象，为将来预处理区的流态优化提供依据。

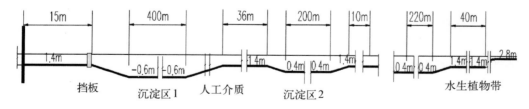

图 7-9　预处理区纵断面示意图

7.4.1　研究方法

1）流速分层测定

2013 年 4~8 月开展预处理区流速分层测定。初期使用 XZ-3B 型流速仪测定，但由于实际流速低于流速仪的测量范围下限（0.05 m/s），故测试效果不佳；后期参照《河流流量测验规范》(GB 50179—93)采用浮标法测流。在无风、水面平静的外界条件下，采用自行研发的低流速分层测速工装，对不同深度处的水体流速进行了测定。测流地点选择在挡水板后侧约 30 m 进行，测量水深选为 0.5 m(表层)、2.0 m(中层)、3.5 m(下层)。

　　2) 水质分层测定

　　分别于 2014 年 3 月、5 月在预处理区设置 8 个采样点进行水质分层采样监测，采样点位置如图 7-10 所示。对各个样点分上层(水面以下 50 cm 左右)、下层(库底以上 50 cm 左右)进行采样。水质监测指标包括高锰酸盐指数、总磷、pH、氨氮、总氮和悬浮物。

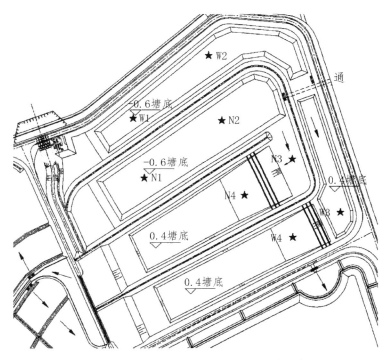

图 7-10　预处理区分层采样点位示意图

7.4.2　分层流速测定结果

　　多次定点分层流速测定表明，预处理区水体存在分层现象，在不同水深条件下的流速分别如下：水深 0.5 m 处(表层)流速为 0.016 7 m/s；水深 2.0 m 处(中层)流速为 0.002 2 m/s；水深 3.5 m 处(下层)流速无法测出。从层流测量过程中可以看出，预处理区流速的垂向分布主要受水下地形及风浪的影响，前端设置的挡水板底层出流对水平流速垂向分布的影响范围在 30 m 左右。由于沉淀池间隔处水深为 2 m 左右，末端出流口处水深约0.5 m，为表层出流，故呈现出表层流速快、水深 2.0 m 以下流速基本为零的现象。

7.4.3　分层水质监测结果

　　从 2014 年 3 月的水质监测结果来看，预处理区内外圈各采样点的 COD$_{Mn}$、TN 和 pH

指标均表现为下层高于上层；SS 指标除在 N2 及 W2 处表现为上层高于下层外，其余各点均表现为下层高于上层；对于 TP 和 NH_3-N 指标，上下层变化无明显规律（图 7-11）。

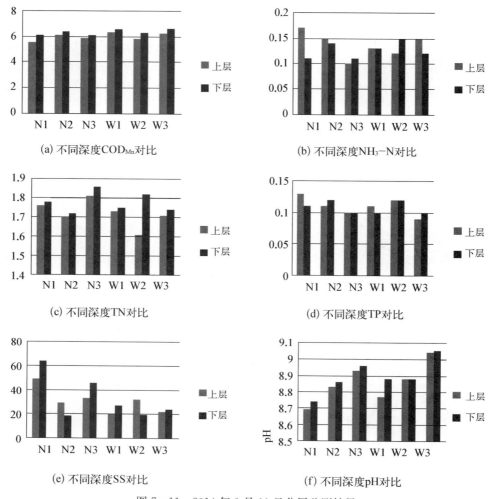

(a) 不同深度 COD_{Mn} 对比　　　　　(b) 不同深度 NH_3-N 对比

(c) 不同深度 TN 对比　　　　　(d) 不同深度 TP 对比

(e) 不同深度 SS 对比　　　　　(f) 不同深度 pH 对比

图 7-11　2014 年 3 月 11 日分层监测结果

　　从 2014 年 5 月的水质监测结果来看，内外圈各采样断面处的水温和 pH 指标均表现为下层低于上层；DO 和 TN 指标除在 N1 及 W1 处表现为上层低于下层，其余各断面均表现为上层高于下层；NH_3-N 指标，除 W2 点位外，其余各处均表现为下层高于上层；COD_{Mn} 指标，除 W4 和 N2 点位外，其余各处均表现为上层高于下层；TP、SS 指标内外圈均表现为 1 号和 2 号断面上层高于下层，3 号和 4 号断面下层高于上层（图 7-12）。

　　总体上来说，预处理区多数测量点位处的大部分指标表现出下层浓度高于上层浓度的特点。特别是在人工介质前后，水流稳定、对悬浮物的沉淀效果较好，上层 TP 和 SS 指标低于下层；上层水体水面富氧效果好，含氧量较高，有利于硝化作用的进行和有机物的分解，使得 TN、NH_3-N 和 COD_{Mn} 的浓度也表现为上层低于下层。说明预处理区存在一定程度的水质分层现象。

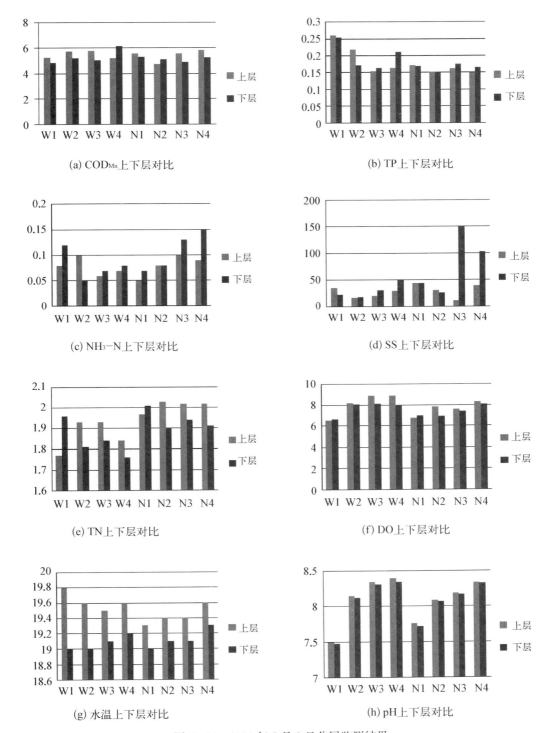

图 7 - 12　2014 年 5 月 3 日分层监测结果

7.4.4　小结与建议

（1）分别采用分层流速测量和分层水质监测两种方法进行预处理区层流现象研究，两方面的监测结果均显示预处理区存在水体分层现象。

（2）预处理区流速的垂向分布主要受挡板、水下地形及风浪的影响，呈现出表层流速快，随着水深的增加流速减缓，水深 2.0 m 以下流速基本为 0 的现象。挡板底层出流对水平流速垂向分布的影响范围在 30 m 左右。

（3）为了改善预处理区的层流现象，建议采取增设挡水板、增加人工介质的数量等方法，这样既可改善该区的层流现象、提高沉淀效果，又具有一定的水质净化效果。

第八章　生态湿地净化区运行管理研究

盐龙湖工程生态湿地区(挺水植物区)占地面积约 600 亩,为便于运行管理,将该区设计分为了南、北两组,共 18 个湿地单元并联运行,可实现在不同时期全幅或半幅运行。此外,通过对生态湿地区东、西两侧设置的调节溢流闸顶高程进行调节,还可实现湿地水深的调节功能。在盐龙湖工程运行调试期间,开展了生态湿地净化区在不同工况调度情况下运行效果以及水生植物群落管护的研究工作。

8.1　湿地最佳运行水位研究

盐龙湖工程挺水植物区的水位可通过南、北两侧收集干渠出水口的调节溢流闸顶高程升降来实现灵活控制,对该区水位工况进行调节的主要作用体现在三个方面:① 调节水力停留时间;② 控制水生植物长势;③ 调节水质净化效果。结合水质净化效果及植物萌发、休眠期不同时段的水位需求,开展了不同季节条件下挺水植物区最佳运行水位研究。

8.1.1　植物萌发季

挺水植物区所种植的水生植物通常在每年 3～5 月陆续生长萌发,影响植物萌发的主要因素为光照、温度、水位深度等,而水位深度又会间接地影响光照及温度条件。从促进植物萌发的角度上看,适当降低挺水植物区的水位有利于改善植物萌发环境;但若水位过低,又可能会导致水体在该区停留时间过短,从而影响到水体净化效果。

为研究挺水植物区运行水位在植物萌发季节的综合影响,于 2014 年 3 月中旬至 4 月下旬,分别在 2.70 m、2.80 m 及 2.90 m 水位高程下,开展水质净化效果研究,并分别对不同滩面高程上的水生植物萌发情况进行跟踪观测。

1) 水位对植物萌发的影响

挺水植物区按滩面底高程可分为 A、B、C 三个区,在常水位下湿地水深依次为 0.3 m、0.4 m、0.5 m。其中菱草在三个区均有分布,狭叶香蒲分布在 B、C 两个区。为了解湿地水深对水生植物萌发的影响,于 2014 年 5 月对上述两种植物在不同滩面高程条件下的萌发情况进行调查分析。调查结果表明,菱草与狭叶香蒲随着湿地水深的增加,其密度与生物量均呈现明显的下降趋势(表 8-1)。可见在水生植物萌发季,较低的水深条件有利于目前挺水植物区主要水生植物的生长萌发。

表 8-1　不同水深条件下挺水植物生长情况对比

	水深条件(m)	株高(cm)	密度(株/m²)	生物量(g/m²)
A 区菱草	0.2～0.4	76.2	231.3	1 463.6
B 区菱草	0.3～0.5	79.6	136.3	1 314.7

续　表

	水深条件(m)	株高(cm)	密度(株/m²)	生物量(g/m²)
C区菱草	0.4～0.6	62.7	112.7	1 258.7
B区香蒲	0.3～0.5	99.8	45	1 179.6
C区香蒲	0.4～0.6	95.6	39	965.4

2）水位波动对水质净化效果的影响

在植物萌发季节，水体中的主要超标污染物为 TP、TN，来水水质相对清澈。植物萌发季节是水温逐步提升、微生物活性逐渐增强的季节，随着植物生长与微生物活性的增强，水体净化过程对 DO 需求量也有所增加。当挺水植物区水位在 2.70 m 时，对 NH_3-N、TP 的去除效果达到最佳，且由于水位较浅，更利于水体 DO 的提升；而水位在 2.90 m 时，挺水植物区对 TN 和 SS 的去除率达到最佳，SD 的提升率也有所增大（图 8-1、图 8-2）。

综上所述，在植物萌发季，通过降低挺水植物区低水位，可使湿地能更充分地利用光照条件，提高基底温度，促进微生物的活性，同时还可加速大气复氧作用，从而增强湿地对水体主要污染物 NH_3-N、TP 的净化效果。加之低水位运行有利于促进挺水植物萌发，因此建议在植物萌发季节（3～5 月），挺水植物区的运行水位定为 2.70 m。

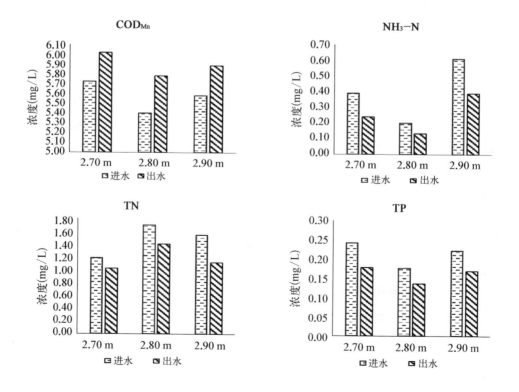

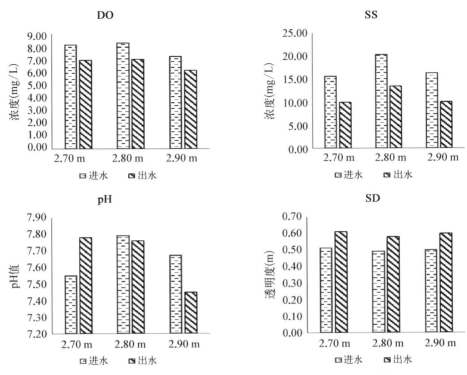

图 8-1　萌发季挺水植物区各水位运行时进出水水质变化情况

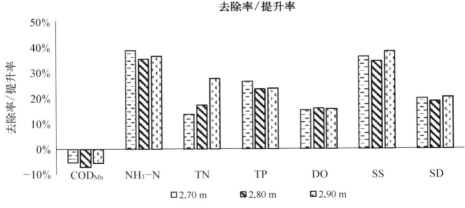

图 8-2　萌发季挺水植物区各水位运行时水质指标去除率

注：其中 SD 为提升率

8.1.2　植物生长季

5 月中下旬以后，挺水植物区各类水生植物进入全面生长期，随着温度与光照条件的改善，该区的"水生植物—土壤—微生物"复合生态系统开始发挥出强大的水质净化效果。为验证挺水植物区水位波动在植物生长季节的综合影响，于 2014 年 6～

7月,分别在2.70 m、2.80 m及2.90 m水位高程下,开展了挺水植物区的水质净化效果研究。

在植物生长季节,挺水植物区水位在2.80 m时,COD_{Mn}、TN、TP的去除效果最佳,而水位在2.90 m时NH_3-N的去除率最佳,SD的提升率增大。SS在3种水位下去除率基本相同(图8-3、图8-4)。产生上述结果主要是水位变化导致挺水植物区水力停留时间发生变化,以及不同水深条件下基底复氧差异变化等多个因素共同作用造成的。虽然水位在2.80 m时NH_3-N去除率较2.90 m时低,但该指标在后续净化单元中也能够有效去除,因此建议植物生长季节(6~11月),挺水植物净化区水位可保持在2.80 m左右,以达到最佳水体净化效果。

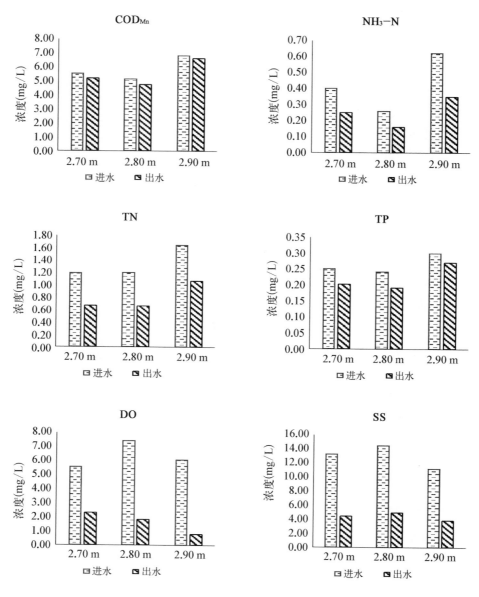

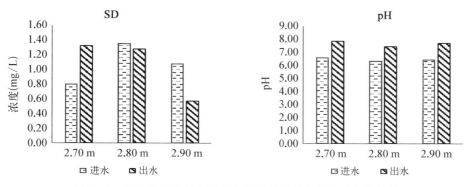

图 8-3　生长季挺水植物区各水位运行时进出水水质变化情况

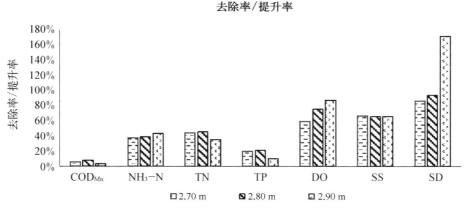

图 8-4　生长季挺水植物区各水位运行时水质指标去除率

注：其中 SD 为提升率

8.1.3　植物休眠季

进入每年的 12 月后，挺水植物区所种植的水生植物地上部分开始枯萎，地下部分则进入休眠状态，水生植物的吸收净化作用也随之减弱，此时挺水植物区的净化作用主要依靠微生物。然而随着水温的降低，微生物的作用也有所下降，此时水力停留时间将成为影响该区的首要因素。

为研究挺水植物区水位波动在植物休眠季节的综合影响，2014 年 1～2 月，分别在 2.70 m、2.80 m 及 2.90 m 水位下，开展该区水质净化效果研究。在湿地植物休眠季，挺水植物净化区水位在 2.90 m 时，COD_{Mn}、NH_3-N、TN、TP、SS 的去除效果最佳（图 8-5、图 8-6）。其原因是由于休眠季节外界气温较低，水生植物已经不能起吸收作用，湿地净化作用整体均有所下降，此时抬高湿地水位条件，则有利于对湿地基底保温，从而强化土壤微生物的作用，同时也使湿地水力停留时间得以延长。因此建议挺水植物净化区在植物休眠季节（12 月至次年 2 月），水位保持在 2.90 m，以达到最佳的水体净化效果。

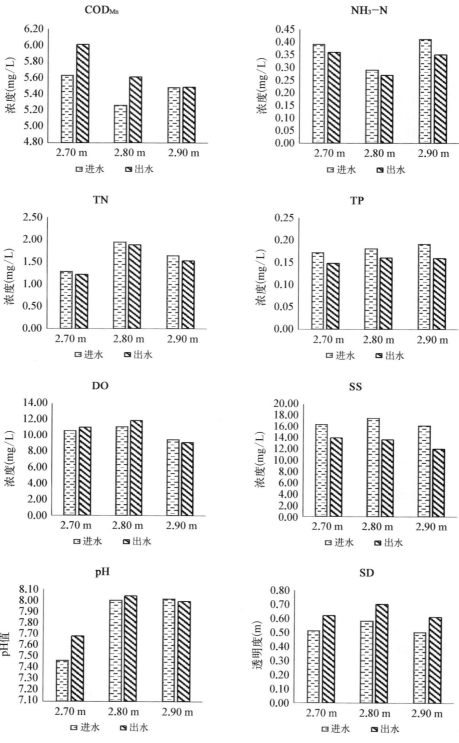

图 8-5 休眠季挺水植物区各水位运行时进出水水质变化情况

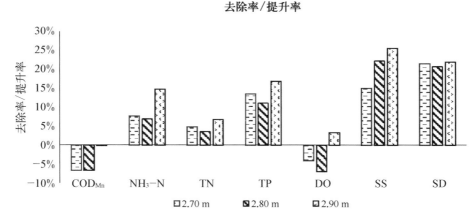

图 8-6　休眠季挺水植物区各水位运行时水质指标去除率

注：其中 SD 为提升率

8.1.4　小结与建议

在湿地水生植物生长的不同阶段，结合水质净化效果与水生植物生长需求，应对湿地水位进行动态调整。其中在植物萌发季（3～5 月）水位应保持在 2.70 m（对应湿地平均水深 20 cm），在植物生长季（6～11 月）水位应保持在 2.80 m（对应湿地平均水深 30 cm），在植物休眠季（12 月至次年 2 月）水位应保持在 2.90 m（对应湿地平均水深 40 cm）。

8.2　湿地干湿交替效果研究

人工湿地主要由基质、植物以及微生物构成，作为基质的土壤是人工湿地去除污染水体营养盐的关键因素。然而湿地的连续运行，使得湿地长时间处于淹水状态，并且持续净化污染水体会使土壤的吸附能力趋于饱和，不仅不利于湿地系统的有效复氧，还削弱其对各类污染物的脱除，尤其在冬季，水生植物进入枯萎期，湿地微生物活性较弱的环境条件下，若能使湿地系统干湿交替运行，则可显著改善湿地供氧条件，促进湿地土壤中积累的污染物分解，实现自然净化能力的再生。为研究人工湿地干湿交替运行对水质净化的影响，以及干湿交替过程对人工湿地土壤理化性质的改善效果，对盐龙湖工程挺水植物区开展干湿交替试验，旨在阐述干湿交替恢复湿地系统净化能力的机制，为该区运行管理提供参考。

8.2.1　对土壤理化性质的改善效果

8.2.1.1　研究方法

2013 年冬季对盐龙湖工程挺水植物区进行干湿交替试验。在落干过程中，于落干前、落干 10 天、落干 20 天和落干 30 天分别顺着水流方向采集挺水植物区 3 个区块（A 区、B 区和 C 区）的土壤样品。为了保证取样的代表性，先将采样点土表的植物清除，每个采样点土壤采集时按"S"形取 5 个点的混合样 1 kg 左右，重复 3 次。采样点分布如图 8-7 所示。

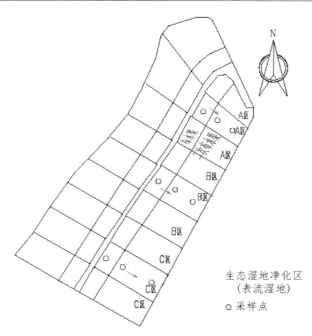

图 8-7 挺水植物区土壤采样点分布图

土壤样品风干后,去除根、石头等杂物,研磨,并过 0.25 mm 筛,保存用于测定土壤养分含量。其中,全磷(STP)采用高氯酸—硫酸酸容—钼锑抗比色法测定;全氮(STN)采用减量法称取样品,经消化、蒸馏之后用纳氏比色法测定;有机质(SOM)采用水合热重铬酸钾氧化—比色法测定。采用统计软件 SigmaPlot 2000 和 SPSS 13.0 分析检验方差显著性。

8.2.1.2 结果分析

1) 干湿交替对土壤有机质含量的影响

土壤有机质(SOM)对污染物的迁移释放行为起关键性的作用,而干湿交替过程能够改变挺水植物区土壤中 SOM 状况。挺水植物区土壤在落干初期,SOM 含量与对照值相比并没有明显降低($P>0.05$);当落干过程进行至 30 天时,SOM 含量明显低于对照值($P<0.05$),亦明显低于落干 10 天时的相应值($P<0.05$),但与落干 20 天时相比,SOM 含量并没有明显降低($P>0.05$)(图 8-8)。此外,在干湿交替的落干过程中,挺水植物区 SOM 含量与含水率值显著正相关(图 8-9)。这是由于干湿交替刺激土壤矿化作用的加强,土壤失水过程可影响土壤呼吸作用,加剧土壤有机质矿化反应。挺水植物区在经历干湿交替的落干过程时,土壤含水率的下降促进土壤呼吸作用加强,SOM 的矿化作用得以强化,从而降低了挺水植物区 SOM 含量。

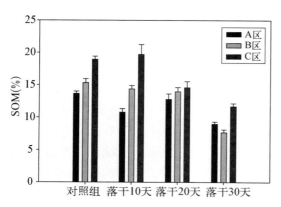

图 8-8 落干过程中挺水植物区 SOM 含量的变化

2）干湿交替对挺水植物区 STN 的影响

氮素是构成一切生命体的重要元素，也是引起水体富营养化的主要元素之一。在干湿交替过程中，挺水植物区 STN 含量及存在形态出现一定的变化，从而改变湿地土壤对水体的净化能力。挺水植物区在落干过程中，STN 含量总体表现为逐渐降低的趋势（图 8-10）。与对照值相比，挺水植物区落干 10 天以及落干 20 天时 STN 含量并没有明显降低（$P>0.05$）；到落干 30 天时，STN 含量明显低于对照值（$P<0.01$），亦明显低于落干 10 天和落干 20 天时的相应值（$P<0.01$）。土壤氮素转化的原因是多方面的，其中干湿交替环境因素的变化是影响氮素转化的主要因素，干湿交替对土壤氮素的累积、迁移、损失等过程有重要影响，是驱动氮素在环境中转化的重要因子。因此，干湿交替的落干过程能够降低挺水植物区 STN 含量，随着落干过程的持续进行，STN 含量明显降低，进而增加湿地土壤对氮素的缓冲能力。

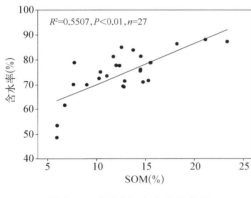

图 8-9　SOM 与含水率的关系

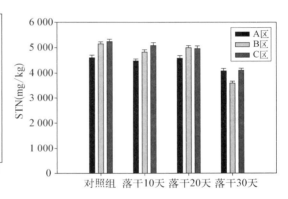

图 8-10　落干过程中挺水植物区 STN 含量的变化

3）干湿交替对挺水植物区 STP 的影响

土壤吸收和吸附是挺水植物区净化微污染水、削减磷营养的主要机制，挺水植物区通过干湿交替过程，能够改变对磷素等营养元素的去除效果。挺水植物区土壤在落干 10 天和落干 20 天的情况下，STP 含量与对照值相比并没有明显降低（$P>0.05$）；当落干持续到 30 天时，STP 含量明显低于对照值（$P<0.01$），亦明显低于落干 10 天和落干 20 天时的相应值（$P<0.05$），如图 8-11 所示。湿地在干湿交替过程中，土壤通常处于好氧、缺氧和厌氧交替阶段，利于系统对磷的去除，并使土壤具有较高的磷吸附容量。干湿交替的落干过程能够降低挺水植物区 STP 含量，从而增加挺水植物区土壤对磷的蓄积能力，随着落干过程的持续进行，STP 含量明显降低，土壤对磷的蓄积能力亦显著增强。

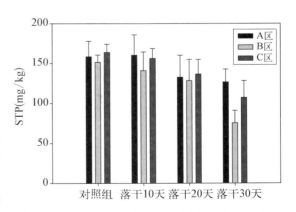

图 8-11　落干过程中挺水植物区 STP 含量的变化

4）SOM 对挺水植物区 STN 及 STP 的影响

挺水植物区在干湿交替过程中，土壤氮磷以及有机质含量均明显降低，并且土壤氮磷与有机质密切相关。在干湿交替的落干过程中，挺水植物区 STN、STP 与 SOM 显著正相关，STN、STP 与 SOM 含量的消长趋势一致（图 8 - 12、图 8 - 13）。这是因为挺水植物区土壤氮磷主要以有机态的形式存在，在干湿交替的落干过程中，土壤氮磷含量的降低主要得益于土壤有机氮和有机磷的分解。

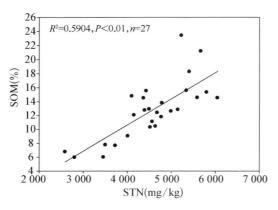
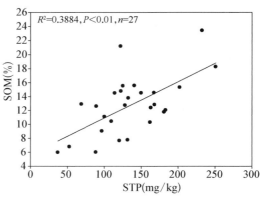

图 8 - 12　挺水植物区 STN 与 SOM 的关系　　　图 8 - 13　挺水植物区 STP 与 SOM 的关系

8.2.2　对水质净化效果的影响

1）研究方法

2014 年 4 月，对挺水植物区南、北单侧分别轮换运行，进行干湿交替。2014 年 5～6 月，对挺水植物区进水和出水水质进行监测，并与 2013 年 5～6 月的水质监测结果进行对比，分析干湿交替对水质净化效果的影响。

2）结果与分析

2014 年 5 月，即干湿交替后第一个月，与 2013 年同期相比，挺水植物区对水体 COD_{Mn}、$NH_3 - N$、TN、TP 的去除率均有所下降（图 8 - 14）。这可能与干湿交替过程中，土壤中固定的有机质、氮素、磷素开始向环境中释放，挺水植物区重新进水运行以后，上述物质被水体冲出，导致水体指标上升，各污染物的去除率反而呈现出显著下降趋势。

2014 年 6 月，即干湿交替后第二个月，挺水植物区已经基本稳定，与 2013 年同期相比，挺水植物区对水体 COD_{Mn}、$NH_3 - N$、TN 的去除率都有一定程度的增强，但对 TP 的去除率仍未恢复。这说明干湿交替对提高人工湿地水质净化效果具有一定的作用。

8.2.3　小结与建议

（1）人工湿地土壤有机质对污染物的迁移释放行为起着关键性的作用，而干湿交替过程能够改变挺水植物区土壤中有机质状况。挺水植物区土壤在落干过程中，土壤有机

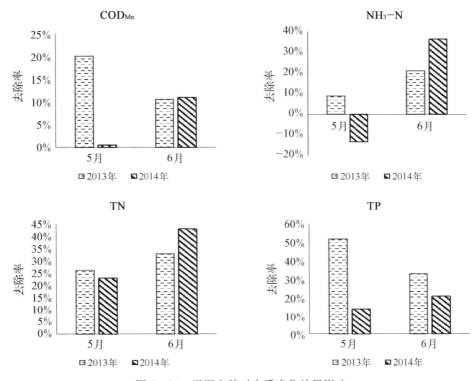

图 8-14　干湿交替对水质净化效果影响

质含量明显降低。此外,在干湿交替的落干过程中,挺水植物区 SOM 含量与含水率值显著正相关。因此,挺水植物区在经历干湿交替的落干过程时,土壤含水率的下降促进了 SOM 矿化作用的加强,从而降低挺水植物区 SOM 含量。

(2)挺水植物区干湿交替的落干过程能够降低 STN 含量,在落干过程中 STN 含量总体表现出逐渐降低的趋势,到落干 30 天时,STN 含量明显低于对照值,增加湿地土壤对氮素的缓冲能力。

(3)干湿交替的落干过程能够降低挺水植物区 STP 含量,随着落干过程的持续进行,湿地土壤对磷的蓄积能力亦显著增强。挺水植物区土壤在落干持续到 30 天时,STP 含量明显低于对照值,亦明显低于落干 10 天和 20 天时的相应值。

(4)挺水植物区在干湿交替过程中,土壤氮磷以及有机质含量均明显降低,并且土壤氮磷与有机质显著正相关。因此,挺水植物区土壤氮磷主要以有机态的形式存在,在干湿交替的落干过程中,土壤氮磷含量的降低主要得益于土壤有机氮和有机磷的分解。

(5)开展挺水植物区的干湿交替运行,对恢复湿地土壤吸附能力、提高水质净化效果具有一定作用,但湿地落干后重新进水后会存在 1~2 个月的过渡阶段,造成各项污染指标去除效果的波动。建议在原水水质相对较好的冬春季节,结合水生植物收割工作对挺水植物区开展干湿交替运行。

8.3　湿地滩面冲淤情况研究

人工湿地的净化效果受水力停留时间与布水条件的影响很大,对于大面积的人工湿地而言更是如此。盐龙湖挺水植物区面积达到了 600 亩,与国内同类工程相比其规模首屈一指,如果挺水植物区出现滩面冲淤,则会造成人工湿地水力停留时间的延长或缩短,同时也会改变湿地内部的均匀布水条件,进而影响到其水质净化效果。掌握挺水植物区滩面冲淤情况,可为湿地清淤、滩面地形塑造等工作的部署提供科学依据。

8.3.1　采用水准仪对高程变化进行测量

于 2014 年 1 月挺水植物区植物收割期间,采用水准仪对挺水植物区滩面高程进行测量调查,以初步了解挺水植物区的滩面冲淤情况。选取了挺水植物区中的 A6、B2 两块区域,采用样带法分别在上述区域随机选取了 50 个样点进行高程测量,并与设计滩面高程进行比对(图 8 - 15)。

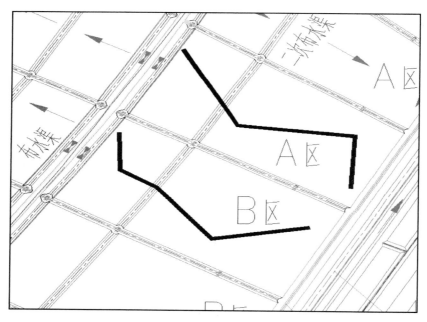

图 8 - 15　A6 和 B2 测量样带图

根据测量结果描绘滩面高程变化情况见图 8 - 16 及图 8 - 17。A 区、B 区设计高程分别为 2.60 m 和2.50 m,从本次测量结果看,A6 滩面平均高程为 2.55 m,B2 滩面平均高程为 2.49 m,滩面的高程均有所降低。两个区域滩面高程变化情况均反映为:一次布水渠后滩面的高程低于二次布水渠后滩面的高程。其中 A6 滩面一次布水渠后平均高程为 2.51 m,二次布水渠后平均高程为 2.57 m,增高了 0.06 m;B2 滩面一次布水渠后平均高程为 2.46 m,二次布水渠后平均高程为 2.50 m,增高了 0.04 m。

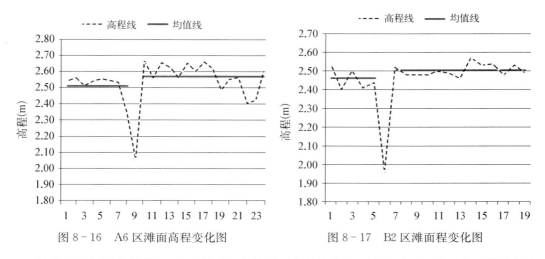

图 8 - 16　A6 区滩面高程变化图　　　　　　图 8 - 17　B2 区滩面程变化图

结果说明,挺水植物区运行约 18 个月后,没有发生明显的底泥淤积现象,反而产生了一定的冲刷与滩面沉降,且一次布水渠后的滩面要明显低于二次布水渠后的滩面,这可能是由于布水前端水体流速较大,对滩面的冲刷更为明显。由于滩面呈现出先低后高的趋势,这可能会造成在挺水植物区干湿交替期间滩面水体无法完成排干的问题。

8.3.2　采用测钎法对高程变化进行连续监测

为进一步掌握挺水植物区滩面高程的动态变化趋势,2014 年 3 月对滩面进行了测钎布设,对挺水植物区高程变化进行定点连续监测。共选择布水总渠西侧 A3、B3、C3 滩面进行观测。每个区域在二次布水渠前布设 1 排,每排 3 个测钎;在二次布水渠后布设 2 排,每排 3 个测钎。每个区域总计 9 个点位,共计 27 个点位(图 8 - 18)。于 2014 年 5 月、6 月、7 月连续 3 个月对测钎处滩面高度的变化情况进行了测量。

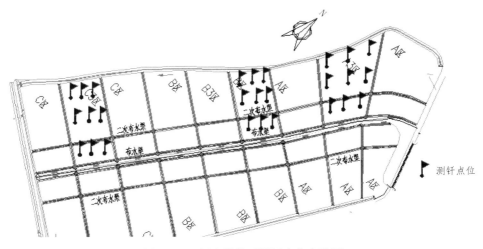

图 8 - 18　挺水植物区测钎点位布设图

　　跟踪观测结果表明,挺水植物区各滩面高程变化幅度不大,基本在−0.5~0.8 cm,呈无规律的动态变化(图 8-19),无明显冲刷或淤积趋势,考虑测量误差,变化幅度可忽略。这在一定程度上说明,随着挺水植物区各类水生植物的生长逐渐茂盛,滩面上流动的水体被水生植物茎叶层层拦截与重新分配,已经形成了分散的、均匀的水流,滩面高程分布格局基本可保持稳定。

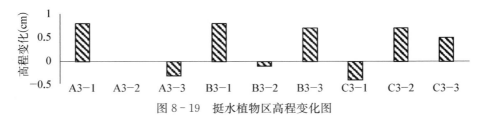

图 8-19　挺水植物区高程变化图

8.3.3　小结与建议

　　(1)挺水植物区运行以来并没有发生明显的底泥淤泥现象,反而发生了一定的冲刷与滩面沉降,一次布水渠后的滩面要明显低于二次布水渠后滩面。

　　(2)连续观测表明,挺水植物区滩面高程变化基本在−0.5~0.8 cm,布水渠前后无明显变化规律,说明滩面高程已经基本稳定,近期无需采取清淤措施。

　　(3)挺水植物区多数滩面呈现出先低后高的趋势,造成了在挺水植物区滩面水体无法完成排干的问题,为保证干湿交替期间的最佳效果,可采用在各滩面两侧新开挖排水沟的方式引导水体排出。

8.4　跌水堰增氧效果研究

　　人工湿地强烈的耗氧作用使出水 DO 含量通常较低,不利于后续生态净化系统中水生生物的生长。为了使湿地出水迅速恢复溶氧水平,在盐龙湖生态湿地净化区中的挺水植物区与沉水植物区交汇处设计了一道跌水增氧堰。在传统跌水堰的基础上,于堰跌水侧坡面铺设棱角分明、宽窄不一的毛面石材,形成错落有致、高低起伏的曝气面。水流在有限过流断面流动过程中,由平面表面流转化成空间立体多向流,水流经石块撞击、反弹后多次与空气接触,提高了水体在流动过程中溶解氧的自然恢复效率。

8.4.1　研究方法

　　为验证跌水增氧堰的实际增氧效果,于 2013 年 10 月(秋季)以及 2014 年 1 月(冬季)、4 月(春季)、8 月(夏季)分别对盐龙湖沉水植物区跌水堰上、下游的 DO 进行监测。为保证数据的可比性,测定当日均为 10 万 m³/d 的进水工况,跌水高度水位差控制在 1.0 m 左右,上、下午的测定时间分别定为 9 时、16 时。

8.4.2　增氧效果分析

　　监测结果如表 8-2 所示。挺水植物区出水 DO 除冬、春季外含量均处于较低水平。

且除冬季外挺水植物区出水 DO 存在明显的日变化,呈现出上午低、下午高的状态,尤其在夏、秋等高温季节,上午与下午水体 DO 的差异较大。其主要原因是挺水植物区各类水生生物和微生物的新陈代谢作用所消耗 DO 的速率在夜间或光照条件较弱的上午大于光合作用释氧速率,造成上午出水 DO 较低;而随着昼间水生植物光合作用向水体释放氧气的逐渐积累,下午水体 DO 也随之升高。在不同季节条件下,挺水植物区出水经过跌水增氧堰后,水体 DO 含量均有不同程度地增加,其中秋、冬、春、夏季的平均提升率分别达到 90.36%、8.13%、34.03%、201.59%,夏秋季提升率要高于冬春季。同一季节条件下,上午的提升率要高于下午。

表 8‐2 沉水植物区跌水堰进出水 DO 变化趋势

	时间段	进水(mg/L)	出水(mg/L)	提升率
2013 秋	上午	2.99	6.39	113.90%
	下午	4.28	7.14	66.82%
2013 冬	上午	10.42	11.34	8.83%
	下午	10.50	11.28	7.43%
2014 春	上午	4.45	6.50	46.07%
	下午	6.50	7.93	22.00%
2014 夏	上午	0.63	2.54	303.17%
	下午	1.75	3.50	100.00%

8.4.3 小结与建议

跌水堰对挺水植物区水体溶解氧的提升效果显著,这为盐龙湖工程后续生态净化工艺创造了必要条件。从水质净化的保证角度出发,建议挺水植物区出水在一年中绝大时间内均应通过跌水堰进水沉水植物区,而冬季水体 DO 本身较高,无提升需求,可在开展挺水植物区的干湿交替、水生植物收割等需要低水位运行工作时,短时期内可以启用涵闸代替跌水堰过流。

8.5 水生植物管理维护方案研究

人工湿地水生植物管理维护的工作内容主要为:水生植物的收割、恶性杂草清除、植物病虫害防治等,其中水生植物收割是将氮、磷物质移除出湿地系统的主要途径,同时也是控制水生植物群落生长的重要因素,是管理维护工作的关键。为制定出科学的植物收割方案,于盐龙湖工程调试运行期间开展各项试验研究。

8.5.1 冬季不同收割时间对植物萌发及水质净化的影响

1)研究方法

于 2012 年 12 月～2013 年 3 月期间,选取盐龙湖工程挺水植物区的面积、水深条件、水生植物配置一致的 C5、C6 两个区域作为研究对象,开展冬季不同收割时间对植物萌发及水质净化影响的研究。C6 区的水生植物的收割工作于 2012 年 12 月进行,C5 区的水生植物的收割工作于 2013 年 3 月进行。

2）对水质的影响

在 C6 区收割工作完成一个月后,即 2013 年 1 月分别对挺水植物区 C5 和 C6 区进出水进行采样和水质监测,分析挺水植物收割对于水质的影响。为保证试验数据的可比性,试验期间保持 C5 区、C6 区的水力负荷一致。分析可知,完成收割的 C6 区出水水质各项指标均低于未收割的 C5 区,且 C6 区对各项污染物的去除率均高于 C5 区(表 8-3)。可以推断,植物收割措施能够避免冬季植物残体的营养物质向水体释放,可维持湿地一定的水质净化作用。

表 8-3　水质监测成果对比　　　　　　　　（单位:mg/L）

点　位	COD$_{Mn}$	NH$_3$-N	TP	SS
C5 区进水	5.68	0.43	0.10	29.70
C5 区出水 1	5.83	0.43	0.09	29.40
C5 区出水 2	5.71	0.25	0.11	27.80
C5 区出水 3	5.96	0.30	0.09	24.00
C5 区出水均值	5.83	0.33	0.10	27.07
平均去除率	−2.70%	24.03%	3.63%	8.87%
C6 区进水	5.94	0.33	0.11	35.50
C6 区出水 1	5.78	0.21	0.08	19.80
C6 区出水 2	5.83	0.21	0.09	22.80
C6 区出水 3	5.79	0.22	0.08	20.50
C6 区出水均值	5.80	0.21	0.08	21.03
平均去除率	2.36%	35.35%	24.02%	40.75%

3）对植物萌发的影响

于 2013 年 5 月,分别对 2012 年 12 月进行收割的 C6 区,以及 2013 年 3 月完成收割的 C5 区水生植物萌发情况进行调查。分别在 C5 区、C6 区的荇草和狭叶香蒲种植区域随机设置 5 个 1 m×1 m 样方,对样方内的水生植物株高、密度进行统计,共设置 20 个样方,统计结果如表 8-4。结果表明,不同收割时间对于水生植物的次年萌发情况存在一定影响,冬季前收割相对于翌年早春收割,植株高度和密度均表现出一定的优势,其中狭叶香蒲生长高度优势表现更为明显。

表 8-4　不同收割时间植物生长情况对比

区　域	C6 区（2012 年 12 月收割）		C5 区（2013 年 3 月收割）	
植物种类	荇　草	狭叶香蒲	荇　草	狭叶香蒲
平均株高(cm)	58.1	70.2	54.4	59.7
平均密度(株/m²)	192	63	171	47

8.5.2　冬季不同收割方法对植物生长的影响

1）研究方法

根据挺水植物区不同区域的植物种植情况,分别在 A2、A3 区芦苇,A1、A4 区荇

草,B2、B3区狭叶香蒲,B1、B4区茭草,C1、C2区狭叶香蒲以及C3、C4区茭草中选取
面积为10 m×10 m共12个样方。于2013年12月对上述12个样方内的水生植物
进行收割,每个样方内的收割方法为齐地面收割、齐常水位收割、高于常水位5～
10 cm收割、不收割四种,不同收割方法所占面积均为5 m×5 m。样方选取点位与具
体收割布置见图8-20。

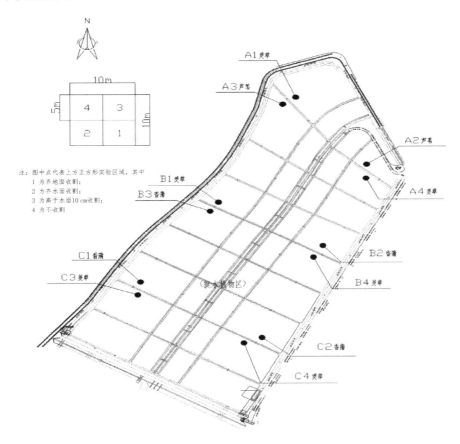

图8-20　收割样点分布图

2014年3月下旬～4月下旬,每周对挺水植物收割试验样方内的水生植物萌发生长
情况进行调查,调查指标包括株高、密度、生物量等。通过数据对比分析,判断不同收割方
法对各类水生植物萌发、生长的影响。

2)芦苇的生长情况分析

不同收割方法下,芦苇的株高、密度和生物量随着时间进程都有所增加,但变化幅度
不同。至4月中下旬,在齐地面收割、齐水面收割、高出水面收割三种方法下,芦苇平均株
高分别为100.8 cm、148.0 cm、149.2 cm,密度分别为46株/m²、75株/m²、72株/m²,生
物量分别为874 g/m²、2 545 g/m²、2 836 g/m²(图8-21)。不同收割方法对芦苇的影响
表现为齐水面收割、高出水面收割的芦苇次年萌发生长较好且相差不大,但齐地面收割的
芦苇次年的生长情况相对较差。

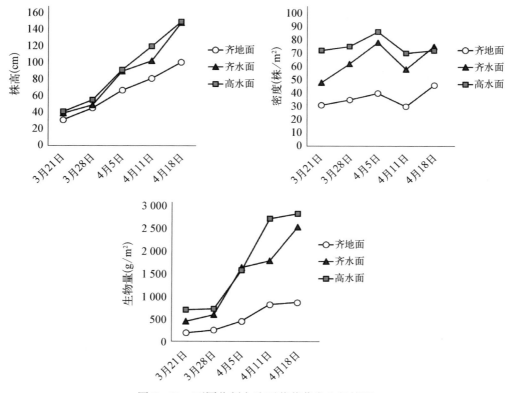

图 8 - 21　不同收割方法下芦苇萌发生长情况

3）荻草的生长情况分析

不同收割方法下，荻草株高、生物量都随着时间进程有所增加，而密度在短期内达到较高水平后，后续变化不明显。至 4 月中下旬，在齐地面收割、齐水面收割、高出水面收割方法下，荻草的株高分别为 92.6 cm、81.5 cm、90.7 cm，密度分别为 220 株/m²、255 株/m²、240 株/m²，生物量分别为 1 976 g/m²、1 887 g/m²、2 220 g/m²（图 8 - 22）。总体上看，不同收割方法对荻草生长的影响并不明显。

4）狭叶香蒲的生长情况分析

不同收割方法下，狭叶香蒲株高、密度和生物量随着时间进程都有所增加。至 4 月中下旬，在齐地面收割、齐水面收割、高出水面收割方法下，狭叶香蒲株高分别为 95.7 cm、138.3 cm、123.1 cm，密度分别为 26 株/m²、45 株/m²、40 株/m²，生物量分别为 1 455 g/m²、2 303 g/m²、2 146 g/m²（图 8 - 23）。不同收割方法对狭叶香蒲的影响表现为齐水面与高出水面收割的狭叶香蒲生长较好，齐地面收割的狭叶香蒲生长较差。

8.5.3　夏季二次收割对植物再生长影响

2014 年 8 月，在挺水植物区原选取的 12 块样方继续开展夏季二次收割对植物再生长影响试验，收割方法分为齐地面和齐水面两种。分别于收割后的第一周、第二周、第三周，即 8 月 25 日、8 月 29 日、9 月 15 日，对两种收割情况下的植物的二次生长情况进行调查，观测指标主要为不同水生植物的株高、密度。

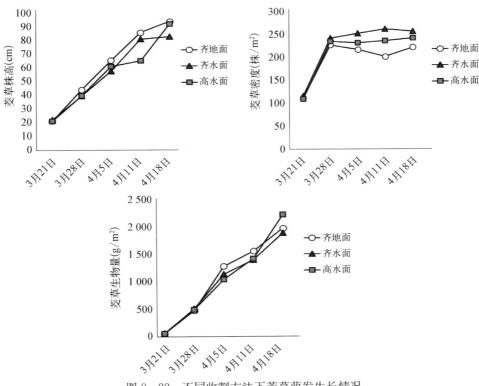

图 8 - 22　不同收割方法下菱草萌发生长情况

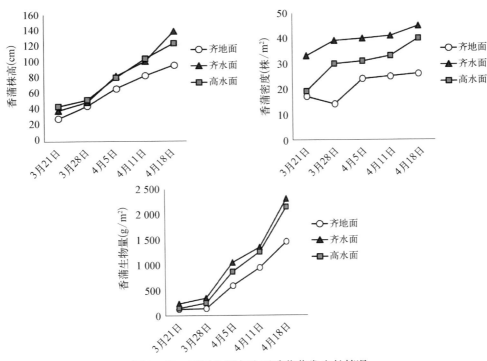

图 8 - 23　不同收割方法下香蒲萌发生长情况

　　分析可知,夏季二次收割后不同水生植物仍可进行再生长,但不同收割方法取得的效果有显著差异。总体上看,采用齐水面收割方法的挺水植物再生长情况要明显优于齐地面收割(图 8 - 24)。

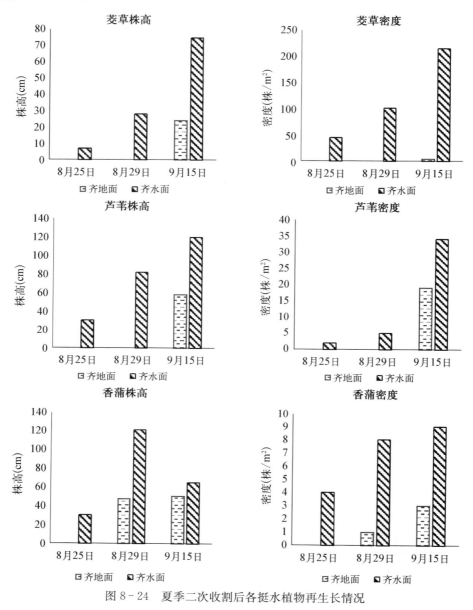

图 8 - 24　夏季二次收割后各挺水植物再生长情况

8.5.4　小结与建议

　　(1) 12 月对人工湿地水生植物进行收割,从对水质净化效果的保障与植物生长萌发两个方面上看均要优于次年 3 月收割。建议对盐龙湖工程挺水植物区的收割时间应安排在每年的 12 月。

（2）冬季不同收割高度对芦苇和香蒲的影响规律相同，即齐水面与高出水面收割的植株生长较好，齐地面收割的植株生长较差；而不同收割高度对菱草生长的影响并不明显。为了保证收割后翌年植物萌发生长，并尽可能减轻植物残体残留对水质的不利影响，建议对菱草采用齐地面收割的方法，对狭叶香蒲及芦苇应采用齐水面收割的方法。

（3）夏季收割后，各类水生植物可在短期内再生长，但齐水面收割方法下的挺水植物再生长情况明显优于齐地面收割。若进行挺水植物的夏季收割，如需对挺水植物的密度进行控制，建议齐地面收割；如希望挺水植物在短期内恢复生长，则建议采用齐水面收割方法。

8.6　水生植物资源处置及利用方案研究

盐龙湖生态湿地净化区每年可产生大量的水生植物资源，如加以有效的处置利用，就可变废为宝，创造一定的经济价值。针对盐城地区植物垃圾填埋、焚烧、利用的实际情况，对收割后产生的水生植物资源处置及利用方式进行研究，提出经济合理的处理处置方案。

8.6.1　水生植物资源的处置利用方法调研

目前，我国对水生植物的利用处置方式有焚烧、填埋、堆肥、沼气制造、饲料加工与造纸等途径。结合我国的实际情况，对现有的处置利用方式进行综述如下。

1）填埋

将植物残体进行填埋是最原始的处理方法，普通的填埋不进行无害化处理，会残留大量的细菌、病毒；还潜伏着沼气、重金属污染等隐患；其垃圾渗滤液还会长久地污染地下水资源。随着科学技术的发展，也产生了沥滤循环填埋、压缩垃圾填埋和破碎填埋的卫生填埋方法。卫生填埋的主要流程依次为倾倒、摊铺、压实和撒药覆土。采取卫生填埋的措施处理水生植物，虽然能保证避免二次污染，但却占用了大量土地，更无法实现资源化利用。

2）造纸

目前我国用于造纸的纤维原料大致可分为四大类，即木材纤维、竹类纤维、草类纤维和废纸、废棉、废布纤维。木材作为较好的造纸原料已远远满足不了社会发展和人们生活的需要，而且我国森林资源有限，大量采伐森林用于造纸已不现实，长期进口木浆也不是长久之计。棉、麻虽然纤维质量好，但产量有限，加之其他用途较多，真正用于造纸的数量极少。其他的草类纤维（如稻草、麦秆等）产地分散，供应量不稳定，且只能用于生产一般生活用纸。

相比之下，许多水生植物的纤维都可以用于造纸，如芦苇就是制作宣纸的良好原料，狭叶香蒲则非常适合做非木纤维造浆和造纸原料。利用芦苇、狭叶香蒲造纸的工艺流程是先把原料切成小段，然后通过机械、化学、半化学等制浆方法进行制浆，再经过筛浆脱色等工艺后，用水稀释，最后将融有植物纤维的水均匀地喷洒在毛布或其他布状物上，用高温压碾，此时溶在水中的纤维就会在毛布表面脱出而制成纸。

芦苇纸浆可生产各种凸版纸、书写纸、有光纸、胶版纸等 20 多种纸，是纸张中的中高档纸。经初步计算,5 t 芦苇的造纸量相当于 10 m³ 木材,按一般芦苇单位面积产量计算 1 hm² 芦苇等于 5 hm² 针叶林的纤维总量,具有较高的出纸率。目前,为了减少生产纸张对森林的消耗,纯木浆造纸所占的比例正在日益减少,废纸浆、芦苇浆的比重已越来越大,可见采用水生植物资源造纸具有一定的发展潜力。

3）饲料加工

将水生植物加工成饲料,是一种重要的资源化途径。张继恒研究发现茭草草质营养成分相当于玉米青割水平,可用作动物饲草,但是需青贮糖化处理,晒成甘草。青贮是保存和贮藏饲草的经济又安全的方法,将原料切碎压实后,置于青贮设施内,这样能保证原料的鲜嫩汁液和营养成分。对于沉水植物,农村许多地区都曾用狐尾藻喂猪,中国科学院亚热带农业生态研究所更是已申请了一种用狐尾藻制备猪饲料的专利;张奕等研究发现将伊乐藻、眼子菜粉碎压滤,固体发酵能生产蛋白饲料;王艳丽等研究发现苦草蛋白质含量高,含有多种氨基酸,可作为草食性鱼类和底栖动物的重要饵料,也可提取苦草的粗蛋白生产蛋白饲料;王秋波等研究表明用菹草粉做的饲料饲喂家畜,在增加牛泌乳量和乳脂率、家禽蛋孵化率及种蛋受精等方面都有明显效果。

将水生植物通过简单的加工作为饲料饲养畜禽是一种生态环保的措施,可缩短水生植物资源中的物质循环过程,加快能量流动。市场需求量大,国家也在加大支持饲料行业技术改造,市场前景非常良好。

4）堆肥

堆肥技术是有效地实现减量化、无害化和资源化的手段之一。该技术是利用各种植物残体为主要原料,混合人畜粪尿,加入泥土和矿物质,在高温、多湿的条件下,经过发酵腐熟、微生物分解而制成一种有机肥料。该有机肥施入土壤能够改善土壤的物理结构、改良土壤板结、保水保肥、提高土壤肥力,从而促使植物根系生长;此外还能增加土壤有益微生物数量、敌杀土壤有害杂菌等。

水生植物在堆肥前需要采取一定预处理措施,周肖红等研究认为堆肥的原料需进行粉碎处理,植物碎片粒径控制在 0.5～2.5 cm 的范围内较为适宜。

5）沼气制造发电

沼气燃烧发电是将植物及其他有机废弃物厌氧发酵处理产生的沼气用于发动机上,并装有综合发电装置,以产生电能和热能。何谓等研究发现利用植物垃圾进行沼气发电,每吨植物性垃圾中的有机物全部发酵后,所产生的沼气气体量约为 300 m³,每立方米的沼气能够发电 1.5 kW·h,相当于每吨植物性垃圾实际上可以提供 400 kW·h 的电能。而产沼过程中产生的沼渣、沼液还可以进行脱水和浓缩制造相应的固体和液体有机肥。

沼气发电是集环保和节能于一体的能源综合利用新技术,适合我国经济发展状况,在未来有良好的发展前景。

6）焚烧发电

焚烧被认为是针对收获水生植物的一种有效后处理手段,其减量化效果最明显。植物焚烧发电是对燃烧值较高的植物进行高温焚烧,焚烧过程中产生高温蒸汽,推动涡轮机转动,使发电机产生电能。焚烧发电十分有利于对土地资源、水资源的保护,但是水生植物燃烧前需大大降低其含水率,并且燃烧产生的二氧化硫、一氧化碳、二噁英等对大气的危害较大。

7）其他

水生植物还被广泛用于医药、食品加工等多种行业。芦根可食用,茭白是常见蔬菜;狭叶香蒲的花粉具有较高的药用价值,陈佩东等研究发现香蒲花粉制成的蒲黄药黄酮含量最高,《中国药典》记载蒲黄药具有止血促凝、促进血液循环、改善微循环、降血脂、抗动脉硬化、镇痛等作用;《中华本草》记载苦草含有较多的磷脂类化合物,可降低低密度总蛋白和总胆固醇水平,能治疗神经失调;《本草纲目》记载金鱼藻药用可凉血止血,清热利尿;菹草能食用,主治暴热、止渴、热痢、游疹、热疮、热肿毒等;眼子菜有去热解毒、利尿通淋、止咳祛痰的功效。

8.6.2 盐龙湖水生植物资源的产生情况

盐龙湖生态湿地净化区各类水生植物种植面积在1 200亩左右,水生植物资源主要可分为挺水植物与沉水植物两大类。其中挺水植物以茭草、芦苇、狭叶香蒲为主,沉水植物中轮叶黑藻、狐尾藻等的生物量较多。

根据对盐龙湖各主要植物类型进行的生物量测定情况,结合各类水生植物的种植面积,推算盐龙湖每年可产生各类水生植物鲜重7 707 t(合干重1 268 t),其中挺水植物3 038 t(合干重801 t)、沉水植物4 669 t(合干重467 t),见表8-5。各类水生植物含水率较高,收割后的植物残体具有体积大、重量轻的特点,如将其填埋将占用大量土地资源,焚烧则会污染空气。如能合理利用,不仅能减少环境污染,还能变废为宝,产生一定的经济效益和社会效益。

表 8-5 盐龙湖主要水生植物资源产生情况表

类 型	名 称	分布区域	种植面积(亩)	年产生物量(t)	
				鲜 重	干 重
挺水植物	芦苇	挺水植物区	150	590	312
	茭草	挺水植物区	300	1 381	319
	狭叶香蒲	挺水植物区	150	1 067	170
沉水植物	轮叶黑藻、狐尾藻等	沉水植物区	600	4 669	467
合 计				7 707	1 268

8.6.3 水生植物资源的处置利用原则

对盐龙湖水生植物进行处置利用,其作用体现在提高资源利用率、创造利润价值的同时保护生态环境,实现社会、经济与环境的可持续发展。因此,在处置利用方式的选取上应遵循以下原则。

（1）减量化原则。收割的水生植物,尤其是沉水植物和青苔等植物含水量较高,为输运周转带来不便,需进行减量化处理。具体措施为将收割后的水生植物放置在开放空间,经自然晾晒脱水后转运。

（2）无害化原则。在水生植物生长末期及时收割并移出水体，以避免植物腐烂对水体造成二次污染。采用绿色环保的水生植物资源处理方式，避免在利用过程中产生对自然环境有害的物质。

（3）资源化原则。作为一种具有经济价值的资源，水生植物应充分考虑其利用方式，尽量选取如发电、堆肥产沼、造纸、饲料加工等途径进行资源化利用。

8.6.4　植物处置产业调查

根据相关资料，对盐龙湖周边区域具有水生植物资源处置利用潜力的产业（企业）进行了全面的调查。根据调查结果，盐城周边有造纸厂、垃圾焚烧发电厂、饲料加工厂、肥料厂等可用于处理盐龙湖产生的水生植物。

（1）造纸厂。根据调查，盐城市区有数十家造纸厂，离盐龙湖最近的造纸厂是盐城市秦南造纸厂，该厂位于盐都区秦南镇北首蟒蛇河侧。该厂创建于 1971 年，目前主要生产黄板纸、纱管纸、宣纸等，对稻草、芦苇、秸秆、木材等造纸原料的需求较大。该厂水陆交通便利，盐龙湖收割的水生植物可通过航道直接运至该厂。

（2）垃圾焚烧发电厂。盐城垃圾焚烧发电有限公司位于盐都区潘黄镇益名工业园区，离盐龙湖较近。该厂采用循环流化床垃圾焚烧处理工艺，燃烧稳定充分，对二次污染控制得较好，单日可处理垃圾 400 t，经焚烧处理后垃圾体积减小 90%、重量减少 80%，日发电量 66 万 kW·h，输入电网 60 万 kW·h。

（3）饲料厂。盐城现有的饲料加工企业数量众多，盐城黄海动物饲料厂位于盐都区龙冈镇大吉村，是离盐龙湖最近的饲料加工厂，运输成本很低。该厂主要生产经营混合饲料、配方饲料、蛋白饲料和鱼粉等产品。茭草和沉水植物等可用于此类产品的加工。

（4）肥料厂堆肥。盐城许多肥料厂多制造经营化学复合型肥料。盐城市绿园生物肥料有限公司以生产经营生物肥料和有机肥料为主，该公司位于亭湖区南洋镇华泰路 16 号，厂房面积 5 000 m²，月产肥量 1 500 t，对水生植物原材料需求较大。

（5）沼气池制沼。盐城市区无大型的沼气发电厂，周边最近的大型沼气发电厂是处于东台市金东台农场的中粮沼气发电场，该发电项目日产沼气 17 000 m³，年发电量 1 200 万 kW·h，但是离盐龙湖路程较远。盐城市区有不少养殖场都设有小型沼气发电设备，如亭湖区泰来神奶业有限公司就利用牛粪、尿液、奶牛场污水等进行沼气发电，许多农家也都设有沼气池，农家制沼多数供自家用，对水生植物等原料的需求量不高。

（6）垃圾填埋场。盐城市生活垃圾卫生填埋场位于亭湖区新兴镇洪东村七组，该填埋场 2011 年底建成，占地面积 90 亩，库容量 36 万 m³，日处理能力 400 t，预计服务年限为 12 年。将水生植物进行填埋，无法实现其资源化利用，但可作为突发状况下的应急处置方案备选。

8.6.5　评价指标体系的构建

1）指标选择

对盐龙湖水生植物资源处置利用方式评价指标体系构建三级指标体系。水生植物处置利用方式的优劣主要体现在经济效益、生态环境效益与社会效益上，因此在评价指标体系的构建中选取了处置难易性(A1)、经济增值性(A2)、环境友好性(A3)、行业前景(A4)共计 4 个二级指标准则层,每个准则层包含 3～4 个指标,共计 13 个三级指标(表 8-6)。其中,处置难易性(A1)、经济增值性(A2)综合反映了经济效益;环境友好性(A3)综合反映生态环境效益;行业前景(A4)综合反映社会效益。

表 8-6　盐龙湖水生植物资源处置利用方式评价指标体系

目　标　层	准　则　层	指　标　层
盐龙湖水生植物资源处置利用方式评价指标体系	处理难易性 A1	收割消耗人工 B11
		前处理工序 B12
		运输成本 B13
	经济增值性 A2	投入产出效率 B21
		原料利用率 B22
		利润创造情况 B23
	环境友好性 A3	能源消耗水平 B31
		"三废"排放水平 B32
		生态影响水平 B33
		资源替代水平 B34
	行业前景 A4	市场需求情况 B41
		政策导向情况 B42
		科技含量情况 B43

2) 指标权重确定

采用专家打分法对盐龙湖水生植物资源处置利用方式评价指标体系中的各级指标的权重进行确定。以问卷调查的方式组织 20 名专家分别对准则层与 4 个指标层的各个因素进行权重赋值并取算术平均值作为该准则(指标)的权重。经统计分析,盐龙湖水生植物资源处置利用方式评价指标体系的权重赋值情况见表(8-7)。

表 8-7　盐龙湖水生植物资源处置利用方式评价指标体系权重分配

准　则　层	权　重	指　标　层	权　重
处理难易性 A1	0.24	收割消耗人工 B11	0.43
		前处理工序 B12	0.28
		运输成本 B13	0.29
经济增值性 A2	0.19	投入产出效率 B21	0.32
		原料利用率 B22	0.44
		利润创造情况 B23	0.24
环境友好性 A3	0.33	能源消耗水平 B31	0.19
		"三废"排放水平 B32	0.33
		生态影响水平 B33	0.31
		资源替代水平 B34	0.17

准　则　层	权　重	指　标　层	权　重
行业前景 A4	0.18	市场需求情况 B41	0.39
		政策导向情况 B42	0.33
		科技含量情况 B43	0.28

3）评价标准

按代表性、可操作性、可比性等原则，根据不同水生植物处置利用方式在 13 个评价指标上的表现进行打分，每一项评价指标均分为 3 个等级，不同的实际状况对应不同等级可转化为相应的分数（1～3 分）。分值越高，状况越好；分值越低，状况越差。

4）评价方法

城市生态河道评价分为三个步骤：① 依据盐龙湖水生植物资源处置利用方式评价指标体系中的评价指标及相应评价标准，分别计算 13 个指标的分值（1～3 分）；② 将 4 个准则层下的指标分别进行加权平均，得出每个准则层的分值（1～3 分）；③ 将 4 个准则层的分值进行加权平均，得到采用该种处置利用方式下的综合得分（1～3 分）。当综合得分为 2～3 分时，说明该处置方法的可操作性较强，可直接作为备选方案；当综合得分为 1～2 分时，说明该处置方法的可行性中等，特殊情况下可以予以考虑；当综合得分＜1 分时，反映了该方法的经济、环境与社会综合效益不佳，应不予以考虑。

8.6.6　评价结果

根据盐龙湖水生植物资源处置利用方式评价指标体系，结合对盐城市相关产业的调查结果，对造纸、焚烧发电、饲料、肥料、产沼、填埋 6 种处置利用方式进行综合评价，评价结果见图 8 - 25。可以看出，上述处置利用方式的综合得分排序为：饲料（2.22）＞造纸（2.01）＞肥料（1.97）＞产沼（1.91）＞焚烧发电（1.76）＞填埋（1.58）。结果表明，盐龙湖每年所产生的各类水生植物资源较佳的利用方式是作为青饲料与造纸原料，其次是作为肥料与产沼，最不利的处置方式是焚烧发电与填埋。

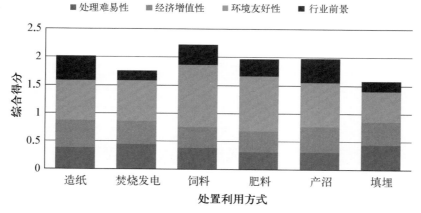

图 8 - 25　盐龙湖水生植物资源处置利用方式评价结果

8.6.7　小结与建议

（1）盐龙湖每年可产生各类水生植物鲜重 7 707 t（合干重 1 268 t），其中挺水植物 3 038 t（合干重 801 t）、沉水植物 4 669 t（合干重 467 t）。各类水生植物含水率较高，收割后的植物资源具有体积大、重量轻的特点。

（2）根据盐龙湖水生植物的特性，推荐可将含水量较高的茭草以及轮叶黑藻、苦草等蛋白质含量较高、适口性较好的沉水植物作为饲料用途；将芦苇、狭叶香蒲等草质纤维含量较高的挺水植物作为造纸原料。多种处理方式相结合，可起到显著的减量化、无害化、资源化效果，经济及社会效益良好，且对环境的影响较小。

第九章 深度净化区运行管理研究

深度净化区是盐龙湖工程的水量储存与水质保障单元,该区占地面积 1 640 亩,总库容约 500 万 m³,设计水力停留时间约为 7 d,但在近期取水量为 20 万 m³/d 的情况下,实际水力停留时间达到了 20 余天。为防治水体富营养化、改善并维持水质,深度净化区集成采用了多种水力调度与生物维护技术。在盐龙湖工程运行调试期间,重点开展了多点进水、生物操纵、太阳能循环复氧等技术的研究工作。

9.1 多点进水调控方案研究

水动力条件影响藻类对水中营养物质的吸收能力,在库容及流态已定的湖库中,水动力条件的直观表现就是水力停留时间,因此水力停留时间是水库富营养化防控的重点关注因素。盐龙湖深度净化区水体面积较大,而出水口只有一个,极易造成水体短流现象而出现死水区。为了减少库区缓滞流量,在盐龙湖工程深度净化区西侧及北侧约 1.5 km 的岸线段,分散设置了 5 个口门进水以营造出较好的流态,减少库区死水区。盐龙湖工程建成后,为了防止水体富营养化的发生,需要对深度净化区不同进水口门调度下的水力停留时间进行研究,提出多点进水调控的最佳方案。

9.1.1 研究方法

通过建立二维水动力模型,模拟水流进入湖区后其质点的运动轨迹及其在湖区的水力停留时间,以了解不同进水方案下盐龙湖深度净化区流场情况,以及水流通过各进水闸门进入深度净化区后在湖区内的水力停留时间。共进行了 3 种不同工况的模拟,分别是:① 深度净化区 1.7 m 水位、开启 4 个进水口不均匀进水、处理规模为 20 万 m³/d 的工况;② 深度净化区 1.2 m 水位、开启 5 个进水口均匀进水、处理规模为 20 万 m³/d 的工况;③ 深度净化区 1.2 m 水位、5 个进水口不均匀进水(中间 3 个闸门的流量较大,两侧 2 个闸门的流量较小)、处理规模为 20 万 m³/d 的工况。

1)水动力模型的建立

采用 DHI 研发的 Mike21 模型系统。考虑 Bousinesque 近似和浅水假定以及风应力的影响,垂向积分的二维水动力学方程组如下。

(1)连续方程:

$$\frac{\partial \zeta}{\partial t} + \frac{\partial p}{\partial x} + \frac{\partial q}{\partial y} = S$$

(2)动量方程:

$$\frac{\partial p}{\partial t} + \frac{\partial}{\partial x}\left(\frac{p^2}{h}\right) + \frac{\partial}{\partial y}\left(\frac{pq}{h}\right) + gh\frac{\partial \zeta}{\partial x} + \frac{gp\sqrt{p^2+q^2}}{C^2 h^2}$$

$$-\frac{1}{\rho_w}\left[\frac{\partial}{\partial x}(h\tau_{xx})+\frac{\partial}{\partial y}(h\tau_{xy})\right]-\Omega q-fVV_x+\frac{h}{\rho_w}\frac{\partial}{\partial x}(p_a)=0$$

$$\frac{\partial q}{\partial t}+\frac{\partial}{\partial y}\left(\frac{q^2}{h}\right)+\frac{\partial}{\partial x}\left(\frac{pq}{h}\right)+gh\frac{\partial\zeta}{\partial y}+\frac{gq\sqrt{p^2+q^2}}{C^2h^2}$$

$$-\frac{1}{\rho_w}\left[\frac{\partial}{\partial y}(h\tau_{yy})+\frac{\partial}{\partial x}(h\tau_{xy})\right]+\Omega p-fVV_y+\frac{h}{\rho_w}\frac{\partial}{\partial y}(p_a)=0$$

式中，h 为水深(m)；ζ 为水位(m)；p、q 为 x、y 向的单宽流量[$m^3/(s\cdot m)$]；$C=\frac{1}{n}R^{\frac{1}{6}}$，$C$ 为谢才系数，其中 R 为水为半径，n 为曼宁系数；f 为风阻力系数；V、V_x、V_y 为风速及其在 x、y 方向上的分量(m/s)；Ω 为 Coriolis 参数；p_a 为大气压($kg/m/s^2$)；ρ_w 为水的密度(kg/m^3)；τ_{xx}、τ_{xy}、τ_{yy} 为剪切应力分量。

采用 ADI 格式对上述方程进行求解。

根据研究要求，确定计算区域为整个盐龙湖深度净化区水域和各进出水口，采用矩形网格对计算区域进行剖分，网格步长为 5 m×5 m。湖区地形以盐龙湖实测水下地形为基础进行插值。

根据盐龙湖实际运行调度情况，确定为 5 个入流开边界条件，分别为 2♯、3♯、4♯、5♯ 和 6♯ 涵闸进水口，湖泊东南角设一输水泵站，为出流边界条件。各边界流量见表9-1。糙率系数的取值根据相关文献，取 0.035。

表 9-1　数模边界条件

边　界	流量(m^3/s)		
	工况一	工况二	工况三
2♯进水口	1.0	0.5	0.8
3♯进水口	—	0.5	0.2
4♯进水口	0.55	0.5	0.65
5♯进水口	0.45	0.5	0.65
6♯进水口	0.31	0.5	0.2
出流口	2.31	2.5	2.5

2）模型计算方案

根据深度净化区运行调度的实际情况，结合当地主导风向情况，3 种模拟工况下均分别选取 2 种代表性的风速方案进行计算，详见表9-2。

表 9-2　风速风向计算方案

方　案	风　向	风速(m/s)
1	静风(C)	0
2	东南风(SE)	1.8

9.1.2 不同进水工况对水力停留时间的影响

1) 流场分析

在静风及有风两种方案情况下,盐龙湖深度净化区的流场见图9-1和9-2。由图可见,水流从2#、3#、4#、5#、6#5个进水口进入后,最后经输水泵站排出。湖区流速总体上较为缓慢,各进水口处流速约为0.01 m/s,输水泵站附近流速约为0.08 m/s,湖区其他区域流速基本在0.004 m/s以下。此外,岸边由于水深较浅,流速总体上比湖中心略大。总体上,由于湖泊吞吐量相对较小,其水流在各个进水口之间形成多个绕流区,水流呈旋转型向输水泵站缓慢流动。

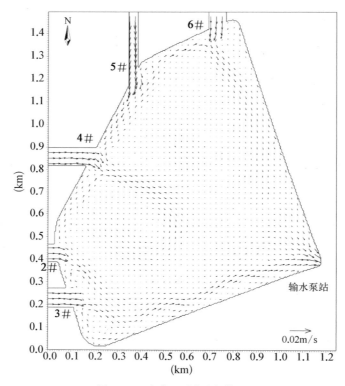

图9-1 方案1流场图(静风)

与静风方案相比较,有风方案由于受到东南风的作用,在2#、3#进水口以及6#进水口附近绕流现象更为明显,形成多个小型涡漩,水流呈旋转型向东南角的输水泵站缓慢流动。各进水口水流在风力的作用下相互挤压,形成3个主要水流通道,呈旋转型向东南角的输水泵站缓慢流动,同时东侧和南侧岸边的部分水流受挤压向远离输水泵站的方向流动。

2) 水力停留时间计算分析

根据上述水动力条件,通过在各进水口位置放置质点,并追踪质点的运动轨迹,同时计算出其在湖泊中的水力停留时间。以工况2为例,各进水口质点运动轨迹图见图9-3。3个工况下水力停留时间统计详见表9-3。

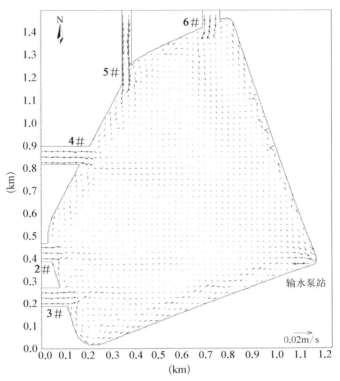

图 9-2　方案 2 流场图（有风）

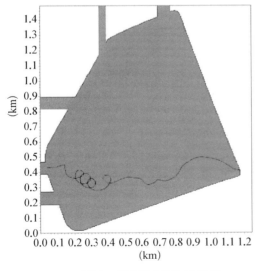

2# 进水口质点运动轨迹（方案 1）

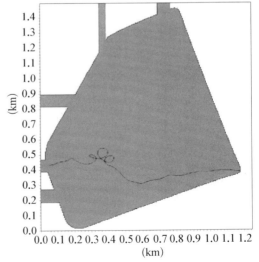

2# 进水口质点运动轨迹（方案 2）

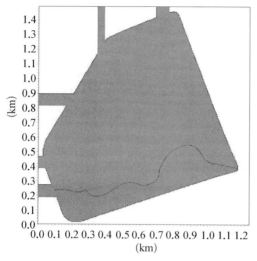

3#进水口质点运动轨迹(方案1)

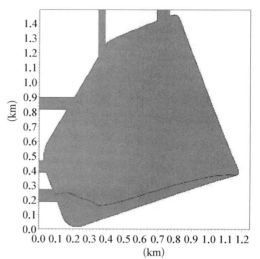

3#进水口质点运动轨迹(方案2)

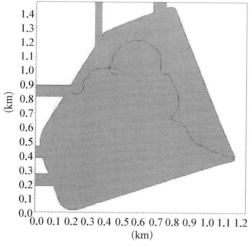

4#进水口质点运动轨迹(方案1)

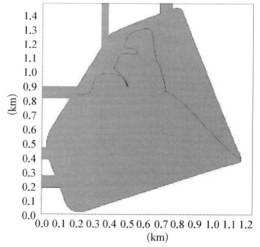

4#进水口质点运动轨迹(方案2)

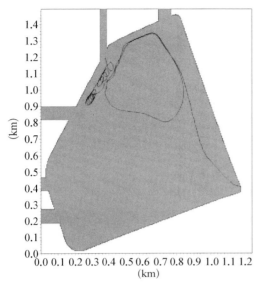

5#进水口质点运动轨迹(方案 1)

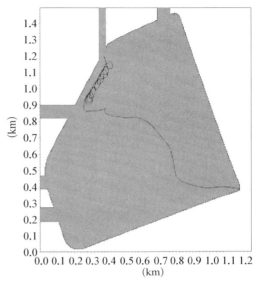

5#进水口质点运动轨迹(方案 2)

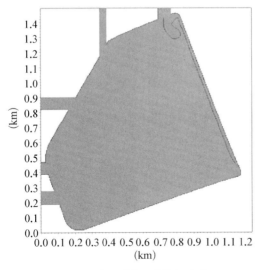

6#进水口质点运动轨迹(方案 1)

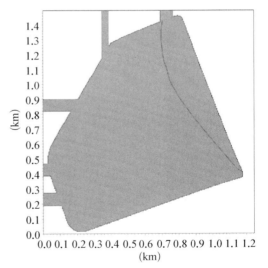

6#进水口质点运动轨迹(方案 2)

图 9-3 各进水口质点运动轨迹

表 9 - 3 水力停留时间统计表

风力方案	进水口位置	水力停留时间(d)		
		工况 3	工况 2	工况 1
静风	2#	37.3	28.1	30.0
	3#	6.6	13.8	—
	4#	41.9	39.9	48.0
	5#	20.8	38.6	43.3
	6#	12.3	14.6	24.5
	平均	23.8	27.0	36.4
有风	2#	29.0	35.2	36.0
	3#	22.0	6.5	—
	4#	29.1	30.8	35.4
	5#	15.2	31.2	35.4
	6#	12.3	10.3	28.8
	平均	21.5	22.8	33.9

3) 结果分析

由数模计算得的图表结果可知,水力停留时间不仅与进水口位置及流量有关,与风力条件也有着一定的关系。风力条件对流场影响较大,进而影响了质点的水力停留时间。在工况 1 条件下,在静风及有风状态下平均水力停留时间分别为 36.4 d 和 33.9 d;在工况 2 条件下,在静风及有风状态下平均水力停留时间分别为 27.0 d 和 22.8 d;在工况 3 条件下,在静风及有风状态下平均水力停留时间分别为 23.8 d 和 21.5 d。

9.1.3 藻类水华防控的合理停留时间分析

1) 藻类生长与水力停留时间的关系

在保证水体流动性的一般情况下,水力停留时间越长,盐龙湖各生态功能区的水质净化能力越强;若水力停留时间太短,污染物难以得到充分降解。但在春夏季节,深度净化区水体若停留时间过长,在足够的营养盐条件下,藻类容易过度增长。在超出滤食性鱼类的摄食能力后,可能导致水华的产生,产生异味及有毒有害物质,影响供水水质安全。因此,需对深度净化区防止藻类水华产生的合理停留时间进行分析研究。

藻类的繁殖生长主要与水温、光照、水动力条件、水体营养盐含量以及水生生态系统中的摄食者、竞争者等因素有关。水温较高、光照充足、相对静止的水动力条件、较高的营养盐浓度、较少的摄食和竞争者等因素有利于藻类的繁殖生长。以往的研究表明,藻类生物量可近似按照指数曲线增长,但生长速率受到水温(T)、光照(L)、营养盐(N、P、C、Si等)浓度的限制。

藻类增长过程可以用公式 $N_t = N_0 e^{\mu t}$ 表示,其中 $\mu = \mu_{max} \theta^{(T - T_{max})} f(L, P, N, C, Si)$。式中,$N_t$ 为 t 时间后的藻类丰度;N_0 为藻类初始丰度;μ 为藻类生长速率;t 为生长时间;T 为平均水温;T_{max} 为藻类最佳生长温度;θ 为温度校正系数;$f(L, P, N, C, Si)$ 为光照和营养

盐限制函数。

国际上一般认为湖水中 TP 浓度 0.02 mg/L、TN 浓度 0.2 mg/L 是水体富营养化的发生浓度，而盐龙湖深度净化区水体即便达到地表Ⅲ类水标准，其营养盐浓度已超过藻类生长需要的营养盐限制条件。因此，假设水库藻类生长不受光照、营养盐限制，即藻类的生长速率仅受温度影响，则 $\mu = \mu_{\max}\theta^{(T-T_{\max})}$。若其他条件保持不变，水库水力停留时间增加，意味着藻类过度繁殖的可能性将大大增加。最近的一些研究成果表明通过控制水体的水力停留时间，可以有效控制藻类过度繁殖。联合国环境规划署（UNEP）流域综合管理指南中建议水库的水力停留时间一般不超过 30 天。

2）计算参数的确定

如果已知藻类初始丰度、藻类水华安全预警值、平均水温、藻类最大生长速率、温度校正系数等，就可以求得防止水库藻类水华的最大水力停留时间。

由于盐龙湖工程区域尚未进行系统的浮游生物调查，藻类初始密度根据文献资料对于叶绿素 a 与藻密度的相关关系近似求得。根据课题组对深度净化区水质的日常监测结果，深度净化区进水口处叶绿素 a 指标值春秋季平均约 5 μg/L，夏季平均约 10 μg/L，则藻密度分别约 3 万 cells/L 和 10 万 cells/L。

根据有关资料，在试验室培养的理想条件下，蓝藻密度在 14～46 d 内可达到"暴发"的水平（2 700 万 cells/L）。同时参照太湖的分级标准，藻密度为 3 000 万 cells/L 是水华预警值，藻密度为 8 000 万 cells/L 是水华爆发值。因此，以 3 000 万 cells/L 为水华的安全预警值。

综合关于淡水藻类的最大生长速率以及有关生长温度的研究成果，各种藻类的生长速率和温度校正系数的取值如表 9-4 和表 9-5 所示。

表 9-4　各种藻类的最大生长速率及有关生长温度

藻　类	最大生长速率 ($\mu_{\max}$/d)	最佳生长温度 (T_{low}/℃)	最低生长温度 (T_{low}/℃)
绿　藻	1.2	25	2
硅　藻	0.6	17	2
蓝　藻	0.8	29	2

表 9-5　藻类生长速率的温度校正系数

温度范围(℃)	温度校正系数
10～20	1.05～1.11
20～25	1.12～1.15

3）防止水华发生的较优水力停留时间测算

根据藻类生长公式，计算出不同水温下藻类密度与水库水力停留时间的关系，绘制曲线如图 9-4。以藻密度 3 000 万 cells/L 为水华的安全预警值，可以得到平均水温在 10℃、15℃、20℃、25℃和 30℃时，防止盐龙湖深度净化区水体发生水华的合理水力停留时间分别为 37 d、21 d、17 d、7 d 和 14 d。但需要注意的是，控制水力停留时间并不能完全解决水库富营养化问题,还需关注如下措施:控制水库整体水力停留时间满足要求的前提下优化库区流态、减少滞流区、增加水体流速和混合程度;在长时间运行后定期清淤,控制水体营养盐浓度;增加摄食者(滤食性鱼类)和竞争者(水生植物)的数量等。通过多种因素共同控制藻类的过度生长。

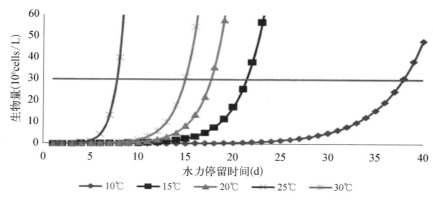

图 9-4　深度净化区藻类生物量与水力停留时间的关系曲线

9.1.4　小结与建议

(1)采用 5 个口门共同向深度净化区进水可较大程度地减少水体在深度净化区中的水力停留时间。在中部 3 个口门流量较大、两侧 2 个口门流量较小工况条件下,在 20 万 m³/d 的进出水规模条件下深度净化区的平均水力停留时间最接近理论水力停留时间(19.5 d)。

(2)在平均水温为 10℃、15℃、20℃、25℃和 30℃时,为防止盐龙湖深度净化区水体发生水华,深度净化区的理论较优水力停留时间分别为 37 d、21 d、17 d、7 d 和 14 d。由于藻类生长与多种因素有关,盐龙湖深度净化区的实际水力停留时间大于上述水力停留时间并不意味着一定会发生水华。在盐龙湖运行时,建议可结合实际供水需求,综合采用进水水量调节、进水口门调度等方法,在保证水质净化效果的同时,最大程度地减少库区水华发生风险。

9.2　生物操纵技术效果研究

在课题研究期间,对以下三方面内容开展了研究工作:① 对盐龙湖自然条件下分布的鱼类群落开展调查工作,摸清鱼类群落结构;② 在掌握盐龙湖自然鱼类群落结构现状的基础上,开展鱼类群落动态调控(投放与捕捞)研究工作;③ 跟踪观测盐龙湖深度净化区鱼类群落结构及动态,根据生产力估算及生物组织氮、磷含量的测定结算,研究生物操纵技术对富营养化防治的实际效果。

9.2.1　研究方法

鱼类群落调查采用定性与定量相结合的调查方式开展。由于不同鱼类在水体中的分布情况有所不同,定性调查采用的方法也有所不同:中上层鱼类调查采用丝网法;中下层鱼类采用地笼法与网簖法。定量调查采用拖网法进行,可将绝大多数不同分布情况的鱼类一并拖出水面。针对盐龙湖管理实际情况,对盐龙湖各功能区均进行了数次调查或捕捞,以此掌握了盐龙湖(蟒蛇河)的鱼类资源以及鱼类生产力情况。

鱼类的投放研究主要在盐龙湖(蟒蛇河)本地鱼类资源调查的基础上,结合专家咨询意见,并在实施后根据鱼类群落生长情况的跟踪调查,按照密度控制原则制定出鱼类的捕捞方案。

生物操纵主要是通过生物链的富集作用来净化水中的营养物质,并通过直接摄食藻类起到防治富营养化的作用。本研究中通过对投放的鲢鱼、鳙鱼的生物量进行统计,计算分析通过捕捞鱼类的方式从水体中带出的氮、磷物质的量,以描述生物操纵对富营养化防控的效果。

9.2.2　原生鱼类群落结构分析

由于盐龙湖为平地开湖,自然条件下的鱼类主要通过原水泵站从蟒蛇河进入。2012~2013年,经数次捕捞与实测调查,发现盐龙湖深度净化区鱼类共计18种,隶属4科15属,以鲤科鱼类居多。各种生态位的鱼类均有分布,从食性上看以杂食性鱼类居多,种类上以中小型鱼类为主,自然情况下出现频率最高的鱼类为鲫鱼、似鳊等杂食性小型鱼类(表9-6)。

表9-6　盐龙湖(蟒蛇河)土著鱼类种类及分布情况

鱼　类	科　属	生态位	食性	体　型	出现频率
草鱼 Ctenopharyngodon idellus	鲤科草鱼属	下层	草食性	大型	+++
乌鳢 Channa argus	鳢科鳢属	下层	肉食性	大型	+
团头鲂 Megalobrama amblycephala	鲤科鲂属	中下层	杂食性	中型	+
鲫鱼 Carassius auratus	鲤科鲫属	底层	杂食性	中型	+++
青梢红鲌 Erythroculter dabryi	鲤科红鲌属	中上层	肉食性	中型	+
翘嘴红鲌 Erythroculter ilishaeformis	鲤科红鲌属	中上层	肉食性	中型	+
蒙古红鲌 Erythroculter mongolicus	鲤科红鲌属	中上层	肉食性	中型	+
红鳍鲌 Culter erthropterus	鲤科红鲌属	中上层	肉食性	中型	+
鲦鱼 Hemiculter leucisculus	鲤科鲦属	上层	杂食性	小型	++
似鳊 Pseudobrama simoni	鲤科似鳊属	中下层	杂食性	小型	+++
刀鲚 Coilia macrognathos	鳀科鲚属	中上层	杂食性	中型	+
青鱼 Mylopharyngodon piceus	鲤科青鱼属	中下层	肉食性	大型	+
鳡鱼 Elopichthys bambusa	鲤科鳡属	中上层	肉食性	大型	r
麦穗鱼 Pseudorasbora parva	鲤科麦穗鱼属	底层	杂食性	小型	++
棒花鱼 Abbottina rivularis	鲤科棒花鱼属	底层	杂食性	小型	+
泥鳅 Misgurnus anguillicaudatus	鳅科泥鳅属	底层	杂食性	小型	+
花(鱼骨)Osteichthyes Cypriniformes	鲤科(鱼骨)属	中、上层	肉食性	中型	+
黄黝鱼 Hypseleotrisswinhonis	塘鳢科黄黝鱼属	底层	肉食性	小型	+

注:+代表分布较少,++代表分布中等,+++代表分布广泛,r代表数量很少。

9.2.3　鱼类投放方案研究

鱼类是维持水生生态系统稳定的重要因子,在水质调控中也起着举足轻重的作用。各种食性的鱼类通过竞争与捕食关系形成了生物链,对特定食性的鱼类进行人工干预,可起到操纵鱼类群落结构、调节水生态系统的作用。在不同食性鱼类之中:滤食性鱼类能够滤食掉水体中的浮游藻类,抑制水华的发生;杂食性鱼类,能够摄食水体中的水草、动植物残体等,从而促进生态系统的物质循环与能量流动;凶猛肉食性鱼类在水体中作为捕食者,在调节水体生态平衡方面起着至关重要的作用。

根据原生鱼类群落调查结果分析,盐龙湖深度净化区鱼类种类较为丰富,生态位多样,在群落组成上以杂食性的中小型鱼类为主,大型凶猛鱼类相对较少,缺少滤食性鱼类。为构建合理、完善的盐龙湖水生态系统,课题组邀请中国科学院水生生物研究所资深专家就盐龙湖生物操纵技术进行了咨询,形成咨询意见如下。

(1) 鱼类是水生生态系统的重要组成部分,盐龙湖工程作为新建的人工湖泊,运用生物操纵的技术原理,通过人为投放滤食性、大型肉食性鱼类调控水生生态系统结构,起到净化水质、促进植物生长和抑制蓝藻水华的作用是必要的。

(2) 深度净化区投放鲢鱼和鳙鱼,投放比例为 7:3,投放规格为 $100\sim150$ g/条,投放生物量按照 25 kg/亩控制;黄颡鱼的投放规格为 $3\sim4$ cm/条,投放密度 $50\sim100$ 条/亩;鳜鱼的投放规格为 50 g/条,投放密度 $2\sim3$ 条/亩。

9.2.4　鱼类生长情况及氮磷去除能力估算

各种食性的鱼类都通过或长或短的生物链参与到水质净化过程当中。水体中的氮、磷等营养物质造就了鱼的机体,最终通过捕捞,以鱼产品的形式移出水体。深度净化区所投放的鲢鱼、鳙鱼的生长速率与当地气候条件、水质条件等多种环境因素有关,采用历次对深度净化区鲢鱼、鳙鱼的投放与捕捞情况对盐龙湖深度净化区鲢鱼、鳙鱼的生长速率进行估算。

(1) 2012 年 7 月投放了一批均重在 150 g 左右鲢鱼、鳙鱼。2013 年 11 月份的捕捞结果显示,经过 15 个月的生长,鲢鱼均重为 1 850 g,生物量增长 1 133% 左右;鳙鱼均重为 2 850 g,生物量增长 1 800%。

(2) 2015 年 2 月对深度净化区进行彻底清捞,结果显示:① 体型较大的鲢鱼、鳙鱼分别可达 6 000 g、6 800 g 左右,推断为 2012 年 7 月投放的鲢鱼、鳙鱼所长成,即经过 30 个月的生长,鲢鱼重量增加 3 900%,鳙鱼重量增加 4 433%。② 中等体型的鲢鱼、鳙鱼分别可达 2 720 g、3 580 g 左右,推断为 2013 年 6 月投放的鲢鱼、鳙鱼所长成,即经过 19 个月的生长,鲢鱼生物量增加 1 713%,鳙鱼生物量增加 2 287%。

综合上述投放捕捞结果,绘制盐龙湖深度净化区鲢鱼、鳙鱼生物量—鱼龄曲线如图 9-5。较高的拟合度表明,均重在 150 g 左右的鲢鱼、鳙鱼投放至深度净化区后其生长速率均有一定的规律可循。

盐龙湖深度净化区调试运行以来累计投放鲢鱼、鳙鱼的生物量约 12.5 t,累计捕捞鲢鱼、鳙鱼的生物量为 122.5 t。调试运行两年以来,共计新增生物量 110 t,平均每年鱼类生产力约为 55 t,估算通过捕鱼每年可带出氮 2.92 t、磷 0.64 t。

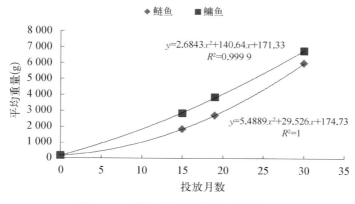

图 9-5 鲢鱼、鳙鱼生物量—鱼龄曲线

9.2.5 小结与建议

(1)盐龙湖深度净化区原生鱼类共计 18 种,隶属 4 科 15 属,以鲤科鱼类居多。种类上以中小型杂食性鱼类为主。

(2)从净化水质、促进植物生长和抑制蓝藻水华角度出发,盐龙湖工程缺少滤食性鱼类和大型肉食性鱼类。可运用生物操纵技术原理,投放鲢鱼、鳙鱼等滤食性鱼类,以及黄颡鱼、鳜鱼等肉食性鱼类。投放生物量近期、远期分别按照 25 kg/亩、50 kg/亩控制。

(3)调试运行期间,盐龙湖工程深度净化区平均每年鱼类生产力约为 55 t,通过捕鱼途径每年可从水体中带出氮 2.92 t、磷 0.64 t。

9.3 循环复氧技术去层化效果研究

9.3.1 研究方法

于 2014 年 4 月天气条件较稳定的时段,选取处于深度净化区湖心、受风浪影响较小的 1♯、5♯ 循环复氧设备作为研究对象,分别在上述设备关闭与开启的状态下,对设备周边区域水体进行分层监测取样,通过对比分析前后的监测数据,验证复氧循环机设备去层化效果。具体试验方案为:在设备开启状态下,以设备为圆心,取 r 为 20 m、50 m 处 2 条垂线,每条垂线取表层 50 cm、底层以上 50 cm 水体样品,对水样 DO、水温两项指标进行测定,取样频率为 24 h,持续 2 次;作为对照,在将设备关停后,于相同取样点对水体再次进行分层取样测定,取样频率为 24 h,持续 3 次。通过设备启闭工况下前后 5 次数据的对比,分析水体分层程度的变化情况。

9.3.2 溶解氧的变化

溶解氧(DO)变化趋势如图 9-6 所示。总体而言,深度净化区水体 DO 表现为上层高、下层低的状态,但在循环复氧设备开启与关闭状态下差异性有所不同,具体表现为:当循环复氧设备处于开启状态时,设备周边 20 m、50 m 范围内的水体上下层 DO 差值为

0.06～0.47 mg/L,差异性较小;设备关停 24 h 后,上下层 DO 差异性迅速增加,差值达到了5.62～5.73 mg/L,表现出上层水体 DO 显著高于下层水体的状态;在设备关停 72 h 后,上下层 DO 差异性较 24 h 有小幅下降,但差值也达到了 3.29～3.37 mg/L,主要因为关停 72 h 当天,受大风天气影响,水面风浪较大,水体的搅动作用有利于水体表层 DO 向底层扩散。

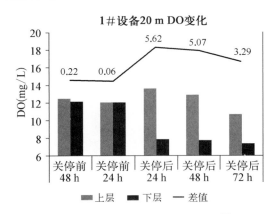 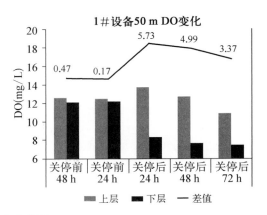

图 9 - 6　DO 变化图

9.3.3　水温的变化

水温变化趋势如图 9 - 7 所示。深度净化区水体温度主要受到太阳辐射影响,先由水体表层吸收大量热能,再通过扩散进入低温的下层环境。总体而言,与 DO 指标类似,深度净化区水体温度一般表现为上层高、下层低的状态,但在太阳能循环复氧设备开启与关闭状态下差异性有所不同,具体表现为:当设备处于开启状态时,由于设备的运行使上下层水体交换有加速作用,使整个深度净化区水体的热量分布相对均匀,设备周边 20 m、50 m 范围内的表层与底层的水体温度差值在 0.1～0.8℃左右;设备关停 24 h 后,水体上下层温度差值迅速拉升,达到了 2℃左右并相对稳定;至关停 72 h 当天,即使出现了大风天气,也未对水温分层现象有所缓解。

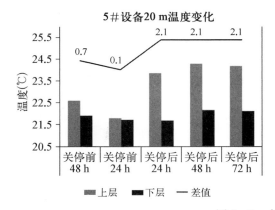 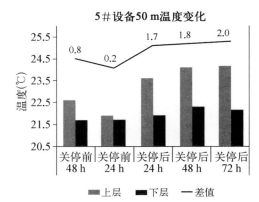

图 9 - 7　水温变化图

9.3.4　小结与建议

深度净化区设计安装的循环复氧设备有利于实现库区上、下层水体的混合,使水体DO 与水温等指标在垂向上趋于均匀化,能有效防止出现水体分层现象,对底层水体缺氧导致的底泥污染释放、表层水体温度较高导致的藻类堆积等问题可起到缓解作用。建议循环复氧设备可保持常年开启,并适时调整循环复氧设备的平面点位,对处于下风向的库区等藻类容易产生并堆积的区域进行重点防治。

第十章　特殊工况应急调度方案

　　盐龙湖工程自 2012 年 6 月底通水运行以来,总体水质净化效果良好,运行效果稳定。但在运行过程中受外河水质、新建水生态系统组成波动的影响,也经历了大大小小若干次的突发性或非正常的事件。课题研究过程中对这些事件的发生过程进行了记录,并对课题研究期间蟒蛇河原水水质的变化情况进行了梳理。对于具有航运功能的地表水水源,结合蟒蛇河水系的上下游情况进行分析,在禁止焚烧秸秆的政策下,原水中常规水质指标在汛期,特别是在首汛期间,将会持续增大,远超设计水质;同时,上游排污口偷排或者运输船舶泄露、沉船等突发性事件的发生,都会对水源地水质产生重大影响和危害。因此,本章对于可能产生的特殊工况进行应急调度研究,提出具体的应对措施,并总结应对措施的实施效果,为今后盐龙湖在运行过程中发生类似事件的决策提供参考。

10.1　原水水质恶化调度方案研究

10.1.1　汛期水质恶化情况分析

　　在盐龙湖工程调式研究期间,通过水质取样记录到了两次完整的蟒蛇河原水汛期水质恶化现象。其中:① 2013 年 7 月初,随着蟒蛇河上游地区普降暴雨,受农业面源污染物大量冲刷入河影响,蟒蛇河原水急剧恶化,各项主要污染指标达到了近年的峰值水平;② 2014 年盐城地区阴雨天气持续时间较长,从当年 6 月下旬起至 9 月下旬,蟒蛇河原水水质持续较差,虽然水质总体上相对 2013 年夏季要好,但超标时间长达上百天。

　　这两次原水水质变差都是在汛期发生的,由上游农业面源污染通过地表径流冲刷入河而造成,具有一定的周期性。污染特征表现为:上游出现暴雨天气后的数天内,蟒蛇河原水中的 COD_{Mn}、TP、NH_3-N、TN、叶绿素 a 等指标浓度较前期有大幅上升,按照《地表水环境质量标准》(GB 3838—2002)评价,原水 COD_{Mn} 通常可达Ⅳ～Ⅴ类、TP 为Ⅴ类(河道)、NH_3-N 为Ⅳ类、TN 为Ⅴ类(湖库)。

10.1.2　应对方案

　　(1) 2013 年 7 月初,根据天气预报盐城地区将有暴雨,据以往经验判断,初次暴雨时蟒蛇河水体会携带大量污染物,为避免高负荷污染物质进入盐龙湖内,对蟒蛇河原水泵站采取了关停措施,停泵工况持续了 7 天。停泵期间,利用盐龙湖深度净化区库容向自来水厂持续正常供水。

　　(2) 2014 年 7～9 月,由于蟒蛇河原水持续性较差,无法持续通过盐龙湖的库容供水,且各类水生动植物的正常生长也需要一定的水位与水流条件。在原水水质长期较差的情况下,完全停止盐龙湖的进水将无法保持市区供水水量要求,而且会使水生生态系统受到破坏。因此按照"好水多进、差水少进"的原则,通过加密水质的监测频次以及时掌握原水水质的变化情况,采用错峰进水的方式进行调度。一方面减少进水污染负荷,减轻其对生态净化工艺的高负荷冲击;另一方面充分利用盐龙湖的调蓄能力,在保证生态系统正常水位需求的情况下确保盐龙湖进、出水量的动态平衡。在实际操作过程中,盐龙湖根据蟒蛇河原水水质的实际监测情况动态调整进水水量,将每日进水水量控制在 5 万～20 万 m³。

10.1.3 小结与建议

(1)连续停泵措施。2013 年 7 月采用的停泵 7 天的应对方案表明:深度净化区取水口处的各项指标均可控制在地表Ⅲ类水质标准,但除了深度净化区,其他净化区水体均不流动,停泵期间挺水植物区和沉水植物区水体都有不同程度的水质超标现象。因此,从整个盐龙湖工程运行角度考虑,即使在汛期原水恶化的情况下也不宜完全长时间停泵,可通过减少开启泵的台数和开启时间,充分利用盐龙湖工程的净化能力,在保证水质处理效果的前提下,仍维持一定的进水水量,以满足盐龙湖工程系统正常运行的需要。

(2)错峰进水措施。2014 年 7～9 月,蟒蛇河原水持续较差时间持续了 100 多天,在采取错峰进水措施后,虽然深度净化区出水水质的 TP 与 COD_{Mn} 相比以往有所提高,但仍可满足地表Ⅲ类水标准,一方面确保了市区水厂的达标取水;另一方面也使盐龙湖工程各净化区水体处于更新状态,有利于生态系统的稳定。

10.2 原水化学污染应急调度方案研究

蟒蛇河上游扬州市宝应县地区的农药厂、化工厂等污染型企业较多,加之蟒蛇河为盐城地区重要的通航河道,上游污染型企业的污水泄漏、偷排以及通航船只(特别是危险化学品运输船)事故等,均可能导致蟒蛇河原水发生化学污染。历史资料表明,蟒蛇河原水污染事故时有发生,尤其是 2009 年发生的"2·20 特大水污染事故",造成了盐城市区长时间停水,一度给社会造成了很大影响。为保障盐龙湖的供水安全,必须采取措施对原水发生化学污染情况进行预警,并能及时采取应对措施保障工程的供水安全。

10.2.1 原水化学污染情况分析

盐龙湖工程调试运行期间,共记录到两次影响较大的原水化学污染事故,其中 2013 年 9 月蟒蛇河上游装有化学品的运输船只倾覆导致的化学污染事故,导致原水污染持续约 10 天;2014 年 5 月蟒蛇河上游某化工厂泄露发生的化学污染事故,导致原水污染持续约 7 天。

10.2.2 预警方案

蟒蛇河原水化学污染的预警主要包括环保部门的指令预警、蟒蛇河泵站水质自动监测系统预警、工作人员定时的色味观测预警以及上游鱼类等水生动物活动表征预警四方面。

1）环保部门的指令预警

由于污染事故的发生地点大多在盐城市域以外，原水化学污染的预警主要依靠政府环保部门的水质监控网，盐龙湖工程管理人员应保持与环保部门的密切沟通。在接收到上游污染事故的预警信号后，要立即采取应对措施，如在受污染水体流至取水点的前期，通过对原水泵站的调度，加大盐龙湖工程的蓄水量，做好利用库容向盐城市区水厂持续供水的准备。

2）蟒蛇河泵站水质自动监测系统预警

蟒蛇河原水泵站取水点处设置了水质自动监控系统，主要监测指标为 COD_{Mn}、$NH_3 - N$、TP、TN 及挥发酚等，由于一般化学品中常含有挥发酚，当水质自动监控系统中挥发酚指标异常升高时，应立即采取停泵措施。由于指标异常也有可能是由于自动监测系统故障原因引起的，因此需进行进一步的确认排除。若排除污染事故影响，可恢复进水。

3）泵站工作人员定时的色味观测预警

由于原水受到的化学污染物大多为非常规监测指标，因此蟒蛇河泵站工作人员应每30 分钟对原水进行一次水体色度及嗅和味指标的检测，若发现指标异常问题，立即采取停泵措施，并进行进一步检测分析是何种原因引起的上述指标异常，若排除有毒有害的污染物影响，且指标异常问题停止，可恢复进水。

4）上游鱼类等水生动物活动表征预警

鱼类等水生动物是水质受到化学污染的第一受害者，若蟒蛇河上游河道中鱼类等水生动物发生活动异常或死亡的现象，应采取停泵措施，并分析鱼类死亡的原因。若排除有毒有害的污染物影响，且指标异常问题停止，可恢复进水。

10.2.3 应对方案

当上游原水发生化学污染后，根据污染带与取水口的位置关系进行判断，若污染带离上游较远，可立即加大进水量进行适当补水，以增加盐龙湖的供水储量；若污染带已接近或到达取水口位置，应立即停止进水。待确认污染影响结束后，再恢复蟒蛇河泵站的正常进水。

10.2.4 小结与建议

切断污染源、暂停取水是应对蟒蛇河原水化学污染的最为有效与保险的方案。2013年 9 月持续约 10 天、2014 年 5 月持续约 7 天的两次较大的化学污染事故，都是由环保部门与水质检测人员鼻闻口尝发现的，随即采用了立即关闭泵站的措施，并利用盐龙湖调蓄库容向盐城市区水厂正常供水，待环保部门通知预警解除后再恢复正常进水。通过上述应对方案，盐龙湖运行两年多以来没有出现因外河化学污染的影响而造成供水中断事故，保障了社会的和谐稳定。

10.3 原水冬季 TN 超标应对方案研究

由于蟒蛇河为河道型水源地，《地表水环境质量标准》(GB 3838—2002)对河道水体的TN 指标不作具体要求，而《生活饮用水卫生标准》(GB 5749—2006)、《城市供水水质标准》(CJ/T 206—2005)中对 $NH_3 - N$(<0.5 mg/L)及硝酸盐氮(<10 mg/L)等规定了标

准限值,但未对 TN 作控制要求。根据蟒蛇河原水水质的历史资料,每年冬季蟒蛇河原水中 TN 指标将会有所上升,受气候条件限制,在冬季即使进入盐龙湖的原水 TN 略高,也不会出现大面积藻类发生的情况。但从来年富营养化防治角度,仍需要对水体 TN 进行一定控制。

10.3.1　原水冬季 TN 超标情况分析

以 2013 年冬季为例,对盐龙湖各功能区水体氮素形态进行分析。2013 年 11 月,在 20 万 t/d 进水量、挺水植物区单组运行工况下,对盐龙湖各区水质进行氮素形态进行分析发现:① 蟒蛇河原水 TN 为 1.63 mg/L(湖库 V 类),其中有机氮约占 TN 的 55%,硝氮为 32%,氨氮为 10%,亚硝氮为 2%;② 预处理区出水 TN 略有上升,但从不同氮素形态上看,与原水基本一致,说明预处理区在冬季对原水 TN 基本无处理效果;③ 挺水植物区(单组运行)对 TN 有一定改善,根据不同形态 TN 的变化趋势可以看出,挺水植物区主要是对无机氮有一定的去除,但对有机氮基本无去除作用;④ 沉水植物区出水的 TN 无论从形态还是总量上与挺水植物区几乎一致,说明该区域对 TN 也没有明显的去除效果;⑤ 深度净化区 TN 有较大的降幅,主要是由于有机氮无论从百分比还是绝对值上明显低于前工艺出水,说明深度净化区对 TN 的去除主要是依靠生态系统的自净与大水体稀释能力(图 10 - 1、表 10 - 1)。

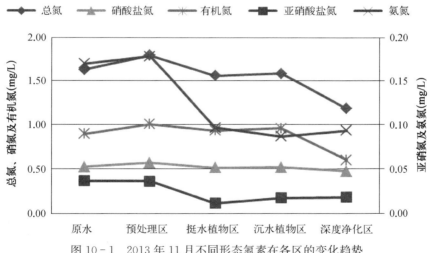

图 10 - 1　2013 年 11 月不同形态氮素在各区的变化趋势

表 10 - 1　各区域氮素的组成

采 样 点	总 氮	亚硝酸盐氮	硝酸盐氮	氨 氮	有机氮
原 水	100%	2%	32%	10%	56%
预处理区出水	100%	2%	32%	10%	56%
挺水植物区出水	100%	1%	33%	6%	60%
沉水植物区出水	100%	1%	33%	5%	61%
深度净化区出水	100%	2%	40%	8%	50%

2013 年 12 月,在 30 万 t/d 进水量、挺水植物区单组运行工况下,对盐龙湖各区水质进行了不同形态氮素的分析:① 原水 TN 为 2.09 mg/L(湖库劣 V 类),其中有机氮约占 TN 的 47%、硝氮为 26%、氨氮为 25%、亚硝氮为 2%;② 预处理区对 TN 无明显去除,但氨氮有所降低,同时有机氮又有所升高;③ 挺水植物区发生了一定程度的硝化-反硝化作用,使无机氮含量有所降低,但有机氮在此期间反而上升;④ 沉水植物区氨氮含量有所降低,但出现了硝态氮积累,相比前期主要是有机氮有所增加;⑤ 深度净化区出水 TN 有一定程度降低,相比原水主要是氨氮的降低(图 10-2、表 10-2)。

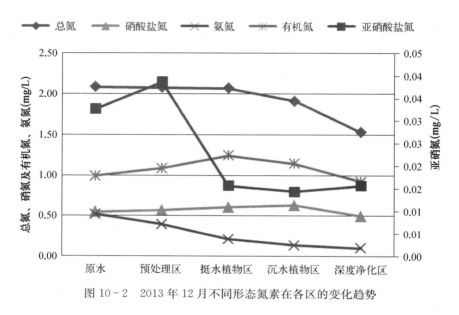

图 10-2 2013 年 12 月不同形态氮素在各区的变化趋势

表 10-2 各区总氮的组成

	总 氮	亚硝酸盐氮	硝酸盐氮	氨 氮	有机氮
原 水	100%	2%	26%	25%	47%
预处理	100%	2%	27%	19%	52%
挺 水	100%	1%	29%	10%	60%
沉 水	100%	1%	32%	7%	60%
深 度	100%	1%	33%	6%	60%

10.3.2 不同工况下各区对氮素净化效果比较

将 2013 年 11 月及 12 月盐龙湖全流程水质净化效果进行对比,发现 TN 不仅仅来源于原水本身,而且还出现了挺水植物区反向水体释放溶解性有机氮的现象,从沉水植物区和深度净化区大水体的 TN 中形态上看,也出现了有机氮积累(表 10-3)。因此,对挺水植物区的工况调整是应对冬季 TN 超标的关键。

表 10-3　不同工况下各区对氮素的效果比较

	11月下旬	12月中旬	对比情况分析
运行工况	20万 t/d,挺水植物区单组运行	30万 t/d,挺水植物区单组运行	在挺水植物区单组工况不变下,进水水量增加了50%
原水	TN为1.63 mg/L(湖库Ⅴ类),其中有机氮约占TN的55%、硝氮为32%、氨氮为10%、亚硝氮为2%	TN为2.09 mg/L(湖库劣Ⅴ类),其中有机氮约占TN的47%、硝氮占26%、氨氮占25%、亚硝氮占2%	TN有所上升,主要是由于 NH₃-N与有机氮的增幅明显
预处理区	对原水TN基本无处理效果,各类氮素形态完全一致	对原水TN基本无处理效果,对 NH₃-N有一定降低,对有机氮反而升高	对原水TN基本无处理效果,主要是有机氮与氨氮的转化过程
挺水植物区	对TN有一定改善,主要是对不同形态的无机氮有一定的去除,但对有机氮基本无去除作用	对来水TN基本无处理效果,对 NH₃-N有一定去除,但有机氮反而升高,抵消了TN去除效果	植物的凋亡向水中释放了有机氮,抵消了本身已较微弱的无机氮去除效果
沉水植物区	与挺水植物区出水几乎一致,对TN无去除效果	TN有一定降低,相比挺水植物区出水发生了少量氨氮的硝化作用,有机氮一定降低	有机氮在绝对值已明显高于前期,挺水植物区有机氮释放已影响到深度区大水体
深度净化区	TN有较大的降幅,主要是由于有机氮无论从百分比还是绝对值上明显低于前工艺出水	TN有较大的降幅,主要是由于有机氮与硝态氮无论从百分比还是绝对值上低于前工艺出水	有机氮在绝对值已明显高于前期,挺水植物区有机氮释放已影响到深度区大水体

10.3.3　挺水植物区冬季脱氮效果强化研究

采用2013年2～4月、2013年11月～2014年3月期间共计82组挺水植物区进出水数据分析影响该区冬季对TN去除的因素。水质分析指标为:总氮(TN)、氨氮(NH₃-N)、水温以及pH等。在试验过程中对湿地的运行工况进行了同步记录。试验期间挺水植物区连续进水运行,进水负荷根据调度需求不断调整,日进水量10万～40万 m³/d,水温变化幅度为3～15℃。

挺水植物区的脱氮效果在低温季会受到多方面因素的制约。采用多元逐步回归分析法分别对挺水植物区出水的TN、NH₃-N浓度建立线性回归模型进行多因素分析。结果表明,挺水植物区出水TN、NH₃-N浓度的最佳模型均有显著的统计学意义,其 R^2 较相应的一元回归模型均有明显提升,最佳模型中的相应系数结果见表10-4。

表 10-4　回归模型中挺水植物区出水 TN、NH₃-N 浓度与环境因素之间的系数

模型编号	污染物	模型 R^2	环境因素在最佳模型中的系数						
			常量	运行面积	植物收割	进水负荷	水温	pH	TN进水浓度	NH₃-N进水浓度
1	TN	0.914		−0.340		0.009	−0.024		0.946	
2	NH₃-N	0.779	0.102				−0.011			0.607

注:空白表明该外界因素在模型中对应的系数或常量无显著性。

在模型1中,与湿地TN出水浓度有显著相关的外部因素有:湿地运行面积、进水负

荷、温度以及 TN 进水浓度,其中影响程度最大的为 TN 进水浓度,其次为湿地运行面积,进水负荷与温度影响较小。TN 的出水浓度与湿地运行面积及温度呈现显著的负相关,而与进水负荷以及 TN 进水浓度则为显著正相关。植物收割、pH、NH_3-N 进水浓度等因素不具备显著性而被模型自动剔除。

在模型 2 中,与湿地 NH_3-N 出水浓度显著相关的外部因素是温度与 NH_3-N 进水浓度,其中进水浓度的影响程度最大,温度的影响较小。NH_3-N 出水浓度与温度呈显著负相关,而与 NH_3-N 进水浓度呈显著正相关。湿地运行面积、植物收割、进水负荷、pH、TN 进水浓度等因素不具备显著性而被模型自动剔除。

在对表流湿地脱氮效果产生显著影响的外部因素中,湿地运行面积与进水负荷为可控因素。而对于水位条件一定的表流湿地而言,运行面积与进水负荷的联合效应又可等同于水力停留时间(HRT)的概念,因此对湿地运行面积与进水负荷进行调整,实际上是从不同的操作层面对 HRT 进行调整。研究期间,盐龙湖表流湿地的平均水深为 0.4 m 左右且变化不大,因此可将湿地运行面积与进水负荷换算成 HRT。对表流湿地不同 HRT 条件下相应的 TN 及 NH_3-N 去除率进行统计分析,结果见图 10-3。

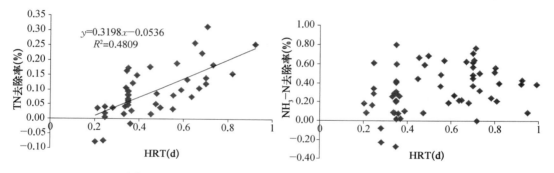

图 10-3　HRT 与表流湿地对 TN、NH_3-N 去除率的关系

随着 HRT 的增加,表流湿地对 TN 的去除率有明显的上升趋势。当 HRT 分别为 <0.5 d、0.5 d~1 d 时,TN 的平均去除率分别为 6%、17%,NH_3-N 的去除率没有明显随 HRT 变化的趋势,这说明 NH_3-N 的转化过程在低温季仍较为迅速,但转化机理可能更为复杂;当 HRT 分别为 <0.5 d、0.5 d~1 d 时,NH_3-N 的平均去除率分别为 26%、41%。

10.3.4　小结与建议

(1) 对挺水植物区的工况调整是应对冬季 TN 超标的关键。显著影响挺水植物区出水 TN 浓度的环境因素有湿地运行面积、进水负荷、温度以及进水浓度,其中影响程度最大的为 TN 进水浓度(正相关),其次为运行面积(负相关),进水负荷(负相关)与温度(负相关)影响较小。显著影响表流湿地出水 NH_3-N 浓度的因素为温度与进水浓度,其中影响程度最大的为进水浓度(正相关),温度(负相关)影响较小。

(2) 随着 HRT 的增加,挺水植物区对 TN、NH_3-N 的去除率有上升趋势,当 HRT 从 <0.5 d 延长到 0.5 d~1 d 时,TN、NH_3-N 的平均去除率分别由 6% 与 26% 提升到 17% 与 41%。

（3）除对挺水植物区运行工况进行调整以外，建议还可采取以下措施应对冬季外河TN超标：① 采用合理的进水调度，尽量避免在原水TN过高时对盐龙湖高水力负荷进水；② 增强预处理区沉淀、拦截与吸附功能，让原水中颗粒性有机氮尽可能在工艺前端予以去除；③ 由于原水的TN中有机氮成分含量较高，相比无机氮其去除过程更为漫长，可尽量抬高沉水植物区和深度净化区的水位，通过延长水力停留时间，进一步提高TN去除率。

第四篇

工程运行指导篇

为加强盐龙湖饮用水水源地保护，保障市区饮用水源安全，科学规范地指导盐龙湖日常运行管理维护工作的开展，根据《中华人民共和国水法》《中华人民共和国水污染防治法》《江苏省人民代表大会常务委员会关于加强饮用水水源地保护的决定》等有关法律法规及盐城市人民政府颁发的《关于印发盐城市市区生活饮用水安全管理办法的通知》《盐城市盐龙湖饮用水水源地管理办法》等规定，结合盐龙湖饮用水水源地调试运行以来的实际情况，编制工程运行指导篇章，以指导和规范在盐龙湖饮用水水源地范围内从事生产作业活动以及相关监督管理等行为。本篇章由盐龙湖工程常规和特殊工况调度运行、生态环境监测、生态系统管护、主要设备设施操作规程等内容组成。

第十一章　常规及特殊工况调度运行

常规工况调度运行,是指在全年大多数时段,盐龙湖工程各功能区依次串联、全幅运行,各区的水位、流速、流量等运行参数均保持在正常工况条件下的调度运行方式。特殊工况调度运行,是指盐龙湖工程各功能区因管理维护需要,或在应对各类突发事故期间,对盐龙湖工艺流程进行暂时性的超越、单组运行等调整,各区水位、流速、流量等水文条件有别于正常工况的调度运行方式。

11.1　总 体 要 求

(1) 基于盐龙湖工程的设计条件开展盐龙湖的运行调度,使工程总体上满足水量供取平衡、出水水质达标及生态稳定运行的需求。

(2) 根据蟒蛇河原水水质的变动情况,结合生态净化工艺的处理效果,充分利用盐龙湖生态系统的缓冲作用与水量调蓄功能,合理调整运行工况,尽量避免工况频繁变动。

(3) 当蟒蛇河突发污染事故时,应及时切断盐龙湖与外界污染源的联系,利用库区蓄水向盐城市区供水,确保饮用水供水安全。待环保部门确认污染消除后再恢复正常进水。

(4) 关注天气变化及蟒蛇河原水水质变化,如工程上游出现暴雨、台风等恶劣天气,须加密对外河水质的监测工作,根据外河水质确定原水泵站的启闭和进水量,避免污染物超负荷进入盐龙湖。

(6) 预处理区分为内圈和外圈两组,一般情况下两组并联运行,如需对预处理区其中的一组进行人工介质维护、底泥清理、鱼类捕捞时,可采用单组运行。

(7) 挺水植物区分为东组和西组,一般情况下两组并联运行,如需对挺水植物区其中的一组进行维护,可采用单组运行。

11.2　常规工况调度运行

在盐龙湖常规工况调度运行时期,按照设计工艺流程将蟒蛇河原水经原水泵站一次提升后,依次经过预处理区、挺水植物区、沉水植物区及深度净化区处理,由设置在深度净化区出水口的输水泵站向市区水厂供水。

11.2.1　蟒蛇河原水泵站调度运行

蟒蛇河原水泵站调度主要考虑蟒蛇河原水的水质状况、盐龙湖取水泵站的供水量和盐龙湖各区的水位情况等因素。

(1) 蟒蛇河原水的水质状况。当接到环保部门通知外河发生化学污染事件或水质自动监测站检出挥发酚超标时立即停泵;其他主要指标被检出远远超出设计指标时,分析原因后根据具体情况确定是否停泵。待污染事故影响结束后再开启水泵。在每年汛期蟒蛇河水质严重恶化的时段,在确保供水量的前提下,尽量减少水泵的开启台数及开启时间,仅需维持盐龙湖生态系统正常运行的进水量。

(2)保证盐龙湖取水泵站的供水量。正常情况下,蟒蛇河原水泵站的取水量应与盐龙湖取水泵站的供水量保持动态平衡。

(3)维持盐龙湖各区的正常水位。在盐龙湖各区水位较低或较高的情况下,可根据需要增加或减少水泵的开启台数及开启时间,当深度净化区水位达到1.75 m时,停泵。

(4)蟒蛇河不同水位条件、不同供水量要求下原水泵站运行工况建议如表11-1。

表 11-1　不同时段下原水泵站开启方案

水位条件	供水量(万 m³/d)	开 启 方 案
枯水期	10	1 台泵开启 11.8 h(6:00～18:00)
	20	1 台泵开启 23.5 h(全天);或 1 台泵开启 20 h(7:00～次日 3:00),另 1 台泵开启 4 h(10:00～14:00)
	30	1 台泵开启 20 h(7:00～次日 3:00),另 1 台泵开启 16 h(7:00～23:00)
	40	2 台泵开启 23.7 h(全天)
平水期	10	1 台泵开启 11.5 h(6:00～18:00)
	20	1 台泵开启 23.1 h(全天);或 1 台泵开启 20 h(7:00～次日 3:00),另 1 台泵开启 3.5 h(10:00～13:30)
	30	1 台泵开启 20 h(7:00～次日 3:00),另 1 台泵开启 15 h(7:00～22:00)
	40	2 台泵开启 23.3 h(全天)
丰水期	10	1 台泵开启 11.3 h(6:00～18:00)
	20	1 台泵开启 22.6 h(全天);或 1 台泵开启 20 h(7:00～次日 3:00),另 1 台泵开启 3 h(10:00～13:00)
	30	1 台泵开启 20 h(7:00～次日 3:00),另 1 台泵开启 14.5 h(7:00～21:30)
	40	2 台泵开启 22.9 h(7:00～次日 6:00)

11.2.2　预处理区调度运行

(1)正常运行时,预处理区常水位一般维持在 3.2～3.4 m,其水位一般受原水泵站取水量以及溢流堰 2 顶高程(3.2 m)控制。

(2)内外圈均进水,两组并联运行。

(3)根据进水水量调节溢流堰 1 上的可调节式挡水堰板,使进水均匀进入预处理区。

(4)当蟒蛇河原水 DO 低于 2.0～3.0 mg/L 时,微泡增氧机需要全天开启,其他时段可结合实际情况适当开启。

(5)用于预处理区放空的涵闸 1、涵闸 7 处于关闭状态。

11.2.3　挺水植物区调度运行

(1)挺水植物区 18 个滩面全部通水运行,常水位保持在 2.7～2.9 m。挺水植物区的水位调整主要通过南、北两侧收集干渠末端的溢流调节闸的升降来实现。一般情况下,冬季可将挺水植物区水位控制在 2.9 m 左右,春季将水位控制在 2.7 m 左右,夏秋季可控制在 2.8 m 左右。

(2) 通过调整配水闸开启度控制各滩面的进水水量,使 18 个滩面的水力停留时间基本保持一致。

(3) 保持挺水植物区收集总渠上的 3 个联通涵管的开启状态,使挺水植物区一部分水直接进入沉水植物区末端,改善沉水植物区导流堤东北部的水体流态。

11.2.4　沉水植物区调度运行

(1) 正常运行时,沉水植物区通过跌水增氧堰溢流进水,通过涵闸 2~6 向深度净化区出水,常水位维持在 1.8 m 左右。

(2) 为维持沉水植物区水位条件,应根据涵闸 2~6 上下游水位条件,动态调整各涵闸的开启度,使沉水植物区进、出水需达到平衡状态。

11.2.5　深度净化区调度运行

(1) 深度净化区向市区水厂供水,水位受进、出水量的控制,常水位为 1.4 m 左右。

(2) 调节涵闸 2~6 的进水流量,保持各个口门的进水流量基本一致,也可根据实现情况对某处涵闸的流量进行适当调整以改善局部区域的水体流态。

(3) 当深度净化区水位低于 0.5 m 时,应关闭涵闸 4、5、6,由涵闸 2 和涵闸 3 进水。

(4) 在夏季高温天气,调整深度净化区水位高于外河水位,开启溢流管,将表层水体溢流排入附近河道。

(5) 太阳能循环复氧机常态化开启运行。

11.3　特殊工况调度运行

11.3.1　预处理区单组运行

(1) 适用于预处理区清淤、鱼类捕捞、水下设备设施检修等特殊时期。

(2) 单组运行前,应暂停原水泵站进水,采用袋装土或其他阻水临时设施将需要封闭的一侧的进水口及出水口封堵,封堵高度不低于 3.5 m,检测封堵效果后再恢复原水泵站进水。

(3) 为保证供水安全与水质净化效果,预处理区单组运行时期应尽量利用盐龙湖的蓄水库容供水,减少原水泵站进水量,不宜集中大量进水。

(4) 关闭不进水组的增氧机。

(5) 单组运行时间宜小于 7 d,维护结束后应立即恢复双组运行。

11.3.2　预处理区放空

(1) 适用于预处理区水质污染、清淤、鱼类捕捞、水下设备设施检修等特殊时期。

（2）双组均需放空时，应停止原水泵站进水，开启涵闸1、7。当仅需一侧放空时，应采用袋装土或其他阻水临时设施将需要封闭的一侧的进水口及出水口封堵，封堵高度不低于3.5 m高程，检测封堵效果后再恢复原水泵站进水，并开启对应的涵闸将水体外排。

（3）通过涵闸1、7，最低可将水位放至1.7 m高程，如需进一步放空水体，可采用临时水泵抽水向外河排放。

（3）关闭放空侧的增氧机。

（4）单组运行时间应小于7 d，维护结束后应立即恢复双组运行。

11.3.3 挺水植物区单侧运行（干湿交替）

（1）适用于挺水植物区滩面植物收割、晒滩、水质异常等特殊时期。

（2）挺水植物区进行单侧运行（干湿交替）之前，应暂停原水泵站进水，关闭放空侧的9座配水闸，在（20～40）万 m³/d进水量条件下，运行侧的9个配水闸的开启度见下表，在（50～60）万 m³/d进水量条件下，所有配水闸的开启度均为90°（表11-2）。

表 11-2　单侧运行时各配水闸门进水流量及开启角度建议值（1～2泵开启工况）

配 水 闸	2.7 m水位	2.8 m水位	2.9 m水位
A1	60°	70°	75°
A2	40°	50°	50°
A3	55°	65°	70°
A4	45°	50°	55°
A5	45°	55°	60°
A6	50°	55°	65°
B1	70°	75°	75°
B2	65°	70°	70°
B3	70°	75°	80°
B4	70°	75°	75°
B5	55°	80°	80°
B6	75°	80°	80°
C1	90°	90°	90°
C2	90°	90°	90°
C3	90°	90°	90°
C4	90°	90°	90°
C5	90°	90°	90°
C6	90°	90°	90°

（3）调节运行侧的溢流调节闸闸顶至 3.1 m 高程，蓄住运行侧的水量；敞开放空侧溢流调节闸，开启涵闸 9、10 进行放空。放空完成后，将放空侧溢流调节闸闸顶抬升至 3.1 m，关闭涵闸 9、10，敞开运行侧的溢流调节闸，启动原水站泵单组运行。

（4）根据挺水植物区植物维护管理需要，以及滩面干化需要，每年定期开展露滩干湿交替工作，露滩运行方式同放空运行。干湿交替的时间一般安排在每年 11～12 月植物收割时期、4～5 月份植物萌发时期，宜安排在外河水质较好时开展。

（5）秋冬季植物收割的单侧运行（干湿交替）时间不宜长于 30 天，春夏季单侧运行（干湿交替）时间不宜长于 15 天。

11.3.4　超越沉水植物区供水

（1）适用于沉水植物区水生植物收割、捕鱼、清淤等封闭式维护的特殊时期。

（2）开启涵闸 8，将挺水植物区出水直接排至输水明渠，再通过涵闸 4、5、6 进入深度净化区。

（3）超越沉水植物区供水时，控制收集总渠的水位在 2.7 m 高程以下，保持涵闸 9、10 处于关闭状态。

11.3.5　沉水植物区放空

（1）适用于沉水植物区水质异常、开展沉水植物补种、鱼类清捕等特殊时期。

（2）沉水植物区水体因水质异常无法排入深度净化区时，通过输水明渠末端的溢流管向外河排放，此时应关闭原水泵站，利用深度净化区蓄水库容向市区水厂供水。沉水植物区水体放空后，恢复正常工况。

（3）沉水植物区开展植物补种、鱼类清捕等工作时，将该区水体通过涵闸 2～6 向深度净化区尽可能排至高程 0.5 m 后，关闭涵闸 2、3 及输水井，挺水植物区超越供水。

11.3.6　深度净化区放空

（1）适用于深度净化区水质发生异常、无法满足向市区水厂供水要求的特殊时期。

（2）关闭盐龙湖原水泵站、涵闸 2～6，启用蟒蛇河备用泵站向水厂供水。

（3）开启取水泵站放空管，将库区水体向外河排放。

（4）水体放空结束后，开启原水泵站向深度净化区进水，水位达到供水要求后，恢复盐龙湖正常运行工况，向市区水厂供水。

11.4　调度运行工况汇总

以盐龙湖工程近期供水规模（30 万 m³/d）为例，分别在一般情况、不同季节以及各功能区常规管护时期条件下，对分布在盐龙湖工程各功能区的可控设备调度方案进行梳理汇总，见表 11-3。

表 11-3 盐龙湖常规运行不同时期调度方案汇总表(以 30 万 m³/d 供水规模为例)

序号	功能区	设备	一般情况下	春季(植物萌发期)	夏季(营养化防控期)	秋季(植物晒滩期)	冬季(植物收割期)	预处理区单圈维护	挺水植物区单侧维护	沉水植物区维护	深度净化区维护
1		原水泵站(水泵4用1备)	开启2台,开启17小时,6:00~22:00	1台泵开启20 h(7:00~次日3:00),另1台泵开启15 h(7:00~22:00)	1台泵开启20 h(7:00~次日3:00),另1台泵开启14.5 h(7:00~21:30)	1台泵开启20 h(7:00~次日3:00),另1台泵开启16 h(7:00~23:00)	1台泵开启20 h(7:00~次日3:00)	1台泵开启20 h(7:00~次日3:00)	1台泵开启20 h(7:00~次日3:00)	1台泵开启20 h(7:00~次日3:00)	1台泵开启20 h(7:00~次日3:00)
2		水质自动监测站	2~4小时测量一次	2~4小时测量一次	2~4小时测量一次	2~4小时测量一次	2~4小时测量一次	2~4小时测量一次	2~4小时测量一次	2~4小时测量一次	2~4小时测量一次
3	预处理区	控制水位高程	3.4 m	3.4 m	3.4 m	3.4 m	3.4 m	3.2 m	3.2 m	3.2 m	3.2 m
		微孔增氧机(12台)	上下午各开启2 h	上下午各开启2 h	上午3 h,下午4 h	关闭	关闭	维护时关闭	上下午各开启2 h	上下午各开启2 h	上下午各开启2 h
		涵闸1	关闭	关闭	关闭	关闭	关闭	单圈维护时开启	关闭	关闭	关闭
		涵闸7	关闭	关闭	关闭	关闭	关闭	单圈维护时开启	关闭	关闭	关闭
4	生态湿地净化区	挺水植物区控制水位高程	2.9 m	2.7 m	2.9 m	2.2 m	2.2 m	2.9 m	维护组2.2 m,不维护组2.9 m	2.9 m	2.9 m
		沉水植物区控制水位高程	2.0 m	1.5 m	2.0 m	1.5 m	1.5 m	1.8 m	1.5 m	1.0 m	2.0 m

续表

序号	功能区	设备	一般情况下	春季（植物萌芽期）	夏季（富营养化防控期）	秋季（植物晒滩期）	冬季（植物收割期）	预处理区单圈维护	挺水植物区单侧维护	沉水植物区维护	深度净化区维护
4	生态湿地净化区	配水总渠配水闸	全部开启	全部开启	全部开启	分两组轮流开启	分两组轮流开启	全部开启	维护组关闭，不维护组开启	全部开启	全部开启
		溢流调节闸2座	全部打开	启用调节	全部打开	启用调节	启用调节	全部打开	维护区启用调节，不维护组打开	全部打开	全部打开
		涵闸8	关闭	关闭	关闭	关闭	开启	关闭	关闭	开启	开启
		涵闸9、10	关闭	开启	关闭	开启	关闭	关闭	关闭	关闭	关闭
		涵管及阀门3根	全部开启	全部开启	全部开启	关闭	关闭	全部开启	开启	关闭	开启
		水质自动监测站1座	2～4小时测量一次	2～4小时测量一次	2～4小时测量一次	2～4小时测量一次	2～4小时测量一次	2～4小时测量一次	2～4小时测量一次	2～4小时测量一次	2～4小时测量一次
		控制水位高程	1.7 m	1.2 m	1.7 m	1.2 m	1.2 m	1.7 m	1.7 m	1.0 m	0.2 m
5	深度净化区	涵闸2、3、4、5、6	全部开启	全部开启	全部开启，优先开启上风向的涵闸	全部开启	关闭	全部开启	全部开启	4、5、6开启，2、3关闭	轮流开启
		溢流井2座	关闭	关闭	开启	关闭	关闭	关闭	关闭	关闭	关闭
		太阳能循环增氧设施(10台)	正常运行	正常运行	正常运行	正常运行	维护	正常运行	正常运行	正常运行	正常运行

第十二章 环境监测与生态调查

12.1 水 质 监 测

12.1.1 监测方案

1）常规监测点位

盐龙湖常规监测点位置为：① 原水泵站出口取蟒蛇河原水；② 预处理区内圈出水；③ 预处理区外圈出水；④ 挺水植物北区出水；⑤ 挺水植物南区出水；⑥ 沉水植物区中段；⑦ 沉水植物区出水；⑧ 深度净化区取水泵站上层；⑨ 深度净化区取水泵站下层。各监测点位置见图 12-1。特殊情况下，应根据盐龙湖实际情况合理布设监测点。

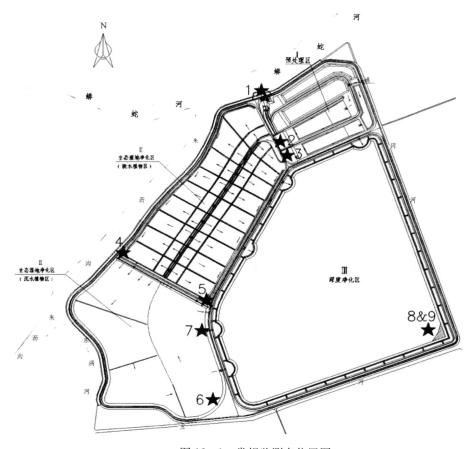

图 12-1 常规监测点位置图

2）监测指标及频次

根据盐龙湖实验室监测能力,常规监测频次为每日监测 9 项指标,每月监测 29 项指标 1 次,每半年至少开展 1 次地表水 109 项全指标测试。在高温时节,加强各功能区叶绿素 a、总氮、总磷等指标的监测,及时掌握水体的营养水平,预防蓝藻水华的发生。

12.1.2　水质采样

（1）采样设备。水质采样可选用聚乙烯塑料桶、分层采样器或自制的其他采样工具和设备。

（2）水样容器。使用硬质玻璃、聚乙烯、石英、聚四氟乙烯等制成的带磨口盖（或）塞瓶,原则上有机类监测项目选用玻璃材质,无机类监测项目可用聚乙烯容器。

（3）采样程序。现场采样程序包括以下步骤：① 制定采样任务→；② 采样的准备→；③ 现场采样的实施→；④ 样品的运输。

12.1.2.1　制定采样任务

采样人员制定采样任务时,详细了解该次采样任务的时间、地点、采样频次、采样项目等内容。

12.1.2.2　采样的准备

根据采样任务内容,从样品室领取合适的采样工具、足够的样品容器和现场固定剂等用品,并逐一清点。

12.1.2.3　现场采样的实施

1）样品的采集

在采集样品时,测定 pH、COD_{cr}、BOD_5、硫化物、油类、悬浮物等项目的样品,不能混合采样,只能单独采样,全部用于测定。

2）采样注意事项

（1）分装样品时,必须用水样冲洗 3 次后再行采样,冲洗用的水样应弃去,以排除可能带来的沾污,但采油的容器不能冲洗。

（2）浑浊度、悬浮物等测定用水样,在采集后应尽快从采样器中放出样品,在装瓶的同时摇动采样器,防止悬浮物在采样器内沉降。非代表性的杂物,如树叶、杆状物等,应从样品中除去。

（3）采样时要防止采样现场大气中降尘带来的污染。

（4）采样时应避免剧烈搅动水体,任何时候都要避免搅动底质。用采水塑料桶或样品瓶人工直接采集水体表层水样时,采样容器的口部应该面对水流流向。

（5）采水器的容积有限不能一次完成采样时可以多次采集,将各次采集的水样装在洗涤干净的大容器（容积大于 5 L 的玻璃瓶或聚乙烯桶）中。样品分装时应充分摇匀。注意：混匀样品不适宜测定生化需氧量、油类、细菌学指标、硫化物及其他有特殊要求的项目。

（6）测定生化需氧量、pH 等项目的水样,采样时必须充满样品瓶,避免残留空气对测定项目的干扰。测定其他项目的样品瓶,在装取水样（或采样后）至少留出占容器体积 10% 的空间,一般可装至瓶肩处,以满足分析前样品充分摇匀。

（7）在样品分装和添加保存剂时,应防止操作现场环境可能对样品的沾污,尤其测定微生物质的样品,更应格外小心,要预防样品瓶塞(或盖)受沾污。

(8)凡需现场测定的项目,应进行现场测定。

3)样品的保存

(1)充满容器。为了防止运输过程中溶解性气体逸出,采样时应使样品充满容器,并盖紧塞子,以防松动。

(2)冷藏法。将水样在4℃冷藏或迅速冷冻贮存在暗处,可抑制微生物活性,减缓物理挥发作用和化学反应速度。冷藏温度必须控制在2～5℃。

(3)加入化学保存剂。为防止水样中某些金属元素在保存期间发生变化,可加入某些化学试剂(表12-1)。

表 12-1　水质样品的保存方法

序号	监测项目	保存条件 贮存温度和固定剂	可保存时间	采样体积(ml)	容器	备注
1	色度		12 h	200	G	应尽快测定
2	pH		12 h	250	P、G	最好现场测定
3	电导率		12 h	250	P、G	应尽快测定
4	悬浮物	低温 0～4℃	14 d	200	P、G	应尽快测定
5	碱度	低温 0～4℃	12 h	500	G、P	
6	酸度	低温 0～4℃	12 h	500	G、P	
7	COD	加硫酸至 pH<2	2 d	100	G	
8	高锰酸盐指数	低温 0～4℃	2 d	500	G	
9	溶解氧	低温 0～4℃	12 h	250	G	应尽快测定 现场测定
10	BOD$_5$	低温 0～4℃	12 h	250	溶氧瓶	
11	氟化物	低温 0～4℃	14 d	250	P	
12	氯化物	低温 0～4℃	30 d	250	G、P	
13	硫酸根	低温 0～4℃	30 d	250	G、P	
14	活性磷酸盐	低温 0～4℃	48 h	250	G、P	
15	总磷	硫酸 pH≤2	24 h	250	G、P	
16	氨氮	硫酸 pH≤2	24 h	250	G、P	
17	亚硝酸盐氮	低温 0～4℃	24 h	250	G、P	
18	硝酸盐氮	低温 0～4℃	24 h	250	G、P	
19	总氮	硫酸 pH≤2	7 d	250	G、P	
20	硫化物	1 L 水样加 NaOH 至 pH=9,加入 5% 抗坏血酸 5 mL 和饱和 EDTA3 mL	24 h	250	G、P	现场固定
21	氰化物	加 NaOH 至 pH≥9	12 h	250	G、P	现场固定
22	硼	1 升水样中加浓硝酸 10 mL	14 d	250	P	
23	六价铬	氢氧化钠 pH=8～9	14 d	250	G、P	

续　表

序号	监测项目	保存条件 贮存温度和固定剂	可保存 时间	采样体积 （mL）	容器	备　　注
24	锰、铁	1升水样中加浓硝酸 10 mL	14 d	250	G、P	
25	铜、锌	1升水样中加浓硝酸 10 mL	14 d	250	P	
26	铅、镉、镍	1升水样中加浓硝酸 10 mL	14 d	250	G、P	
27	砷	硫酸 pH≤2	14 d	250	G、P	
28	油类	加盐酸 pH≤2	7 d	500	G、P	
29	挥发酚	加磷酸 pH≤2 1升水样中加 1 克硫酸铜	24 h	1 000	G	
30	阴离子表面活性剂		24 h	250	G、P	
31	苯胺类		24	200	G	
32	硝基苯类		24	100	G	
33	细菌总数	0～4℃	当天	250	G	
34	大肠杆菌	0～4℃	当天	250	G	

注：表中容器一列，P 指聚乙烯塑料瓶，G 指硬质玻璃瓶。

4）样品标识和记录

（1）水样采集后，应在现场及时填写采样记录表。

（2）采样记录应使用水不溶性墨水书写，字迹整齐清楚。

（3）现场质控样应详其采集情况，并记下现场平行样的份数和容量、现场空白样和现场加标样的处置情况。

（4）样品的标签必须防水并且能牢固地粘贴在每个容器的外面，以防止样品搞错。标签内容为样品编号以及采集单位、采集地点编号等。

5）样品运输

装有水样的容器必须加以妥善保护和密封，并装在周转箱内固定，以防运输途中破损。除了防震、避免日光照射和低温运输外，还要防止新的污染物进入容器和沾污瓶口使水样变质，保证样品的完整与清洁。

12.1.3　水质化验

常规监测具体项目和化验方法见表 12 - 2。

表 12 - 2　常规监测项目分析方法

序号	基本项目	分　析　方　法	测定下限(mg/L)	方　法　来　源
1	水温*	温度计法		GB 13195—91
2	pH*	玻璃电极法		GB 6920—86
3	溶解氧*	碘量法	0.2	GB 7489—89
		电化学探头法		GB 11913—89

序号	基 本 项 目	分　析　方　法	测定下限(mg/L)	方 法 来 源
4	高锰酸盐指数*	滴定法	0.5	GB 11892—89
5	化学需氧量	重铬酸盐法	5	CB 11914—89
6	五日生化需氧量	稀释与接种法	2	GB 7488—87
7	氨氮*	纳氏试剂比色法	0.05	GB 7479—87
		水杨酸分光光度法	0.01	GB 7481—87
8	总磷*	钼酸铵分光光度法	0.01	GB 11893—89
9	总氮*	碱性过硫酸钾消解紫外分光光度法	0.05	GB 11894—89
10	铜	2,9-二甲基-1,10-菲啰啉分光光度法	0.06	GB 7473—87
		二乙基二硫代氨基甲酸钠分光光度法	0.01	GB 7474—87
		原子吸收分光光度法(整合萃取法)	0.001	GB 7475—87
11	锌	原子吸收分光光度法	0.05	GB 7475—87
12	氟化物	氟试剂分光光度法	0.05	GB 7483—87
		离子选择电极法	0.05	GB 7484—87
		离子色谱法	0.02	HJ/T 84—2001
13	硒	2,3-二氨基萘荧光法	0.000 25	GB 11902—89
		石墨炉原子吸收分光光度法	0.003	GB/T 15505—1995
14	砷	二乙基二硫代氨基甲酸银分光光度法	0.007	GB 7485—87
		冷原子荧光法	0.000 06	1)
15	汞	冷原子吸收分光光度法	0.000 05	GB 7468—87
		冷原子荧光法	0.000 05	1)
16	镉	原子吸收分光光度法(螯合萃取法)	0.001	GB 7475—87
17	铬(六价)	二苯碳酰二肼分光光度法	0.004	GB 7467—87
18	铅	原子吸收分光光度法螯合萃取法	0.01	GB 7475—87
19	总氰化物	异烟酸-吡唑啉酮比色法	0.004	GB 7487—87
		吡啶-巴比妥酸比色法	0.002	
20	挥发酚	蒸馏后 4-氨基安替比林分光光度法	0.002	GB 7490—87
21	石油类	红外分光光度法	0.01	GB/T 16488—1996
22	阴离子表面活性剂	亚甲蓝分光光度法	0.05	GB 7494—87
23	硫化物	亚甲基蓝分光光度法	0.005	GB/T 16489—1996
		直接显色分光光度法	0.004	GB/T 17133—1997
24	粪大肠菌群	多管发酵法、滤膜法		1)
25	叶绿素 a	分光光度法		SL 88—1994

序号	基本项目	分析方法	测定下限(mg/L)	方法来源
26	悬浮物*	滤膜法		GB/T 11901—1989
27	透明度*	赛式圆盘法		SL 87—1994
28	硫酸盐	重量法	10	11899—89
		火焰原子吸收分光光度法	0.4	11196—91
		铬酸钡光度法	8	1)
		离子色谱法	0.09	HJ/T 84—2001
29	氯化物	硝酸银滴定法	10	11896—89
		硝酸汞滴定法	2.5	1)
		离子色谱法	0.02	HJ/T 84—2001
30	硝酸盐	酚二磺酸分光光度	0.02	GB 7480—87
		紫外分光光度法	0.08	1)
		离子色谱法	0.08	HJ/T 84—2001
31	铁	火焰原子吸收分光光度法	0.03	11911—89
		邻菲啰啉分光光度法	0.03	1)
32	锰	火焰原子吸收分光光度法	0.01	11911—89
		甲醛肟光度法	0.01	1)
		高碘酸钾分光光度法	0.02	11906—89

注：项目后带 * 号为日常监测的 9 项指标；1)表示方法来源于《水和废水监测分析方法(第四版)》,中国环境科学出版社,2002 年。

12.1.4　水质评价

采用单因子法进行水质评价。单因子法是将某种污染物实测浓度与该种污染物的评价标准进行比较以确定水质类别的方法,即将每个水质监测参数与《地表水环境质量标准》(GB 3838—2002)进行比较,确定水质类别,评价结果应说明水质达标情况,超标的应说明超标项目和超标倍数(表 11-3)。

表 12-3　地表水环境质量标准基本项目标准限值　　　　　　　(单位：mg/L)

序号	分类 标准值 项目		Ⅰ类	Ⅱ类	Ⅲ类	Ⅳ类	Ⅴ类
1	水温(℃)		人为造成的环境水温变化应限制在周平均最大温升≤1,周平均最大温降≤2				
2	pH(无量纲)		6～9				
3	DO	≥	饱和率90% (或7.5)	6	5	3	2
4	COD_{Mn}	≤	2	4	6	10	15

续　表

序号	分类 标准值 项目			I 类	II 类	III 类	IV 类	V 类
5	COD		≤	15	15	20	30	40
6	BOD$_5$		≤	3	3	4	6	10
7	NH$_3$-N		≤	0.15	0.5	1	1.5	2
8	TP	河道	≤	0.02	0.1	0.2	0.3	0.4
		湖库		0.001	0.025	0.05	0.1	0.2
9	TN(湖库)		≤	0.2	0.5	1	1.5	2
10	铜		≤	0.01	1	1	1	1
11	锌		≤	0.05	1	1	2	2
12	氟化物		≤	1	1	1	1.5	1.5
13	硒		≤	0.01	0.01	0.01	0.02	0.02
14	砷		≤	0.05	0.05	0.05	0.1	0.1
15	汞		≤	0.000 05	0.000 05	0.000 1	0.001	0.001
16	镉		≤	0.001	0.005	0.005	0.005	0.01
17	铬(六价)		≤	0.01	0.05	0.05	0.05	0.1
18	铅		≤	0.01	0.01	0.05	0.05	0.1
19	氰化物		≤	0.005	0.05	0.02	0.2	0.2
20	挥发酚		≤	0.002	0.002	0.005	0.01	0.1
21	石油类		≤	0.05	0.05	0.05	0.5	1
22	阴离子表面活性剂		≤	0.2	0.2	0.2	0.3	0.3
23	硫化物		≤	0.05	0.1	0.2	0.5	1
24	粪大肠菌群(个/L)		≤	200	2 000	10 000	20 000	40 000

12.1.5　富营养化评价

采用营养状态指数(EI指数)法进行水体富营养化水平的评价,选取叶绿素 a(Chl-a)、总磷(TP)、总氮(TN)、透明度(SD)、高锰酸盐指数(COD$_{Mn}$)作为评价指标。采用线性插值法将水质项目浓度值转换为赋分值后,按公式计算:

$$EI = \sum_{n=1}^{N} En/N$$

式中,EI代表营养状态指数;En为评价项目赋分值;N代表评价项目个数。计算营养状态指数(EI)后,根据表 12-4 确定营养状态分级。

表 12 - 4　湖泊(水库)营养状态评价标准及分级方法(**EI** 指数法)

营养状态分级	(**EI** = 营养状态指数)	评价项目赋分值(**En**)	TP (mg/L)	TN (mg/L)	Chl - a (mg/L)	COD_{Mn} (mg/L)	SD (m)
贫营养	(0≤**EI**≤20)	10	0.001	0.02	0.000 5	0.15	10
		20	0.004	0.05	0.001	0.4	5
中营养	(20<**EI**≤50)	30	0.01	0.1	0.002	1	3
		40	0.025	0.3	0.004	2	1.5
		50	0.05	0.5	0.01	4	1
轻度富营养	(50<**EI**≤60)	60	0.1	1	0.026	8	0.5
中度富营养	(60<**EI**≤80)	70	0.2	2	0.064	10	0.4
		80	0.6	6	0.16	25	0.3
重度富营养	(80<**E**≤100)	90	0.9	9	0.4	40	0.2
		100	1.3	16	1	60	0.12

12.2　底 质 监 测

12.2.1　底泥采样

(1) 采样工具。彼得逊采泥器、柱状分层采泥器等。

(2) 样点布设。根据需要确定样点分布与数量,采用均匀的网状布点法。预处理区内圈和外圈分别采样;挺水植物区 A、B、C 滩面分别采样;沉水植物区内 0.8 m、0.5 m、0.2 m 及 0.0 m 高程分别采样;深度净化区水生植物种植平台和库区分别采样。

(3) 样品制备与保存。底泥样品采集后,应用自封袋密封装好,并贴上样品标签。除特殊项目测定需新鲜泥样外,其他项目的测定采用风干样。将取回的样品避免日光照射,在通风的地方阴干;风干后样品进行研磨并通过 80 目筛;保存好待测。

12.2.2　底泥化验

底泥质量监测项目主要有以下几类:汞、铅、镉、铜、锌、铬、镍、砷等重金属或无机非金属毒性物质;有机质、总氮及总磷。化验方法采用《土壤环境监测技术规范》(HJ/T 166—2004)所列方法。

12.2.3　底泥质量评价

目前没有水域底泥质量评价标准,盐龙湖底泥监测评价方法采用《土壤环境质量标准》(GB 15618—2008)中土壤环境质量评价级别划分表进行评价(表 12 - 5)。

表 12 - 5　土壤环境质量评价级别划分

界 定	称 谓	危 害	行 动
低于第一级值	清洁	无污染	一般防护
高于第一级、低于或等于第二级值	尚清洁	一般无污染	做好预防

续 表

界　定	称　谓	危　害	行　动
高于第二级、低于或等于第三级值	轻度污染	具有潜在危害	深入调查
高于第三级值	严重污染	具有实际危害	采取整治修复措施

由于盐龙湖属饮用水水源地,所以应采用一级标准值,若底泥监测结果高于第一级,说明已有污染物进入,应予以警惕,及时找出和控制土壤污染源,防止污染物继续进入土壤,切实保护好土壤环境质量。

另外,有机质、总氮及总磷不在《土壤环境质量标准(修订)》(GB 15618—2008)的标准内,但对水质净化效果有密切的关系,应定期对挺水植物区进行干湿交替,促进底泥中的有机质、总氮及总磷向环境释放。

12.2.4　预处理区沉积厚度监测

1)监测方法

采用沉积桶观测法对预处理区沉积物厚度进行连续监测。

2)监测点位

分别对预处理区内、外圈的挡板后、自然沉降区、人工介质前后共计 8 道样线设置沉积桶,每道样线平行设 2 个沉积桶,预处理区内外圈共计 16 个沉积物观测桶,样点布设如图 12-2 所示。

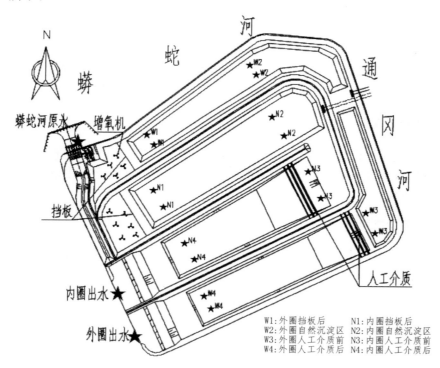

W1:外圈挡板后	N1:内圈挡板后
W2:外圈自然沉淀区	N2:内圈自然沉淀区
W3:外圈人工介质前	N3:内圈人工介质前
W4:外圈人工介质后	N4:内圈人工介质后

图 12-2　预处理区沉积桶样点布设图

3）监测频次

自首次安置沉积桶之日起监测，监测周期为 3 个月。

4）监测方法

沉积桶提起时顺着固定绳索缓慢沉下一铁板覆盖桶面，以保持桶内水体稳定不受搅动，提起沉积桶后静置 2～3 天，待沉积物稳定后用虹吸法排干上覆水，测量沉积物厚度，同时定量取样并烘干至恒重以测定沉积物的含固率。根据样点分布情况分别推算预处理区内外圈沉积物的厚度空间变化趋势。

12.2.5 挺水植物区滩面高程变化监测

1）监测方法

采用测钎法对挺水植物区高程变化进行连续监测。

2）监测点位

点位可选择布水总渠东西侧 A3、B3、C3 滩面进行连续观测。每个区域在二次布水渠前布设 1 排测钎，每排 3 个测钎；在二次布水渠后布设 2 排测钎，每排 3 个测钎。每个区域总计 9 个点位，共计 27 个点位(图 12 - 3)。

图 12 - 3 挺水植物区高程监测点位布设图

3）监测频次

自测钎布设后进行第 1 次测量，此后每月进行 1 次测钎高度的测量。

4）数据记录及滩面高程变化推算

滩面高程的变化量等于测钎测量的高度减去测钎的原始高度。变化量为正，代表滩面下降，反之则滩面上升。

12.3 大气干湿沉降监测

1）采样点布设

结合盐城地区的常年风力以及盐龙湖的实际地形条件与平面布局，建议的样点布设

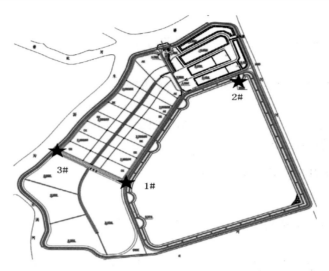

图 12-4　盐龙湖干湿沉降采样位点分布

如图 12-4。

2）取样装置

取样装置为直径 150 mm、高度 300 mm 的圆柱形平底玻璃或塑料容器。为防止二次扬尘，在容器底部平铺一层直径 8 mm 的玻璃球。取样装置安放于距地面 1.5 m 高处，在顶部覆盖铁丝网，防止鸟类、树叶等对取样过程的影响。

3）监测频率

干湿沉降为常年监测，以 3 个月为取样频率，对大气沉降污染物进行测定。

3）样品处理与分析

将所有取样装置内的昆虫等杂物用镊子挑出，用去离子水将装置内的降尘全部冲洗至烧杯中，得到尘水混合液。选取其 1/2 参照《空气与废气监测分析方法》中的重量法测定样品中降尘总量并计算平均值，称取单位重量的降尘样品用去离子水冲洗定容后，用 pH 仪测量其 pH；另 1/2 的尘水混合液转移至容量瓶中，用去离子水冲洗定容后，按照水质监测方法测定尘水混合液中的 TN、NH_3-N、TP 及 COD_{Mn} 的浓度并计算平均值。各类污染物的大气沉降率计算方法为

$$Fi = \sum (Ci \times V/S)/n/d$$

式中，Fi 为某污染物的干湿沉降率，单位为 $kg/(km^2 \cdot d)$；Ci 为某污染物在定容后尘水混合液中的质量浓度，单位为 mg/L；V 为尘水混合液定容后的体积，单位为 L；S 为取样装置的截面积，单位为 m^2；n 为样点设置数量；d 为采样过程所持续的天数。

12.4　高等水生植物群落调查

1）调查对象

盐龙湖范围内的高等水生植物包括设计物种和非设计物种。

2）调查工具

调查工具包括卷尺、样方框、镰刀、铁铲、水草定量夹、电子秤、记录表和笔、水裤、船只和救生衣等。

3）调查时间及频次

水生植物调查分为定性与定量调查两种方式。定性调查为日常观测，每周巡视湿地水生植物的生长情况，并定性描述水生植物群落生长情况。定量调查每月进行，调查时间与频次安排为：每年 3～5 月，每月开展 2 次水生植物调查；6～10 月，每月开展 1 次水生植物调查；11 月至翌年 2 月每月开展 1 次冷季型水生植物调查。

4）样点选择

（1）预处理区。分别在预处理区内、外圈水流出口处的水生植物种植区对沉水植物和浮叶植物群落进行随机选点调查。预处理区样点选取数不小于 10 个。

（2）挺水植物区。分别对挺水植物区 A、B、C 三个高程下的滩面进行随机选点，开展挺水植物群落调查；在布水渠和收集干渠内随机选点，开展沉水植物和浮叶植物群落调查。挺水植物区样点选取数不小于 30 个。

（3）沉水植物区。对沉水植物区 0.8 m、0.5 m、0.2 m 及 0.0 m 高程的沉水植物群落分别进行随机选点调查；并对岸边挺水植物和湿生植物群落进行随机调查。沉水植物区样点选取数不小于 20 个。

（4）深度净化区。对深度净化区四周的水生植物种植区进行随机选点，开展沉水植物、挺水植物群落调查。深度净化区样点选取数不小于 20 个。

5）样品采集

挺水植物一般用 1 m² 采样方框采集。采集时，应将方框内的全部植物连根拔起（包括地下茎部分）；沉水植物、浮叶植物和漂浮植物一般用水草夹采集，当沉水植物和浮叶植物密度过大，定量夹无法满足取样要求时，可用 0.25 m² 采样方框采集。

6）记录及测定内容

对水生植物的株高、密度、分布情况等进行现场记录。水生植物生物量鲜重应在沥干水分后现场测定，并带回实验室在 75℃ 条件下烘干至恒重，称取生物量干重。

12.5　大型底栖动物群落调查

1）调查工具

调查工具包括彼得森采泥器、铲子、D 型抄网、60 目筛、电子天平、解剖盘、解剖镜、玻片、记录表和笔、水裤、船只和救生衣等。

2）调查样点布设

结合盐龙湖各分区的平面布局、水深条件、水文情况以及植被情况，按照典型性、代表性、可操作性的原则，建议设置 24 个调查样点，涵盖盐龙湖各功能区不同生境条件。样点的平面分布及情况说明见图 12-5 与表 12-5。

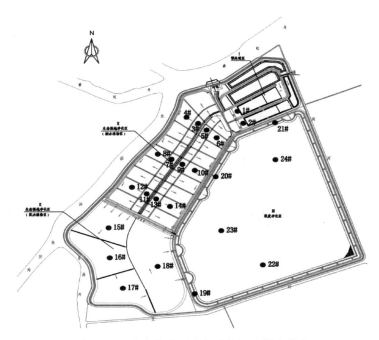

图 12-5　盐龙湖大型底栖动物调查样点分布

表 12-5　大型底栖动物调查样点设置情况说明

样点编号	区　　域	样点编号	区　　域
1	预处理区内圈水生植物带	13	挺水植物区 C4 区菱草
2	预处理区外圈水生植物带	14	挺水植物区 C4 区香蒲
3	挺水植物区 A3 区芦苇	15	沉水植物区高程 0.8
4	挺水植物区 A3 区菱草	16	沉水植物区高程 0.5
5	挺水植物区 A4 区芦苇	17	沉水植物区高程 0.2
6	挺水植物区 A4 区菱草	18	沉水植物区高程 0.0
7	挺水植物区 B3 区菱草	19	深度净化区子堤平台 1
8	挺水植物区 B3 区香蒲	20	深度净化区子堤平台 2
9	挺水植物区 B4 区菱草	21	深度净化区子堤平台 3
10	挺水植物区 B4 区香蒲	22	深度净化区深水区 1
11	挺水植物区 C3 区菱草	23	深度净化区深水区 2
12	挺水植物区 C3 区香蒲	24	深度净化区深水区 3

3）调查频次及方法

通常按照每季度 1 次开展大型底栖动物的调查工作。采用 1/32 m² 改良 Peterson 采泥器对上述样点进行大型底栖动物群落的定量调查，每个样点平行取样 3～5 次，以避免取样误差。

采集的底泥样品用塑料袋收集后带回实验室,经 60 目尼龙筛清洗,剩余物倒入解剖盘中将底栖动物活体逐一挑出、鉴定记录,用滤纸擦拭干净后称重。

4) 标本采集与鉴定

软体动物应鉴定到种;水生昆虫(除摇蚊科幼虫)至少应鉴定到科;水栖寡毛类和摇蚊科幼虫至少应鉴定到属。鉴定水栖寡毛类和摇蚊科幼虫时,应制片,并在解剖镜或显微镜下进行,一般用甘油做透明剂。如需保留制片,则可用普氏胶封片。

5) 调查结果整理与分析

通过鉴定计数,识别种类组成与优势物种,并计算栖息密度(ind/m²)。通过称重计算生物量(g/m²)生物量。结合 Shannon-Wiener 多样性指数(H')、Pielou 均匀度指数(J)以及 Margalef 丰富度指数(d)对各采样点的底栖动物的多样性进行分析。

$$H' = -\sum_{i=1}^{S} Pi \times \mathrm{Ln}Pi$$
$$J = H'/\mathrm{Ln}S$$
$$d = (S-1)/\mathrm{Ln}N$$

式中,Pi 代表第 i 个物种的相对丰度;S 为物种数;N 代表所有物种的个体数之和。

12.6 鱼类群落调查

1) 调查工具

调查工具主要有称重工具、数码相机、直尺、游标卡尺、记录表和笔、水裤、船只和救生衣等。定性调查使用网簖、丝网、地笼等,定量调查使用拖网。

2) 调查样点

对盐龙湖预处理区内外圈、挺水植物区沟渠、沉水植物区及深度净化区开展鱼类调查,调查点位可根据调查方法不同进行调整。

3) 调查频次

定性调查为每周 1～2 次,主要通过观测网簖中的渔获物推断鱼类分布情况。定量调查应该每季度调查 1 次,如有特殊情况可酌情调整调查次数。一般以 5 月、8 月、11 月和 2 月代表春季、夏季、秋季和冬季。其中 11 月份可结合年底鱼类全面清捕工作开展,以取得最为准确的调查结果。

4) 调查结果整理与分析

对各功能区鱼类的种类、数量进行分析,分析鱼类群落结构,对各种鱼类的食性、长度范围、体重范围、性比、年龄等进行测量或判定。根据定量调查结果对鱼类生物量进行分析,公式为

$$N = 2n(A/a)$$

其中,A 为鱼类分布水域的体积或面积;a 为拖网水域体积或面积;n 为取样渔获数量;N 为总资源数量;逃逸系数采用 0.5。

12.7 浮游生物群落调查

1) 调查工具

主要有采水器、浮游生物网、样品瓶、电子显微镜、计数框、记录表和笔、水裤、船只和救生衣等。

2) 调查样点

综合考虑盐龙湖沉水植物区和深度净化区的水体面积与形态特征，按照代表性、可操作性原位选取浮游生物监测点位，反映上述区域浮游生物的基本情况。建议在沉水植物区布设3个监测点、深度净化区布设5个监测点，具体点位置见图12-6。监测点位的位置与数量可根据实际情况作适当调整。

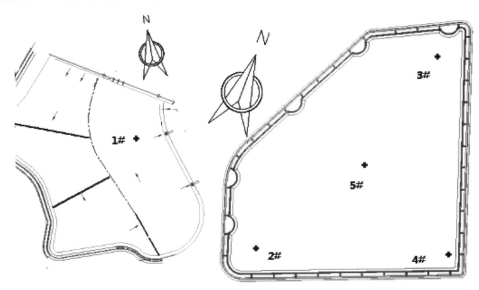

图12-6　盐龙湖浮游生物调查样点布设图

3) 监测项目及要求

对每个样点的浮游生物的群落结构进行统计分析，包括种类组成、密度、生物量及空间分布，对浮游生物的优势度、多样性指数等进行计算。浮游植物的种类鉴定最好鉴定到种，对于优势种类和形成水华的种类必须鉴定到种；对浮游动物中枝角类、桡足类、轮虫等须鉴定到种；原生动物可适当从简。

4) 调查方法

每个浮游生物监测点位都须采用相应的取样工具与方法，进行定性和定量取样。定性取样是为了采集浮游生物进行属种鉴定，其目的在于了解水体中浮游生物的种类组成、出现季节及其分布状况。定量取样是为了采集浮游生物确定个体数目与生物量的过程，其目的在于探明各种浮游生物在水体中的数量及其变化情况。其中，沉水植物区的1个点位仅在水下50 cm处取样，深度净化区的2、3、4号点位取水下50 cm、水下200 cm、水下 400 cm 的混合样,5 号点位需在水下 50 cm、水下 200 cm、水下 400 cm 处取样。

5）监测频次和监测时间

根据盐龙湖实际情况开展浮游生物调查工作,重点关注时期为每年 5～9 月份。为保证监测结果的典型性与可比性,应合理安排现场采样时间,避免在大风、降雨及气候变化频繁的时期采样,每次采样工作在时段上应尽量保持一致,一般在上午 8：00～10：00进行。

第十三章　生态系统维护与管理

13.1　水　生　植　物

13.1.1　日常管理

依据各类水生植物生长周期进行科学的管理维护。

水生植物发生病虫害的可能性较小,若发现有病虫害现象的植物,应及时进行收割清理病株,防止扩散。

影响沉水植物生长及挺水植物萌发的因素主要是鱼类,应做好盐龙湖的鱼类管控措施,减少湖区内的草食性和杂食性鱼类数量,保障水生植物的正常生长。

水生杂草尤其是入侵种极易与人工栽种的植物抢占生态位,易造成栽种的植物衰退,需及时清理。盐龙湖攀附性杂草危害较为严重,如盒子草、葎草等,对挺水植物的生长造成极不利的影响,应清理。

加强对景观类水生植物的维护,包括预处理区的睡莲及挺水植物区的黄菖蒲、千屈菜等。应及时清除植株间的入侵物种,保证其正常生长,以达到良好的景观效果(表13-1)。

表 13-1　盐龙湖常见水生植物生物特性和管理维护表

植物类型	物种名	图　片	生　物　特　性	管理维护要点
挺水植物	芦苇 *Phragmites australis*		植株高大,地下有发达的匍匐根状茎。茎秆直立,秆高1~3 m,直径1~4 cm。发芽期3月下旬,4月上旬,展叶期5月初,生长期4月上旬至7月下旬,孕穗期7月下旬至8月上旬,抽穗期8月上旬到下旬,开花期8月下旬至9月上旬,种子成熟期10月上旬,落叶期10月底以后。以根茎繁殖为主	芦苇对土壤和水体环境要求不严格,病虫害较少。入秋后,芦苇开始枯萎,应及时对地上部分进行收割,防止其腐烂对水体的不利影响。若进行移植,应在3~4月,取木质化后的芦苇,去掉顶端叶片,地上保留至30 cm,地下保留10~15 cm的根茎,潜伏芽多且萌发较迅速,成活率高
	狭叶香蒲 *Typha angustifolia*		多年生,水生或沼生草本。地上茎直立,粗壮,高1.5~2.5 m。4月上旬萌发,5月生长,6月开花,8~9月果熟。10月下旬至11月初枯黄。用分株繁殖	影响盐龙湖狭叶香蒲正常生长的主要是攀附性的杂草(盒子草),发现后应及时清理。狭叶香蒲枯萎后,应及时对地上部分进行收割,防止其腐烂对水体的不利影响。若进行移植,在3~4月,挖起狭叶香蒲带有新芽的根茎,分成单株,每株带有一段根茎或须根,选浅水处进行栽植

植物类型	物种名	图　片	生　物　特　性	管理维护要点
挺水植物	荻草 *Phragmites australis*		多年生,具匍匐根状茎。秆高大直立,高1～2 m,具多数节,基部节上生不定根。4月上旬萌发生长,至11月初枯黄。分株繁殖	荻草有很强的适应性,但进入7月以后容易发生倒伏,可对倒伏的植株进行收割,或在倒伏前对荻草进行夏季收割。冬季荻草枯萎后,应及时对地上部分进行收割,防止其腐烂对水体的不利影响。若移植,应4月底前,选取优良母株进行分株栽植
	黄菖蒲 *Phragmites australis*		多年生湿生或挺水宿根草本植物,植株高大,根茎短粗。长适温15～30℃,10℃以下则停止生长,冬季能耐−15℃低温,花期在5～6月。播种和分株繁殖	盐龙湖景观挺水植物,由于其他植物的入侵,生长状况较差,建议应及时清除植株间的入侵物种,保证其正常生长,以达到良好的景观效果。挺水植物收割时仅对黄菖蒲部分枯黄叶片进行清理即可。若移植,应在春、秋两季,将根茎挖出,剪除老化根茎和须根,用利刀按4～5 cm长的段切开,每段具2个顶生芽为宜
	千屈菜 *Herba Lythri Salicariae*		多年生挺水草本植物。株高1 m左右,花期在6～8月,紫红色。在浅水中栽培长势最好,也可旱地栽培。对土壤要求不严	盐龙湖景观挺水植物,受其他植物入侵严重,应及时清理入侵的植物和杂草。剪除部分过密过弱枝,及时剪除开败的花穗,促进新花穗萌发
	水葱 *Scirpus validus*		多年生挺水草本植物。匍匐根状茎粗壮,秆高大,圆柱状,高1～2 m。最佳生长温度15～30℃,10℃以下停止生长。能耐低温,花果期在5～9月。繁殖方法有有性和无性两种	主要分布在挺水植物区和深度净化区四周,受其他物种入侵严重。11月末需收割其地上部分。水葱易倒伏,生长密度不宜过密
	再力花 *Thalia dealbata*		多年生挺水植物,优秀的景观植物,花小呈紫堇色。生长适温20～30℃,低于10℃停止生长。冬季温度不低于0℃,短时间能耐−5℃低温。入冬后地上部分逐渐枯死,根茎在泥中越冬。3～4月返绿,11月开始枯萎,植株高度可达2 m以上。以根茎分株繁殖,在生长季节,移栽其根即可存活	分布在深度净化区景观平台两侧岸边,由于深度净化区水位较低,景观平台覆土区域较干旱,应定期对该区域进行浇水,保证土壤常湿。另外,覆土区域杂草较多,应及时进行清理。植株枯萎时,需要收割其地上部分

续　表

植物类型	物种名	图　片	生　物　特　性	管理维护要点
沉水植物	苦草 *Vallisneria spiralis*		多年生沉水植物，一般分布在水深 0.5～1.5 m 的水域范围内，喜温暖，耐低温，在 16～28℃ 的温度范围内生长良好，越冬温度不宜低于 4℃。3 月初苦草宿根开始返青，4 月起长出嫩叶，5～9 月为生长旺盛期，尤其 7、8 月生长最为迅速，叶片最长可达到 1.5 m 以上，8 月下旬苦草开始陆续开花结实至 11 月止。种子成熟后从根部断裂沉入水中，同时苦草植株开始枯萎。以分株法繁殖为主，亦可通过种子繁殖	苦草是水体生态治理中管理维护比较简便的沉水植物。苦草在 7 月开始有叶片长出水面，7、8、9 月可根据水体透明度，收割苦草叶片，一般以苦草叶片保持在水面下 20～30 cm 为宜。11 月开始苦草枯萎时，尽可能多的切割苦草叶片，以免苦草枯萎对水体产生二次污染。影响苦草生长的主要是鱼害，应做好控鱼措施，减少水体中的草鱼数量
	刺苦草 *Vallisneria spiralis*		沉水植物，无直立茎，匍匐茎上有小棘刺。果实在水层中成熟，花果期在 8～10 月。刺苦草不仅对水质具有良好的净化效果，且具有非常高的观赏价值	同苦草
	轮叶黑藻 *Hydrilla verticillata*		茎分枝，叶 4～8 枚轮生，无柄，花单性，雌雄异株。在 15～25℃ 条件下生长良好，越冬温度不宜低于 4℃。黑藻主要分布在水深 0.5～1.5 m 的水域范围内。4 月中下旬黑藻开始发芽，5 月生长可达 40～60 cm，7、8 月为生长旺季，可生长至 1.2 m 以上。花期在 6～9 月，果期在 7～10 月。秋末开始无性生殖，在枝尖形成特化的营养繁殖器官——鳞状芽苞，冬季沉入水底，被泥土污物覆盖。冬季为休眠期，水温 10℃ 以上时，芽苞开始萌发生长，形成新的植株	黑藻 7 月开始有茎叶长出水面，可以收割露出水面部分的茎叶以保持整个水面的洁净。但 8、9 月收割时极易导致整个群落衰亡，应尽量减少收割次数采用间隔收割或不收割的方式
	马来眼子菜 *Potamogeton lucens*		眼子菜科多年生草本植物；具根茎；上部多分枝，节间较短，下部节间伸长，可达 20 cm。4 月光叶眼子菜开始生长发育，5～9 月为生长旺盛期，6～10 月开花，7～10 月结果，11 月后马来眼子菜逐渐衰亡	2014 年沉水植物区补种了马来眼子菜，应加强控鱼措施，保障沉水生态系统的尽快恢复

植物类型	物种名	图　片	生物特性	管理维护要点
沉水植物	金鱼藻 *Ceratophyllum demersum*		叶轮生,边缘有散生的刺状细齿;茎平滑而细长,水媒传粉、雄花和雌花异节着生,雌雄同株。金鱼藻具有优良的水质净化功能。金鱼藻3、4月份开始生长,茎细长分枝,较脆弱,易于折断导致生长一般不是很旺盛,多小片、漂浮、沉底生长。喜温暖,怕寒冷,在18~28℃的范围内生长良好,花期在6~8月,果期在8~10月。秋末由茎叶密集形成冬芽,沉入水底越冬,越冬温度不宜低于4℃	金鱼藻基本半悬浮于水中,极易附着青苔,需及时处理。金鱼藻管理较为简单,在死亡或附着大量青苔影响水景观时可直接打捞。但在其冬芽形成期(12月至翌年2月),只打捞漂浮枯萎植株,以确保生成一定的营养繁殖器官以维持次年的金鱼藻生物量
	伊乐藻 *Elodea nuttallii*		伊乐藻又称小黑藻。水温在5℃以上即可生长,在寒冷的冬季能以营养体越冬,属于冬春季沉水植物。伊乐藻冬春两季生长旺盛,夏季由于温度升高,生长抑制,沉入水底。3~5月生长极其旺盛,往往不能度夏,在5月底至7月间大量死亡,仅有少数植株存留,且其枝叶发黄,生长停止,入休眠期,至10月后再缓慢恢复生长,12月后生长大大加快,至翌年3~4月时,生长速度再次达到最快	伊乐藻在冬春季具有良好的净化效果,丰富了冬季沉水植物多样性。青苔覆于伊乐藻上易导致其整片死亡,需及时清理,伊乐藻根部扎土不牢,收割时需选用锋利镰刀,避免破坏根部
	狐尾藻 *Myriophyllum spicatum*		多年生沉水植物,根状茎生于泥中,主要传播方式以产生断枝或根状茎的方式进行。狐尾藻冬季不死,但生长缓慢,处于停滞状态。2月底开始萌生,4月上旬能长到水面,4月中下旬开始开花结子,5月1日左右可以看到大部分狐尾藻的花梗挺出水面	收割时需选用锋利镰刀,避免破坏根部
	菹草 *Potamogeton crispus*		秋季发芽,越冬生长,萌发和生长对环境要求不高,菹草在受生活污水严重的水体中亦能茂盛生长,是冬季至初夏的重要水生植物。菹草2月底开始萌发生长,4月中旬基本能长到1.5 m左右,并开始开花,4~5月份开始繁殖,形成无性繁殖器官石芽,之后逐渐衰退腐烂	每年4月中旬仅对枯烂漂浮的菹草进行清理,水体中应留有植株作为来年的种源,确保草籽和冬芽留作来年的繁殖体

续　表

植物 类型	物种名	图　片	生　物　特　性	管理维护要点
浮叶 植物	睡莲 *Nymphaea alba*		多年生水生植物,叶丛生,直径6～11 cm,对土质要求不严,生长季节池水深度以不超过80 cm为宜。3～4月萌发长叶,5～8月陆续开花	睡莲属长日照植物,栽植场所光线要充足,通风要好,水深不宜超过1 m,11月可对面片进行收割处理,待来年长出新的植株。预处理区睡莲生长不佳,就及时对冲倒的盆体进行扶正和覆土,并进行补植
漂浮 植物	菱 *Trapa japonica*		一年生浮叶草本。长2～4.5 cm,宽2～6 cm,喜温暖湿润、阳光充足、不耐霜冻,结果期长达1～2个月,开花结果期要求白天温度20～30℃,夜温15℃	菱生长迅速,大量叶片浮于河面将导致沉水植物采光不足,应及时进行梳理,防止大面积的铺占水渠
	荇菜 *Nymphoides peltatum*		多年生浮叶草本,长3～5 cm,宽3～5 cm,适合生长水深不超过3 m的水体中,喜温暖、耐低温,在16～28℃的温度范围内生长良好,荇菜一般于3～5月返青,5～10月开花并结果,9～10月果实成熟	荇菜繁殖能力强,容易扩张,特别注意采取措施限制它的蔓延。大量叶片浮于河面将导致沉水植物采光不足,应及时去除,防止大面积的铺占水渠
湿生 植物 (杂草)	水花生 *Alternanthera philoxeroides*		茎圆柱形、中空、茎节明显,植物体匍匐状,多分枝,叶对生,披针形或长椭圆形。全缘叶,头状花序。花果期在夏季,水陆两栖性植物	水花生主要集中在盐龙湖的预处理区和挺水植物区,发现后应及时清理
	盒子草 *Actinostemma tenerum*		一年生柔弱草本,花期在7～9月,果期在9～11月。喜攀附挺水植物进行生长。种子繁殖	盒子草主要集中在挺水植物区,会对挺水植物造成极不利的影响,建议发现后立即清理

13.1.2　植物收割

1）夏季植物收割

挺水植物区的茭草受大风、暴雨和自身特性的影响,在 7 月下旬会出现大面积的倒伏,应在茭草倒伏前对其进行夏季收割。齐水面收割情况下的挺水植物二次萌发生长情况明显优于齐地面收割的情况,尤其对茭草二次萌发的影响较为明显。若进行挺水植物的夏季收割,建议采用齐水面的收割方式,以利于植物群落的快速恢复。

2）冬季植物收割

挺水植物采用人工收割的方式,工具主要为传统的镰刀等农用工具。沉水植物收割的方式有人工收割和机械收割两种。工具主要为长杆镰刀,在收割沉水植物头部时,镰刀必须要锋利,以免将沉水植物连根拔起。收割船对沉水植物根系破坏较大,不建议使用机械收割。

盐龙湖不同功能区各类水生植物的建议收割时间及收割要求见表 13-2 至表 13-5。

表 13-2　预处理区收割方案

收割区域及种类	收割时间	收割要求
库周挺水植物	11 月下旬	常水位以上:收割高度至植株根部以上 5~10 cm 常水位以下:收割高度与水面齐平
末端区域挺水植物	11 月下旬	齐水面收割
库周水花生	11 月下旬	连根拔除

表 13-3　挺水植物区收割方案

收割区域及种类	收割时间	植株收割要求
茭草(夏季收割)	6 月下旬至 7 月上旬	齐水面收割
茭草(冬季收割)	11 月下旬	齐地面收割
狭叶香蒲、芦苇(滩面)	11 月上旬、中旬	齐水面收割
狭叶香蒲、芦苇(沟渠边)	11 月下旬	地面以上 10~15 cm 收割
千屈菜、水葱等景观水生植物	11 月上旬、中旬	地面以上 10~15 cm 收割

表 13-4　沉水植物区收割方案

收割区域及种类	收割时间	收割要求
库周芦苇	11 月下旬	收割高度至植株根部以上 5~10 cm
沉水植物(夏秋季)	7~10 月连续清割	收割至水面 30 cm 以下,或将漂浮部分清捞
沉水植物(冬春季)	5 月中下旬	收割至水面 30 cm 以下,或将漂浮部分清捞

表 13-5　深度净化区收割方案

收割区域及种类	收割时间	收割要求
狭叶香蒲、水葱	11 月上旬	收割高度在运行常水位以上 5~10 cm

3）注意事项

在进行水生植物收割前,应提前安排联系好植物资源的处置事宜,以便水生植物收割后能够及时移出水体并运出盐龙湖工程区域,避免植物残体对盐龙湖水质产生二次污染。

挺水植物区收割过程中注重对常绿种挺水植物,包括黄菖蒲、西伯利亚鸢尾等以及沟渠内沉水植物的保护,以确保冬季生态湿地的净化功能充分发挥。挺水植物区植物收割过程受到的人为干扰较大,会将大量悬浮底泥泛起,需将这部分水体通过输水明渠经溢流管排出盐龙湖系统,避免带入下游工艺单元。

沉水植物区植物收割为带水作业,在收割过程中,需要在不同高程分区以及出水口门处设置相应的临时拦截及隔离设施,并及时组织人员对聚集水生植物残枝断叶进行清捞,防止其随水流飘散或流入下游工艺单元。与挺水植物区相同,沉水植物区在收割作业过程中也会带起一定的悬浮底泥,使水体各项指标暂时性地上升,收割作业完成后的 2～3 天内,需要采取同步进出水的方式,对沉水植物区的水体进行更新,并将初期"脏水"通过输水明渠经溢流管排出盐龙湖系统。

13.1.3 植物处置

植物残体的处理应遵循以下原则:

(1)无害化。在水生植物生长末期及时收割并移出水体,以避免因植物腐烂对水体造成二次污染;

(2)减量化。沉水植物和青苔等植物含水量较高,需进行减量化处理,具体措施为选择边坡或道路等空间,晾晒脱水后转运,亦可专门设置堆肥场。

(3)资源化。水生植物植株可作为工业原料、饲料、燃料等进行资源化处理。

13.2 鱼类控制

13.2.1 鱼类投放

用于在盐龙湖工程中投放的鱼类应来自持有《水产苗种生产许可证》的当地苗种生产单位。鱼类苗种应当是本地种的原种或者子一代,正常情况下,盐龙湖需投放的鱼类主要为鲢鱼、鳙鱼等滤食性鱼类,以及黑鱼、鳜鱼、黄颡鱼等肉食性鱼类。如需放流其他鱼类,应当通过严格论证后再予以实施。禁止使用外来种、杂交种、转基因种以及其他对生态格局安全产生威胁的鱼类物种进行投放。

1) 滤食性鱼类投放

滤食性鱼类投放的作用在于控制蓝藻水华。在盐龙湖深度净化区放养鲢、鳙鱼是"人放天养"的模式,鱼类密度不宜过高。盐龙湖深度净化区水质较好,按 25 kg/亩的标准控制。深度净化区鲢、鳙鱼的适宜投放比例为 7：3,投放规格为 100～150 g/条。一般情况下,在每年春季(水温达 10℃以上)进行投放工作。

2) 肉食性鱼类投放

肉食性鱼类投放的作用在于控制杂食性、草食性鱼类的数量,防止盐龙湖生态系统失衡。通过盐龙湖原水泵站,可从蟒蛇河带入部分鲌鱼等中上层凶猛鱼类。可在预处理区内投放一定的中下层凶猛性鱼类,投放数量鳜鱼按 3 条/亩、黑鱼按 1 条/亩控制,投放规格为

250～500 g/条,实现对杂食性、草食性鱼类的首站控制。为保证沉水植物区、深度净化区水生植物(尤其是沉水植物)的生长,应严格控制草食性鱼类数量,在上述两区投放鳜鱼按2条/亩、黑鱼按1条/亩控制。结合控藻投鱼措施,盐龙湖各功能区的鱼类投放要求见表13-6。

表13-6　盐龙湖鱼类投放表

编号	投放区域	投放种类	投放规格	投放密度(条/亩)	投放数量(条)	投放重量(kg)
1	预处理区	鳜鱼	250～500 g/条	2	592	148
		黑鱼	250～500 g/条	1	296	74
2	沉水植物区	鳜鱼	250～500 g/条	2	1 116	279
		黑鱼	250～500 g/条	1	558	139.5
3	深度净化区	鲢鱼	100～150 g/条	5～6	9 184	1 148
		鳙鱼	100～150 g/条	2～3	3 936	4.92
		鳜鱼	250～500 g/条	2	3 146	786.5
		黑鱼	250～500 g/条	1	1 573	393.5

13.2.2　鱼类捕捞

1)日常捕捞

将鱼类捕捞工作纳入盐龙湖日常管理工作范围。利用设置在各功能区的网箪作为鱼类常规监测点,并辅以丝网、地笼等捕鱼措施,跟踪观测盐龙湖工程各区鱼类的种类、数量、种群变化和生长状态,保证每旬1～2次的调查频率,如发现鱼类数量或种类不能满足盐龙湖控鱼要求,应及时开展捕鱼工作。所捕获的草食性鱼类应予以全面清理,滤食性、肉食性鱼类则采取抓大放小原则,总体将鱼类总量控制在每亩15～25 kg。

2)年底清捕

一般情况下,每年冬季12月左右对不同食性的成鱼进行选择性捕捞。预处理区捕鱼宜采用拖网的方式;挺水植物区捕鱼可以采用降低水位清塘的方式;沉水植物区内沉水植物较多,为保护植物不受伤害,宜采用网箪、丝网及抛网等方法进行捕鱼;深度净化区水面较大、水位较深,宜采用划片分隔、拖网赶鱼的方法捕鱼。

13.3　大型底栖动物

底栖动物是盐龙湖水生态系统中重要的分解者,起到摄食底栖藻类与有机碎屑、过滤水质等作用。盐龙湖内出现的各类大型底栖动物均为从蟒蛇河原水泵站带入后自行生长的,正常情况下不需刻意进行维护,当出现底栖动物死亡漂浮于水面时,及时采取人工打捞方式清除。

13.4　青　苔

水体青苔为附着生物,是丝状绿藻等低等水生植物的总称。主要附着生长在水草叶片及石头上,以绿色品种居多,外形多半为棉花状、线状、网状或刷状。青苔较为适宜水流速度较缓、硝酸盐和磷酸盐含量较高、透明度较好的水体。青苔一般生长水温为0~25℃,低于0℃或高于25℃都会停止生长。温度为10~20℃时,青苔生长繁殖最为迅速,其疯狂蔓延,不仅影响景观,而且导致其他物种生长空间的缩小,覆盖于沉水植物表面,破坏生态系统平衡。每年的3~6月份和9~12月份,透明度高的水体大都会有青苔出现。

人工打捞是目前盐龙湖水源地处理青苔比较有效的方法。其主要管护方法为:① 青苔刚长出时,应及时打捞干净,可有效预防其扩张;② 在青苔高发期,即每年的春季和秋季,针对闸门、溢流堰、拦污栅和景观平台等重要节点,每天安排专人集中清理,保证以上节点无青苔残存影响景观和水质;③ 打捞上岸的青苔可先置于岸坡上晾晒,干化后集中妥善处理。

13.5　人 工 介 质

(1)定期观测人工介质的挂膜情况,观测周期定为每2月一次。健康的生物膜中微生物处于对数增长期,新陈代谢较快,表现为生物膜呈黄褐色,厚度适中,不断有新膜长出与老膜的脱落现象。若发现组合填料上泥沙吸附过多,或者发生丝状藻覆盖缠绕现象,需及时采用人工方法清理填料表面。

(2)定期观测填料脱落情况,观测周期为每2月一次。阳光照射及风化作用会使填料悬挂绳老化,如填料大量脱落会造成水质净化效果的下降。发现有填料脱落的现象后,应及时对填料进行重新悬挂或更换。

13.6　预处理区清淤

在盐龙湖近期20万 m³/d 的进水负荷下,预处理区底泥按平均16 cm 的厚度增长,沉积泥量约为1.6万 m³/y。近期预处理沉淀区的清理周期为3年,远期可根据蟒蛇河原水悬浮物的变化规律以及进水量来适当调整清淤周期,使沉积物平均厚度不超过0.5~1.0 m。清淤工作宜安排在每年的冬、春季或其他外河水质较好的时段完成。预处理清淤的管护方法如下。

(1)按照特殊工况运行调度章节中的预处理区放空方法,打开涵闸1、7将水位降低至1.7 m 左右高程。

(2)对于沉淀池内的含固率较高的淤泥,可由挖泥船开挖方法清理,挖泥船可由通冈河驶入,通过吊车将船由通冈河吊入预处理区内,开挖的淤泥也可经吊车搬运至通冈河,通过水路外运处置。

(3)对于含固率较低的淤泥,可由高压水枪进入冲刷清淤,将泥水混合液通过泥浆泵向排泥场排放。

(4)清淤后一段时间内水体较为浑浊,可采用同时开启进水泵与涵闸1、7放空的方式持续换水1~2 d,水质澄清后关闭涵闸1、7恢复正常工况。

(5)做好清淤期间人工介质的维护检修工作,避免泥水过多附着在组合填料表面。

(6)合理安排清淤工作,缩短清淤周期,每次清淤时间宜小于7 d。协调好预处理区内外圈独立清淤关系,避免同时清淤而影响盐龙湖正常供水。

第十四章　常见与突发问题防治

14.1　盐龙湖出水水质略有超标

盐龙湖深度净化区蓄水库容大,水质相对稳定,一般情况下出水水质不会发生突变,水质超标现象可以利用生态净化功能,通过对前端净化工艺进行调节而加以避免。如出现水质超标现象,应从如下方面开展工作:① 回顾近期水质监测数据、生态观测与管护工作内容,初步判别超标原因。② 对深度净化区水质进一步取样监测,排除采样、试验过程中带入的误差。③ 如水质监测显示仍超标,应对具体污染来源进行判断,如为原水超设计负荷带入,应减少或暂停原水泵站向湖内进水;如原水指标正常,则利用全流程水质数据,判断是何功能区出现问题。④ 采取措施减轻或消除影响因素,如加强生态管护、运行工况调度等。

14.2　水色及嗅味异常

自然条件下水体色度和嗅味主要是由水中天然有机物、藻类及一些藻类代谢产物引起的,水体中主要的致色官能团是双键和芳香环,而产生嗅味的物质较多,常见如藻类代谢过程中分泌的强致臭有机物二甲基异莰醇(2－MIB)等。造成盐龙湖各功能区水色及嗅味异常的原因主要为:① 未清理干净的水生植物残体在春季气温回升季节加速分解,在雨水冲刷或浸泡条件下导致水色发褐、发红;② 硅藻、甲藻及裸藻等在适宜温度及水文条件下大量繁殖,造成水色发红。上述情况均可造成春季水色及嗅味异常,同时也会造成水体 COD_{Mn}、叶绿素 a 等指标的上升。

如发现上述问题,应组织劳动力进行源头分析,在尽可能短的时间内,及时打捞各功能区的水花生和茭草、挺水植物区残存枝叶;同时加大原水泵站进水量,打开各功能区放空涵闸,打开输水明渠放空管,缩短水体更新周期,加大水体流速。通常采取上述措施后,水色及嗅味问题将在几天内有所好转。

14.3　挺水植物倒伏

挺水植物区的各类挺水植物,尤其是茭草在夏季 6～7 月份生长速度快,植株易出现过高过密的情况,在较大风雨等天气条件易发生倒伏,从而造成湿地内部通风及光照条件不佳、水生植物腐烂等后果。为应对上述问题,可采取以下措施。

(1) 干湿交替。在植物生长季节定期进行昼夜干湿交替,可改善湿地土壤厌氧环境,提高水质净化效果,同时也有利于挺水植物根系的生长,从而增强植物的固根能力,提升植物的抗倒伏效果。

（2）间苗。在春季4、5月份挺水植物萌发初期，对于生长过于茂密区块进行人工早期干预，通过间苗措施控制挺水植物的密度。

（3）夏季收割。在春季6、7月份，对于植物密度过高、生物量过大区块进行挺水植物整体收割，促进挺水植物的夏季二次生长，使挺水植物群落在整个生长周期内始终保持较低矮的状态。

（4）人工扶正。对于已发生倒伏，但依旧能够正常生长的植株可通过捆扎的方式进行人工扶正，防止其长期浸泡在水中因缺氧而腐烂。

14.4　水生植物病虫害

14.4.1　芦苇病虫害

（1）常见病害主要有芦苇瘟病、芦苇小斑病、芦苇支链抱叶霉病、芦苇锈病等。特征：在芦苇生长前期，如果芦苇瘟病严重发生，苇株在孕穗期前枯死；有些苇株虽不枯死，但抽出的新叶不易伸长、植株萎缩。在生长后期植株顶端仅有几粒缘叶，其余叶片均枯死，不抽穗。

（2）常见虫害主要有缘毛长突飞虱、条锹额夜蛾、苇户额夜蛾、芦禾草螟、芦苇粉大尾蚜。特征：虫害严重时，可将造成植株枯心死亡，使植株中上部干枯。或造成芦苇节间缩短，植株矮小，不能抽穗，枯萎死亡。

14.4.2　茭草病虫害

（1）常见病害主要有胡麻叶斑病、锈病、茭白纹枯病等。特征：胡麻叶斑病表现为叶片出现黄褐色小点，后期病斑边缘为褐色，中间呈黄褐色或灰白色。锈病表现为叶片的正面和背面都会出现黄褐色隆起的小孢斑，小孢斑破裂后，散出锈色粉状物。病斑散生，不规则排列。严重时造成叶片枯死或使植株生长矮小。茭白纹枯病表现为近水面的叶鞘具暗绿色水渍状椭圆形小斑，后扩大并相互连合成云纹状或虎斑状大斑，边缘深褐色，严重时，叶鞘叶片提早枯死。

（2）常见虫害有飞虱、螟虫等。特征：茭草植物附着大量害虫，使叶片枯萎，植物矮小，严重时出现植物枯死现象。

14.4.3　狭叶香蒲病虫害

（1）常见病害主要有黑斑病、褐斑病等。特征：主要危害叶片。发病初期，叶上出现褪绿的病斑，后期呈圆形或不规则形，褐色。严重时，病斑连成片，除叶脉外，全叶枯黄。

（2）常见虫害是蚜虫。特征：香蒲性强健，不易患病，但植株生长衰弱，枝叶过于密集，不通风条件下易遭蚜虫危害。主要危害幼嫩枝叶，常造成嫩叶、嫩茎扭曲，影响植株生长和降低观赏件。

14.4.4　防治措施

植物生长季节安排专人巡视各区，一旦发现植物病虫害情况，应及时采取措施防治，盐龙湖为饮用水水源地,植物一旦发生大面积病虫害,不能使用杀虫剂和农药等措施,所以需采用无毒、无有害物质残留的物理和生物方法杀灭病虫害。具体预防病虫害治理方法如下。

1) 及时移除病株

对已发生病虫害的植株及时移除外运,同时改善湿地内的通风条件,适当疏苗,防止病虫害的进一步扩散。

2) 石灰水驱虫

对于小面积的病虫害,可采用喷洒石灰水清液的方法,研究证明:每 7～10 d 叶面喷洒一次 0.1% 的石灰水澄清液,均匀喷施植物的叶片和花果,以开始有水珠往下滴为宜,便可有效地杀灭危害植物的蚜虫、凤蝶、毒蛾、害螨和灰霉病、炭疽病、疫病、脐腐病、叶斑病、霜霉病等病虫害,保证植物的正常生长发育。

建议使用石灰水喷洒的方式进行治理,喷洒前关闭病虫害区域进出水闸门,喷洒后开启出水阀门并通过溢流管将水体排入通岗河,以保证深度净化区水体不受影响。

3) 多频振式杀虫灯

多频振式杀虫灯是利用害虫趋光性进行诱杀的一种物理防治方法,只需交流电源,没有有毒物质释放和残留,较适合于盐龙湖饮用水水源地工程。多频振式杀虫灯是利用害虫较强的趋光、趋波、趋色、趋性信息的特性,将光的波长、波段、波的频率设定在特定范围内,近距离用光、远距离用波,加以诱到的害虫本身产生的性信息引诱成虫扑灯,灯外配以频振式高压电网触杀,使害虫落入灯下的接虫袋内,达到杀灭害虫的目的。

14.5　底栖动物集中性死亡

底栖动物作为水生态系统中的指示生物,对环境变化较为敏感。盐龙湖底栖动物少量死亡属正常现象,但若发生集中性大量死亡,则需予以重视。管理过程中如发现有河蚌等底栖动物出现异常死亡现象,应立即回顾近期盐龙湖的运行工况、水质情况与安全保卫情况,并加强水质指标监测工作。同时应取底栖动物样品,通过肉眼检查其表观特征与行为特征,对照常见疾病的症状判断有无患病可能。针对不同的死亡原因,可采取的应对措施如下。

(1) 水质污染。立即向上级汇报,关闭原水泵站停止进水,封闭各功能区之间的涵闸口门,视情况选择是否需要暂停向市区供水。联系环保部门开展水质化学污染监测工作,重点关注毒性指标,找出污染物种类及来源。采取换水措施将污染物排除,由环保部门确认后恢复正常供水。

(2) 高温暴晒。在高温时段减少低水位运行的时间;在水位调节的过程中,避免陡升陡降。若出现河蚌等底栖动物死亡的情况,应集中组织人员对漂浮的螺蚌残体进行彻底清理,以减轻残体腐烂分解对水质及生态系统造成的不利影响。

(3) 患病死亡。定期监测水体中底栖动物群落结构,发现有少量底栖动物死亡情况,应及时组织人力清捞。如在某一区发生较大规模的死亡现象,在条件许可的情况下应暂停进水,同时关闭该区所有上、下游口门,集中人力在短期内将病死个体全面捞除,防止致病原向其他区域蔓延。同时及时将样本送检，尽早查出病因，适时采取药剂、消毒、清塘等措施。

14.6 鱼类集中性死亡

14.6.1 死因分析

一般情况下盐龙湖发生鱼类死亡的主要原因包括水质污染、缺氧、高温暴晒、患病等。夏季高温季节出现少量鱼类死亡属正常现象，但若发生集中性大量死亡，则需予以重视。管理过程中发现有鱼类出现异常集中死亡现象后，应立即回顾近期盐龙湖的运行工况、水质情况与安全保卫情况，并加强水质多指标监测工作。同时应取病死鱼类样品，通过肉眼、显微镜检查其表观特征与行为特征，对照常见疾病的症状判断有无患病可能。

14.6.2 一般性措施

（1）水质污染。立即向上级汇报，关闭原水泵站停止进水，封闭各功能区之间的涵闸口门，视情况选择是否需要暂停向市区供水。联系环保部门开展水质化学污染监测工作，重点关注毒性指标，找出污染物种类及来源。采取换水措施将污染物排除，由环保部门确认后恢复正常供水。

（2）缺氧。盐龙湖各功能区水体通常不会发生缺氧现象。如在水质监测过程中发现沉水植物区、深度净化区的溶解氧低于 2 mg/L 时，应分析水体低溶氧的原因并及时排除干扰，采用临时增氧设施对水体进行充氧。

（3）高温暴晒。在高温时段尽量避免各区水位过低，尽量减少低水位运行的时间。若出现少量鱼类死亡的情况，应集中组织人员对漂浮的残体进行彻底清理，以减轻死亡鱼类等残体腐烂分解对水质及生态系统造成的不利影响。

14.6.3 常见鱼病识别

盐龙湖鱼类主要种群为鲢鱼、鳙鱼、草鱼、鲫鱼、黑鱼等。这些鱼类的常见疾病和特征如下。

1）鲤水肿病

（1）病原。此病是由病毒和细菌双重感染而引起的，细菌主要是点状产气单胞菌，病毒是原发性病原，细菌是继发性病原，不利的环境因素是催化剂。

（2）病症。患病初期的病鱼皮肤和内脏有明显的出血性发炎，皮肤红肿，出现浮肿红斑；病鱼行动迟缓，离群独游，有侧游现象，有时静卧水底，失去游动能力，不久死亡。

（3）流行情况。我国大部分地区均有鲤水肿病的发生，主要危害 2～3 龄鲤鱼。

2）锚头鳋病

（1）病原。多种锚头鳋寄生而引起的鱼病。锚头鳋体大、细长，呈圆筒状，肉眼可见。虫体分为头、胸、腹三部分，但各部分之间没有明显界限。

（2）病症。鱼体被锚头鳋钻入的部位，鳞片破裂，皮肤肌肉组织发炎红肿，组织坏死，水霉菌侵入丛生。锚头鳋露在鱼体表外面的部分,常有钟形虫和藻菌植物寄生,外观好像一束束的灰色棉絮。

（3）流行情况。以秋季流行最严重。

3）鳃霉病

（1）病原。由鳃霉菌寄生在鱼鳃上引起的鱼病。

（2）症状。病鱼不摄食,游动迟缓,鳃部呈充血和出血状,鳃瓣有点充血,失去正常的鲜红色而呈粉红色或苍白色,严重者鳃丝坏死,影响呼吸功能,导致病鱼死亡。

（3）流行情况。每年5～10月为流行季节。

4）打印病

（1）病原。嗜水气单胞菌及温和气单胞菌。

（2）症状。病鱼在背鳍后的体表有近似圆形红斑,病灶处鳞片脱落,最后形成溃疡甚至露出骨骼或内脏。

（3）流行情况。主要鱼病之一,主要危害鲢、鳙鱼、团头鲂等,在各个发育生长阶段中都可发病,此病在华中、华北较为流行,夏、秋两季流行最盛。

5）碘泡虫病

（1）病原。由多种碘泡虫寄生而引起。

（2）病症。在鲫鱼的吻部及鳍条上分布着大大小小的乳白色圆形胞囊,患碘泡虫病的病鱼,鱼体消瘦,特别是各种胞囊让人望而生畏,使鱼失去商品价值。

（3）流行情况。在全国各地都有流行,并有日趋严重的趋势,有的可引起病鱼大批死亡。

14.6.4　鱼病防治措施

1）合格的鱼种

用于投放的鱼类物种,应当来自持有《水产苗种生产许可证》的苗种生产单位。鱼类苗种应当是本地种的原种或者子一代,确需放流其他苗种的,应当通过专家论证。禁止使用外来种、杂交种、转基因种以及其他不符合生态要求的水生生物物种进行增殖放流。

2）安全的运输

在对鱼苗、鱼种拉网以及筛选、运输过程中应细心操作,采取必要的保护、保鲜措施防止鱼体在运输过程中相互碰撞受伤。

3）投放前检疫及消毒

盐龙湖所有投放的鱼苗须具备检疫部门的合格证明,投放的鱼类应在非疫区采购,选购的鱼种务必做到规格统一、健康无病。应重视鱼类投放前检疫消毒工作,采购的鱼种投放前必须取得当地卫生检疫部门或水产部门出具的检疫证书。在鱼种投放入水前,须采用安全的消毒剂（如10 ppm* 的漂白粉、3%～5%的食盐水、20 ppm 的高锰酸钾溶液）浸泡消毒20～30 min。

---

* 1 ppm＝0.001‰。

4）鱼类密度的常态化控制

将鱼类调查、捕捞工作纳入盐龙湖日常管理工作范围。利用网簖作为鱼类常规监测点，并辅以丝网、地笼等捕鱼措施，跟踪观测盐龙湖工程各区鱼类的种类、数量、种群变化和生长状态，保证每旬 1～2 次的调查频率，如发现鱼类数量或种类不能满足盐龙湖控鱼要求，应及时开展捕鱼工作。捕鱼工作中所捕获的草食性鱼类应予以全面清理，滤食性、肉食性鱼类则采取抓大放小原则，将鱼类总量控制在每亩 15～25 kg。

5）鱼病日常观测

结合鱼类日常捕捞及调查工作，定期观测渔获物的外观及行为特征，判断鱼类是否有明显的患病现象，同时依托水产部门的专业团队力量，结合盐城周边地区鱼病的流行情况，在每年 5～9 月各类疫病害易发期间对盐龙湖的各类水生动物（底栖动物、鱼类）开展2～3 次现场调查与专家座谈。一旦发现有病、死鱼的苗头立即取样化验，以便及早发现并诊断病害，采取有针对性的防治措施。

6）鱼类的全面清捕

在日常野杂鱼的清捕基础上，每年冬季或鱼病有爆发迹象的前期集中安排彻底的清塘捕鱼工作。可采用渔网将盐龙湖深度净化区分隔成若干狭长的水面，分别对上述水面采用双动力船同速同向拖网的方式，将鱼群赶至狭长水面末端网箱内，再将网箱封闭将鱼外运，从而实现对鱼类高效、全面、迅速的清捕。

7）鱼病治理与消毒

出现鱼病时，应谨慎选择鱼药和消毒剂，若向库区投加，须征得相关部门的同意；加大库区换水力度，并在出水口处添加消毒剂；死鱼及时捞出并进行无害化处理；对库区周围死鱼污染的区域，如石笼、路面等采用 3～5 ppm 次氯酸钠进行消毒。

14.7 蓝藻水华

14.7.1 预防措施

（1）同时开启溢流管与排空管，缩短深度净化区水力停留时间，加强水体流动交换。当原水较好时，通过加大深度净化区进水量，同时开启取水泵站排空管加大出水量。据测算，当深度净化区日进出水量由 20 万 m³ 提高到 30 万 m³ 时，使整个库区水体流动交换周期缩短 8～9 d，可大大降低水华风险。

（2）采取多点进水措施，避免出现大面积滞留区。盐龙湖深度净化区共设计有 5 个进水口门，可对库区进行多点进水，从而带活水体。据二维水动力模型验算，在相同进出水规模下，5 个口门均匀进水也可最大程度缩短水力停留时间，对水华可起到进一步控制作用。

（3）深度净化区现状布设了 10 台太阳能循环复氧机，可通过对水体上、下层混合作用起到藻类抑制作用。在管理过程中，可根据藻类聚集的实际情况适当移动太阳能增氧机的位置，对深度净化区重点关注区域、长期水体流态不佳的区域进行重点防治。

（4）在每年 5～9 月份水温达到 25℃ 左右时，尤其是天气晴朗的无风天气条件下，藻类的生长十分迅速,应重点加强深度净化区水质与藻类监测工作。在每日现场巡视的基础上,保证每周开展 3～5 次水质及叶绿素 a 的监测,同时定期开展藻类监测工作,以及时掌握库区水质与藻类动态并采取相应措施。

（5）在近期盐龙湖供水规模较小的情况下,宜在夏季对深度净化区采取低水位（1.0 m 左右）运行工况,在必要时还可采取水位波动的措施,以减少水力停留时间,降低水华发生的风险。

14.7.2　应急措施

1）调活水体、溢流排放

目前,深度净化区东北角及西南角各设置了一个溢流管,如出现水华现象,可加大蟒蛇河泵站的进水量,视情况调控深度净化区的 5 个进水闸门以利于将水华冲引至溢流口区域,并打开溢流管,加大库区水体循环,通过溢流排放管排放表层水华水体,达到应急控制水华的目的,减少对水库水质的影响。

2）移动式拦藻围格,辅助溢流排放

根据盐龙湖工程深度净化区实际情况,为了使溢流管能更好地将水体表层的水华溢流出库,可采用生物过滤网膜等材料作为移动式围格,一头固定在岸上或由岸上人员掌控,另一头固定在一艘小船上,移动小船,慢慢将远离溢流管的蓝藻逐步拦截到溢流管附近,以提高溢流水华的效率。

3）固定式围隔拦挡,保护取水口水质

为保护泵站取水口等特定的水域不受蓝藻入侵,可采用水体围隔软帘、PVC 围隔等材料组成固定式围格拦挡。该种方式在太湖蓝藻水华及其污染物导流拦截工程中已有应用。

4）库区放空

如果水体蓝藻已经威胁到供水安全,则须暂停盐龙湖供水,启用备用泵站,利用深度净化区取水泵站装机,对库区水体进行放空。

5）发生蓝藻水华的其他应急措施

超声除藻法是以低功率超声破坏藻细胞内的气泡,使藻细胞生物活性消失,降低水体中藻细胞的浓度,同时不会导致藻细胞粉碎性破坏而释放毒素。但该方法仅能短期内改善水体感官,不能将藻类本身含有的营养物质移除出水体。

微纳米气浮除藻法是通过运用微纳米气泡,将水体中蓝藻"裹挟"浮于水面,使得藻水有效分离,以便于人工或机械打捞藻渣。

超声除藻法或气浮除藻法均需要购买相关的船只设备,可视盐龙湖工程运行后期水华发生的实际情况,作为备选措施。

第十五章　主要设备的操作规程与管理

15.1　原水泵站操作与管理

15.1.1　主要设备

原水泵站共安装 5 台泵组,其中 1 台为备用,泵组型式为 900ZLB 型立式轴流单向泵,单泵流量为 2.5 m^3/s。原水泵站水力机械主要设备见表 15-1。

表 15-1　泵站水力机械主要设备表

序号	名　称	型 号 及 规 格	单位	数量	备　注
1	水　泵	900ZLB 型立式轴流泵; 叶轮直径 Φ850 mm; 设计净扬程 2.88 m; 流量 2.5 m^3/s; 转速 485 r/min,配套电机 155 kW	台	5	
2	侧翻式拍门	Φ1 200 mm	套	5	
3	起重机	电动单梁起重机, 起吊重量 5 t,跨度 6.5 m	台	1	
4	检修排水泵	65QW25-12.5 潜水排污泵, $Q=32.5$ m^3/h,$H=10.2$ m,$N=2.2$ kW	台	2	移动式
5	渗漏排水泵	50 DAS7-12-0.75 型潜水排污泵,$Q=$ 5 m^3/h,$H=12$ m,$N=0.75$ kW	台	2	自动型、带浮子
6	水位计	超声波水位计, $0\sim8$ m,输出 $4\sim20$ mA	套	2	进、出水池水位

15.1.2　开关室的运行

1) 高压开关室安全运行

(1) 高压室受电前,室内应清除杂物,停止其他施工,门窗完好,防水、防尘、防小动物窜入,防火设施齐全,门能上锁。

(2) 受电前对所有高压开关柜内外清扫、除尘,对电气设备、硬母排、电缆等绝缘测试良好、耐压合格,其他参数测试应能满足运行要求,认真检查电气连接,螺栓应紧固无松动等。组织有关部门进行可靠性安全检查,做到万无一失。

(3) 高压受电后非相关工作人员未经许可不得进入高压开关室内。

（4）有关调试人员进入高压室作回路调试、变更、增添回路接线等必须通过联动小组。

（5）高压操作必须严格执行操作命令票制度及操作监护制度。

（6）没有操作命令，任何人不得随便操作开关按钮。

（7）临时松解一、二次回路接线作检查后应随时恢复原样并保证电气连接可靠。

（8）柜子内高压带电后严禁打开盘后封板、开启仪表继电器小室做回路检查、更换元件等作业。

（9）进入高压室作巡视检查时，禁止用手触摸带电设备。

（10）高压室运行中发生意外事故的处理：当发生火警、人身触电、设备故障应紧急分闸，由当班值班长组织指挥事故处理。其他人员应坚守岗位，不得擅离职守。

（11）事故处理步骤：① 断开事故端电源开关；② 进行事故抢救；③ 保护好事故现场，同时向调度领导小组报告；④ 如事故开关无法分断时应断开上一级开关。

2）低压开关室安全运行

（1）低压开关室具备条件后应采取封闭措施，非运行工作人员不得入内。

（2）首次送电前应检查各线路绝缘电阻，不得低于 0.5 MΩ，核对相序正确。

（3）对电缆末端不具备送电的受电开关必须加锁严禁送电，设备检修中的受电开关上必须悬挂"禁止合闸、有人工作"的警告牌。

（4）机组设备运行中，严禁停断相关的辅机电源开关，如直流屏电源、微机电源等。

（5）发生电气火灾时必须用适用于电气设备的灭火器来灭火。

15.1.3　主机泵的运行

（1）主机泵投运前必须检查主电机绝缘电阻，不得低于 0.5 MΩ。

（2）首次投运前对电机进行细致的检查，应无遗留杂物。

（3）检查各部分螺栓（特别是旋转部分）是否连接牢固。

（4）检查电机外壳接地应正确，接地均应良好。

（5）检查润滑油的油色、油位应正常，润滑水符合要求。

（6）检查进出水流道应无影响主机泵安全运转的障碍物。禁止人员在泵站附近河道内游泳、捕鱼。

（7）主机运行中，禁止用手触摸转动部分，禁止触摸带电的高压电缆。

（8）紧急停机：遇有下列情况应紧急停机：① 主机及电气设备发生火灾或严重设备事故、人身事故；② 主机运转声音异常、发热，同时转速下降；③ 主机泵突然发生强烈震动；④ 主泵内有清脆的金属撞击声；⑤ 辅机系统有故障，危及安全运行；⑥ 直流系统故障，一时无法恢复；⑦ 上、下游河道发生人身事故或险情；⑧ 10 kV 系统突然停电；⑨ 如上、下游水位超过设计水位，视具体情况停止部分或所有机组。

（9）紧急停机的决定权在当班值班长。值班员发现异常事故及时向值班长汇报，并积极配合事故处理。事后及时向调度领导小组说明情况。

（10）事故停机后应及时断开相关电源，退出高压开关手车。

15.2　闸门及启闭机的操作及管理

15.2.1　主要设备

盐龙湖工程的金属结构设备分布在整个水源生态净化各区域之间的控制建筑物中,主要建筑物及设备功能见表 15-2。

表 15-2　金属结构设备分布及功能表

序号	净化区	设 备	数量	单位	功 能
1	原水泵站	检修闸门	5	扇	泵组检修
2	预处理区	溢流堰1(含可调节堰板)	1	座	均匀配水及跌水增氧,并将取水泵站出水分别溢流至预处理区的内湖及外湖
		挡水板	1	道	使溢流进入预处理区的水从中、下部开孔处均匀过流
		涵闸1	1	座	在外湖维护、清泥时用于放空外湖
		涵闸7	1	座	在内湖维护、清泥时用于放空内湖
3	生态湿地净化区	配水闸	18	座	根据运行要求调节各单元的进水流量
		溢流调节闸	2	座	控制挺水植物区水位,调节范围 1.9～3.1 m
		涵闸8	1	座	将挺水植物区出水排放至输水渠道,直接输送至深度净化区
		涵闸9、10	2	座	挺水植物区水位低于2.9 m时由此过流
4	深度净化区	涵闸2、3、4、5、6	5	座	调节深度净化区的进水流量,放空沉水植物区

15.2.2　原水泵站

为便于泵组检修,在泵组流道进口设置了工作闸门,每台泵组 1 扇,共 5 扇,其型式为平面定轮钢闸门,闸门孔口尺寸(宽×高)为 3.00 m×1.60 m。闸门顶、侧止水采用 P 型水封,底止水采用 H 型水封,支承采用悬臂轮,每扇闸门设 4 只,轮径为 $\phi400$ mm。

工作闸门的操作设备采用集成式液压启闭机,启闭机的型号为 YJQPZ,容量为 2×63 kN,工作行程为 1.80 m。

工作闸门两吊点的同步通过行程检测装置检测到的两油缸的行程差,通过控制变频电机的转速来保证。

泵组出口侧设置检修闸门,配置检修闸门 1 扇。检修闸门采用浮箱式,平时锁定在孔口闸墩顶部。检修闸门的操作采用临时设备。

工作闸门通常处于关闭状态,在泵组开启前先启动液压泵站,将工作闸门提升至孔口门楣上方后液压泵站停止运行,再启动泵组运行,泵组停机后,再启动液压泵站将工作闸门下放至底槛后关闭孔口。当泵组检修需检修时,利用临时设备将出口侧的检修闸门关闭,利用泵组的充排水设施排除泵室内的水体,检修完成后,再利用充排水设施对泵室内充水,至检修闸门两侧水位齐平后将检修闸门起吊后锁定在检修门槽上方。

15.2.3 预处理区

1）溢流调节堰

设有可沿高度方向调节的堰板,堰板可在导槽内运行并能固定。根据预处理区内的蓄水要求,调节堰板顶高程可在 3.4～3.70 m 范围内调整。

2）挡水板

挡水板为固定高度的堰板,堰板下方与中间预留空洞,使溢流进入预处理区的水从中、下部开孔处均匀过流,并能保证过流水体翻卷滚动。

3）放空涵闸

为满足能对预处理区区域范围内进行清淤,设防空涵闸 2 孔(涵闸 1、涵闸 7),涵闸 1 底板工程为 1.70 m,涵闸 7 底板高程为 -0.10 m,可将预处理区内的水体排至蟒蛇河中。

涵闸的孔口尺寸(宽×高)均为 1.2 m×1.2 m,各设工作闸门 1 道,选用铸铁镶铜闸门,型号为 SFZP1200×1200,双向挡水设计,设计水头为 3.5 m,采用手电两用的螺杆式启闭机操作,涵闸 1 启闭机型式为 QLD,容量为 63 kN,单吊点,孔口中心至安装平台高度为 3.1 m,涵闸 7 启闭机型式为 QLD,容量为 80 kN,单吊点,孔口中心至安装平台高度为 4.0 m。

铸铁镶铜闸门的内、外侧预留了检修门槽,可为涵闸的检修、维护提供条件。

铸铁闸门可在设计水头范围内全水头进行开启、关闭操作。

铸铁闸门及相应启闭设备应根据供应商要求,并结合相应的规程规范定期对相关设备进行检查、维护,以确保设备的正常运行。

15.2.4 生态湿地净化区

生态湿地净化区设有 18 座配水闸与 2 座溢流调节闸以及涵闸 8、9、10 等 3 座输水闸。

1）配水闸

经过预处理的水体,经生态湿地净化区内的配水总渠,以及各配水支渠输送至区内的各分区,配水总渠与各支渠之间设有配水涵闸,闸底板高程为 2.1 m,孔口尺寸(宽×高)为 0.60 m×0.60 m,各设工作闸门 1 道,共 18 座,设计水头 1.4 m,选用手、电动两用方形蝶阀,型号为 SFD941X-1.0,可在全设计水头条件下操作开启、关闭。

方形蝶阀及相应启闭设备应根据供应商要求,并结合相应的规程规范定期对相关设备进行检查、维护,以确保设备的正常运行。

2）溢流调节闸

A～C 三个分区内水体经收集支渠汇总至收集干渠后通过设置的溢流调节闸再输送至 D 分区。

溢流堰调节闸 2 座,主要调节控制从 A～C 分区流入 D 分区的水量,设工作闸门 1 道。

溢流堰单孔宽度为 5.0 m,可满足在 1.90～3.10 m 调节水位。

调节闸门采用下卧门,闸门底部设有支铰(2 只),顶部设导流板,可门顶过流,闸门采用双吊点。

调节闸门的操作设备采用集成式液压启闭机,启闭机的型号均为 YJQPZ,启门容量为 2×80 kN,闭门容量为 2×30 kN,工作行程为 1.40 m。

3)涵闸 8～10

为控制生态湿地净化区输水条件,设有调节涵闸 8～10 共 3 孔,底板高程均为 0.80 m,孔口尺寸(宽×高)均为 3.5 m×2.3 m,各设工作闸门 1 道,选用铸铁镶铜闸门,型号为 SFZP3500×2300,双向挡水设计,设计水头为 2.9 m,均采用手电两用的螺杆式启闭机操作,启闭机型式为 QLD,容量为 2×80 kN,吊点距为 2.5 m,孔口中心至安装平台高度为 4.25 m。

铸铁镶铜闸门的内、外侧预留了检修门槽,可为涵闸的检修、维护提供条件。

铸铁闸门可在设计水头范围内全水头进行开启、关闭操作。

铸铁闸门及相应启闭设备应根据供应商要求,并结合相应的规程规范定期对相关设备进行检查、维护,以确保设备的正常运行。

15.2.5 深度净化区

为调节深度净化区的进水流量,放空沉水植物区,深度净化区设有涵闸 2～6 共 5 座。

涵闸 2、3 的底板高程为 0.50 m,涵闸的孔口尺寸(宽×高)为 2.3 m×1.7 m,各设工作闸门 1 道,选用铸铁镶铜闸门,型号为 SFZP2300×1700,双向挡水设计,设计水头为 2.1 m,采用手电两用的螺杆式启闭机操作,启闭机型式为 QLD,容量为 2×63 kN,吊点距为 2.0 m,孔口中心至安装平台高度为 3.45 m。

涵闸 4～6 的底板工程为 0.20 m,涵闸的孔口尺寸为 ϕ1.8 m,各设工作闸门 1 道,选用铸铁镶铜闸门,型号为 SYZP1800,双向挡水设计,设计水头为 2.1 m,采用手电两用的螺杆式启闭机操作,启闭机型式为 QLD,容量为 80 kN,单吊点,孔口中心至安装平台高度为 4.4 m。

铸铁镶铜闸门的内、外侧预留检修门槽,可为涵闸的检修、维护提供条件。

铸铁闸门可在设计水头范围内全水头进行开启、关闭操作。

铸铁闸门及相应启闭设备应根据供应商要求,并结合相应的规程规范定期对相关设备进行检查、维护,以确保设备的正常运行。

上述设备的运行还应参照工艺调度运行要求的规定执行。

15.3 电气设备维护与管理

15.3.1 主要设备

1)供电电源

盐龙湖工程采用双电源供电,供电电源电压等级为 10 kV,引入原水泵站变电所,由原水泵站Ⅰ段 10 kV 母线引一路电源至溢流堰调节闸箱式变和管理区变电所。

原水泵站水泵主电机起动采用软起动的方式。其余站用电机采用直接起动的方式。

2）电气接线及负荷

根据负荷情况，取水泵站设置两台 SCB10 系列干式变压器，容量 1 000 kVA，变比 10/0.4 kV；10 kV 母线采用单母线分段接线方式，0.4 kV 母线采用单母线分段带分段开关接线方式。溢流堰箱式变设置一台 SC10 系列干式变压器，容量 160 kVA，变比 10/0.4 kV；10 kV 母线和 0.4 kV 母线均采用单母线接线方式。

3）监控及视频

本工程控制采用计算机监控方式，按照分层分布式进行设计。系统共分三层，管理区上位机、监控 LCU 柜和现地控制箱（柜）控制。

计算机监控上位机系统由监控主计算机、通信计算机、以太网网络设备、打印机、GPS 对时装置等组成。

取水泵站泵房内配置 2 面 PLC 控制柜和 5 台主水泵软启动柜控制柜，水泵层设有一台渗漏排水泵控制柜。4 面增氧机设置在低压配电室内。

净化区内各涵闸就地设有手动控制箱，涵闸现场监控设备设有 1 面涵闸电动阀 PLC 控制柜和 2 台涵闸 PLC 控制箱。除涵闸 1 和 7 外其余 8 座涵闸、2 座溢流堰调节闸、18 座配水涵闸均通过 PLC 实现远方集中监控。

本工程设置有一套视频监视系统，实时提供图像信息显示预处理区、取水泵站、溢流堰调节闸、退水闸以及管理区的设备运行状况与厂区安全信息等。

4）直流系统

本工程设直流系统一套。直流电压为 220 V，蓄电池采用免维护蓄电池，容量为 100 AH。直流系统为微机监控系统，带有接地检测装置，可以自动进行充放电操作。

15.3.2　运行维护

15.3.2.1　保护配置

1）10 kV 进线保护配置

（1）电流速断保护。其保护整定值应大于一台机组启动、其余机组正常运行和站用电满负荷时的电流值，保护瞬时作用于跳进线柜断路器。电流速断保护采用三相式接线，接于进线柜电流互感器二次侧。

（2）过电流保护。过电流保护为后备保护，保护带时限跳进线柜断路器。过电流保护采用三相式接线，接于进线柜电流互感器二次侧。

2）变压器保护配置

（1）电流速断保护。电流速断保护，作为变压器引出线及内部短路故障的主保护，保护瞬时动作于断路器跳闸。电流速断保护采用三相式接线，接于出线柜电流互感器二次侧。

（2）过电流保护。作为变压器后备保护带时限动作于断路器跳闸。过电流保护采用三相式接线，接于出线柜电流互感器二次侧。

（3）温度保护。绕组温度升高，带时限动作于信号；过高，带时限动作于跳闸。

3）10 kV 母线保护配置

单相接地故障监视，接于 10 kV 母线电压互感器开口三角形，动作于信号。

低电压保护,接于 10 kV 母线电压互感器二次侧,带时限动作于信号。

15.3.2.2 操作流程

1) 主电动机

主泵启动及停止操作一般不允许手动进行,手动只在调试中使用。正常运行需要经监控主机或在主泵 PLC 触摸屏上进行。

主电机应逐台起动,以避免起动电流过大。

主电机应采用软启动器进行起动,不得直接起动,以防起动电流过大。

主泵设有紧急停机按钮,在紧急情况下,直接按下紧急停机按钮,泵组紧急停机,保证设备安全运行。

在特殊情况下,手动操作,应按照以下要求进行:检查所有电源正常、辅机正常,投入润滑水,打开进水闸门到全开;然后再开启主泵,水泵运行 5 分钟后关闭润滑水,水泵进入平稳运行状态。关机时要求直接关闭主泵,水泵关闭后,关闭进水闸门。

2) 10 kV 高压开关柜

对高压设备操作应严格执行操作规范要求,避免误操作。

3) 0.4 kV 低压开关柜

应检查每个回路低压开关电流整定值是否与设计值符合,同时可根据设备实际负荷适当减小开关整定值。

4) 渗漏排水泵

渗漏排水泵正常运行时,根据水位自动启停也可在中控室进行远方遥控,当切换开切至"手动"运行位置,可现地手动启停渗漏泵。

5) 0.4 kV 末端配电设备及电力电缆

本工程所有用电负荷均为低压负荷,接自 0.4 kV 母线。取水泵站部分重要的站用电负荷分别引自两段 0.4 kV 母线,当某段 0.4 kV 母线失电时,应注意电源的切换。

对 0.4 kV 末端配电设备应定期检查维护,防止发生故障。

通过电缆的电流不应超过其载流量。

6) 照明

照明维修和安全检查,并做好维护记录。带蓄电池的灯具同时应注意蓄电池的维护和更换。

应建立清洁光源和灯具的制度,定期进行擦拭。

更换光源时,应采用与原设计或实际安装相同的光源。

7) 接地

枢纽 10 kV 系统为中性点不接地系统;0.4 kV 配电系统采用 TN - S 制。应有专业人员负责定期检查接地的可靠性。

防直击雷利用屋面避雷带作为接闪器。雷雨天不应靠近接闪器。

8) 控制系统

泵组自动开停机,必须按流程进行。随时观察各设备的运行情况,做好整个监控系统及继电保护的日常维护工作。

手动开停机,必须按流程顺序进行。起动泵组前,必须确保进水闸门在全开位置,必须投入润滑水。在泵组停稳后,方可关闭进水闸门,以确保泵组的安全。

开机前,应检查软启动装置是否正常并投入,以保证泵组安全运行。运行中,应监测各设备运行参数、状态。

主设备停机时应定期、不定期检查设备,潮湿气候时,应开启控制柜内电加热装置,保证控制内设备的安全。

运行人员应根据泵站输电线路、运行扬程等各种情况,注意电机运行电流,以便总结和归纳运行经验。

运行中,出现故障,运行人员应及时处理。

出现下列情况应紧急停机,以确保泵组安全:① 水泵电流过大;② 电气事故;③ 电机堵转。

应认真做好监控系统计算机等设备软件版本的管理工作,特别注重计算机安全问题,防止因各类计算机病毒危及设备而造成微机保护和监控不正确动作及误整定、误试验等。

9)视频监视系统

视频设备平时应进行保养,设备运行时可直接开机,没有特殊要求。保养时主要对摄像头进行定期擦拭,上位机的定期维护,应进行定期开机,保证系统可用。

15.3.3　其他操作要求

(1)泵组 PLC 控制柜布置在现地,在现场可通过触摸屏直接监视泵组运行状态,以便进行设备的调试和试运行。

(2)闸门的编码器和行程开关应经常进行检查和率定。

(3)日常运行中需定期对渗漏排水泵浮子式水位计进行检测。

(4)在日常运行中,注意记录相关电气设备的运行数据,总结经验,以便调节相应保护定值。

(5)电气设备平常不运行时也要定期送电,保证设备安全。

(6)直流系统平常要定期维护,不少于一年一次核对性放电试验,保证直流系统可靠运行。

15.4　水质自动监测系统维护与管理

15.4.1　系统组成

盐龙湖工程设有 2 套水质自动在线监测系统,分别设在蟒蛇河取水口及沉水植物区出水口附近。

水质自动监测系统主要由采配水单元、预处理单元、分析单元、过程逻辑控制、数据采集及传输单元和辅助设备构成,水质自动监测系统结构见图 15-1。

(1)采水单元主要包括采水泵(潜水泵或自吸泵等)、采水管路等设备,配水单元主要包括配水管道及阀门等设备,所有主管路采用串联方式,管路干路中无阻拦式过滤装置,每台仪器都从各自的过滤装置中取水,任何仪器出现故障都不会影响其他仪器的工作。

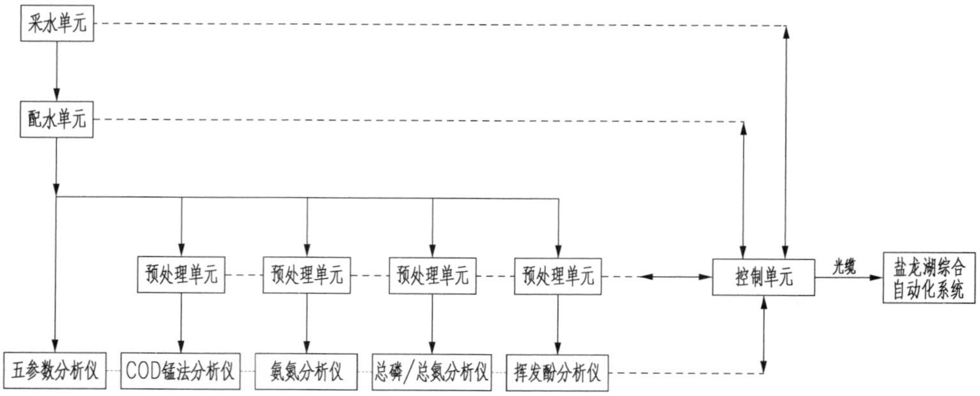

图 15-1　水质自动监测系统

（2）预处理单元主要包括沉淀及过滤设备、电磁阀、电动球阀、空压机、加药装置、增压泵及管路配件等设备，采用初级过滤和精密过滤相结合的方法，水样经初级过滤后，消除其中较大的杂物，再进一步进行自然沉降，然后经精密过滤进入分析仪表。预处理单元具备自动反清（吹）洗功能。

（3）控制单元主要包括 PLC 控制系统、数据采集传输控制仪、水质监控计算机、水质监控软件、温湿度计、稳压电源、防雷设备等。系统的控制单元应具有系统控制、数据采集、贮存及传输功能。控制单元通过数字通讯接口采集监测仪器实时数据并存储，数据采集装置与监控中心采用统一开放的工业以太网通讯协议，通过光缆进行数据传输并同时自动传入盐龙湖综合自动化系统各分控中心及集控中心数据库，并能对各级控制中心进行权限设置。

（4）分析单元主要包括各类仪表，pH、水温、电导率、浊度、溶解氧五参数分析仪、COD 锰法分析仪、氨氮分析仪、总磷/总氮分析仪、挥发酚分析仪（仅 1 号站配置）。

（5）辅助设备由冷却水及纯水单元、配电系统及 UPS 单元、超标留样系统、红外感应探测器及防盗摄像系统、网络接入系统和专用工具等几个子单元组成。

15.4.2　维护与管理

1）一般要求

水质自动监测站应保持各仪器干净清洁，内部管路通畅，出水正常。对于各类分析仪器，应防止日光直射，保持环境温度稳定，避免仪器振动，日常应经常检查其供电是否正常、过程温度是否正常、工作时序是否正常、有无漏液以及管路是否有气泡、搅拌电机是否工作正常等。

2）每天定期远程检查

技术人员每天上午和下午两次通过中心站软件远程下载水站监测数据，并对站点进行远程管理和巡视，内容包括：① 根据仪器分析数据判断仪器运行情况；② 根据管路压力数据判断水泵运行情况；③ 根据电源电压、站房温度、湿度数据判断站房内部情况。

发现数据有持续异常值出现时，应立即前往现场进行调查，必要时采集实际水样进行人工分析。

3）每日定期巡视

每日应巡视 1~2 次,主要作业内容包括：① 查看各台分析仪器及辅助设备的运行状态和主要技术参数,判断运行是否正常；② 检查水站电路系统、通讯线路是否正常；③ 检查采水系统、配水系统是否正常,如采水浮筒固定情况、自吸泵运行情况等。

4）质量保证与质量控制

（1）仪器校准。应按仪器的操作手册对自动监测仪器定期进行校准。

（2）试剂配制与有效性检查。所有使用的试剂必须为分析纯,且未失效；标准溶液贮存期除有明确的规定外,一般不得超过 3 个月；标准溶液和试剂的配制按计量认证的要求进行。

（3）标准溶液核查使用国家认可的质控样（或按规定方法配制的标准溶液）,每周对自动监测仪器进行一次标准溶液核查,计算其准确度和精密度。质控样（或标准溶液）测定的相对误差不大于推荐值的 ±10%,相对标准偏差不大于 ±5%。并记录核查结果。

（4）手工比对实验。每月应按照规定的监测分析方法进行一次比对实验,对实际水样进行实验室分析,并与自动监测仪器的测定结果相比对,比对实验结果相对误差不大于 ±15%。

5）数据审核

技术人员每日两次对数据进行检查,发现异常数据应及时判断和处理,并记录处理办法,此为一级审核；每日由技术人员将水质自动监测数据提交技术负责人进行二级审核。

6）有关部件定期清洗与维护

（1）水泵与取水管路（主要为河道中）。水泵应定期清洗过滤网。对于自吸泵,应定期清洗采水头；对于潜水泵,应定期清洗泵体、吊桶。取水管路应检查是否出现弯折现象,是否畅通,并清理管路周边杂物,在泥沙含量大或藻类密集的水体断面应视情况进行人工清洗。一般每月 1 次。

（2）配水与进水系统。每月对仪器采样适配器,包括过滤头、水杯和进样管等以及配水板上的管路和观察窗等进行清洗。

（3）仪器分析系统。溶解氧电极、电导仪每月清洗 1 次；氨氮仪的测量电极、参比电极、pH 电极、浊度计每 3 月清洗 1 次；采样杯、废液桶、进样管路测量室等每月清洗 1 次。

（4）空气压缩机。每月检查气泵和清水增压泵（部分站没有清水增压泵）工作状况一次,并对空气过滤器放水。

7）停机维护

（1）短时间停机（停机时间小于 24 h）。一般关机即可,再次运行时仪器一般需重新校准。

（2）长时间停机（连续停机时间超过 24 h）。如果分析仪需要停机 24 h 或更长时间,一般需关闭分析仪器和进样阀,关闭电源。并用蒸馏水清洗分析仪器的蠕动泵以及试剂管路；清洗测量室并排空；对于测量电极,应取下并将电极头浸入保护液中存放。

8）试剂定期更换

按仪器说明书的要求定期更换试剂,试剂更换周期一般不应超过 15 d。

9）零配件、易耗件定期更换

依据断面水质状况和环境条件制订易耗品和消耗品（如泵管、滤膜、活性碳及干燥剂等）的更换周期,做到定期更换；如果需要更换零配件（如电极等）,应提前向有关公司订货。部分仪器设备,需要定期聘请专业人员维护维修,如：水泵应每年聘请专业人员维护维修或更换 1 次;稳压电源每年定期请专业维修人员维护电源内部的碳刷和继电器等。

　　10) 日常运行维护记录

　　认真做好仪器设备运行记录工作,对系统运行状况和维修维护应做详细记录。每月备份原始数据记录。

　　11) 建立档案管理制度

　　应建立严格的质控管理档案,认真做好各项质控措施实施情况的记录,包括日常数据检查情况、试剂配制情况、每次巡检的作业情况、每周标准溶液的核查结果、每月比对实验的结果、自动监测系统日常运行情况等的记录。

15.5　微泡增氧机操作与管理

15.5.1　主要设备

　　盐龙湖工程预处理区中配置有 AAJ‐10# 超级微泡增氧机 12 台,单台日制氧量为 206 kg/d,功率为 1.1 kW,单机重量为 28 kg,布置在进水渠后侧区域。

15.5.2　运行要求

　　(1) 根据水体溶氧变化的规律,确定开机增氧的时间和时段。在进水溶解氧低于 3 mg/L 时,开启微泡增氧机,以保证水体溶氧在 5 mg/L 左右为佳。

　　(2) 正常条件下,冬季原水 DO 本身含量较高,无需开启增氧机,春、夏、秋三季均应保持增氧机的适时开启工况。其中秋季原水 DO 昼夜变化较小,可根据 DO 的实际情况适时开启;春季原水 DO 昼夜变化相对较大,可选择在每晚 20:00～次日 8:00 开启,白天无需开启;夏季原水 DO 持续较低,应保持增氧机全天开启,停机养护时段可选择在每日下午 16～18 时。

　　(3) 在春、秋季节若出现连续阴雨或低压天气,夜间 21:00～22:00 时开机,持续到第 2 天中午。

　　(4) 在其他有增氧需求时根据实际情况确定开启时间。

15.5.3　维护与保养

　　(1) 发现设备故障,及时停机并修理。

　　(2) 保证好电源箱不漏电。

　　(3) 电机定期润滑保养,梅雨季节要防锈。

　　(4) 发现接口松动,及时固定。

　　(5) 在水体自然溶氧充足的季节,设备间歇性使用期间,对设备每半月进行一次维护运转,避免故障发生。

　　(6) 机器长时间运行时,须加密进行观察及维护,以避免造成不必要的损失。

第五篇

工程运行效益篇

　　三千余亩生机盎然,五百万方碧波潋滟;龙湖明珠耀盐阜,千家万户笑颜生。盐龙湖工程的建成启用从根本上改变了盐城市区饮用水源格局,极大地保障了城市供水安全、供水水量和供水水质。盐龙湖工程调试运行 2 年以来,为盐城市区提供了优质饮用水原水近 1.4 亿 t,有效降低了水厂的制水成本,规避了多起外河突发性水污染事件对供水的影响。工程本身对于改善区域生态景观、生物多样性的维持也起到了积极的作用,发挥出显著的社会、经济与生态环境效益。

　　本篇对盐龙湖工程调试运行以来的水质净化效果与富营养化防控效果进行了分析,阐述了盐龙湖水生态系统中各类水生生物群落的演替情况,并对盐龙湖工程的社会、经济与生态环境效益进行了评价。

第十六章 运行现状及效益分析

16.1 水质净化效果

16.1.1 单项指标分析

16.1.1.1 透明度(SD)

盐龙湖进出水 SD 趋势图如图 16-1 所示。蟒蛇河原水受通航等诸多原因影响,SD 常年较低,调试运行期间蟒蛇河原水 SD 在 0.14~0.75 m 波动,经盐龙湖各功能区处理后,出水 SD 为 0.3~1.05 m,平均为 0.58 m,平均提升率为 70.6%。

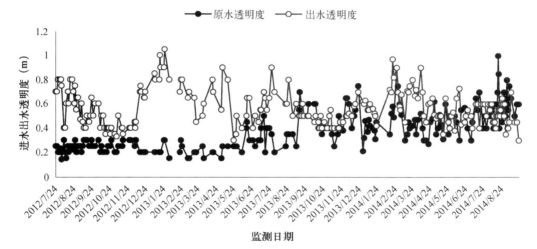

图 16-1 盐龙湖进出水 SD 趋势图

盐龙湖进出水 SD 月度平均值如图 16-2 所示。春、夏和冬季等 3 个季节出水 SD 较高,秋季则相对较差。其中春季平均提升率为 87.5%,夏季平均提升率为 103.2%,秋季平均提升率为 28.6%,冬季平均提升率为 89.2%。

原水进入盐龙湖后,经各区净化后 SD 变化趋势如图 16-3 所示。其中预处理区和挺水植物区对于 SD 的提高最为明显,提升最大的功能区为挺水植物区,该区出水的 SD 年度平均值约 0.84 m。

16.1.1.2 固体悬浮物(SS)

盐龙湖进出水 SS 的趋势图如图 16-4 所示。蟒蛇河原水 SS 全年在 6.0~103.0 mg/L。2013 年 5 月份,因持续雨水冲刷,造成面源上大量固体悬浮物进入蟒蛇河,SS 含量出现最高值。盐龙湖对 SS 的去除效果较为稳定,出水 SS 含量保持在 3.4~47.3 mg/L,平均值为 17.1 mg/L,平均去除率为 50.8%。

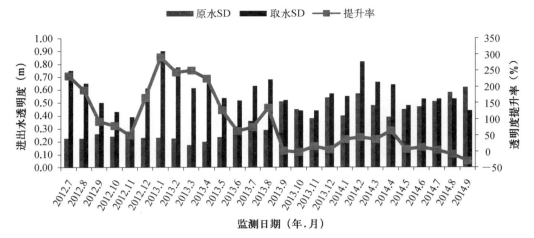

图 16-2 进出水 SD 月度平均值和提升率变化图

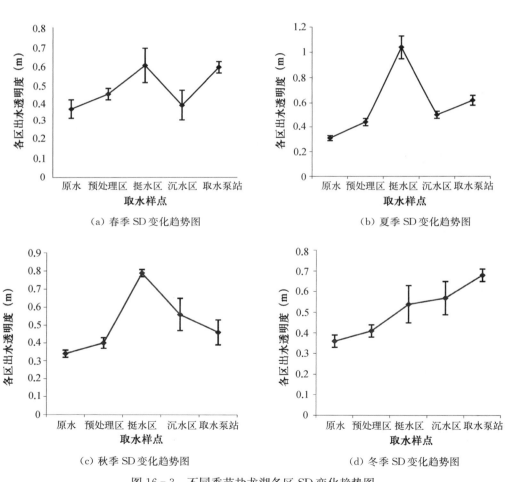

（a）春季 SD 变化趋势图

（b）夏季 SD 变化趋势图

（c）秋季 SD 变化趋势图

（d）冬季 SD 变化趋势图

图 16-3 不同季节盐龙湖各区 SD 变化趋势图

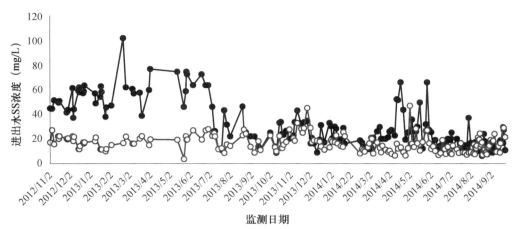

图 16-4 盐龙湖进出水 SS 变化趋势图

盐龙湖进出水 SS 月度平均值如图 16-5 所示。月度去除率受来水影响波动较大，来水中 SS 含量变幅较大，但出水中 SS 含量较为稳定，一直保持较低水准。其中春季平均去除率为 64.7%，夏季平均去除率为 46.9%，秋季平均去除率为 35.9%，冬季平均去除率为 60.9%。说明盐龙湖工程对 SS 的处理效果较好，且对 SS 污染负荷变幅较大的蟒蛇河原水具有较强的承受能力。

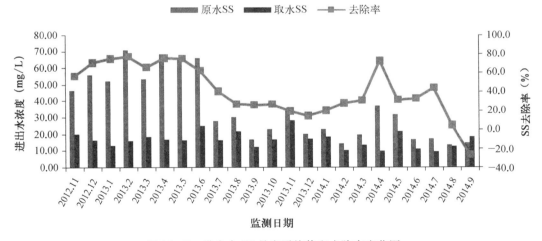

图 16-5 进出水 SS 月度平均值和去除率变化图

调试运行期间盐龙湖各区不同季节去除趋势基本相同，如图 16-6 所示。在预处理区、挺水植物区和深度净化区 SS 含量均有下降，其中预处理区去除效果较高，其年度平均去除率为 32.9%；在挺水植物区 SS 得以进一步去除，去除效果与预处理区相当，年度平均去除率为 31.6%；沉水植物区除冬季外，其余 3 季均出现了不降反升的情况，这与该区沉水植物生长不佳，以及受鱼类和风浪等影响较大有关；深度净化区对 SS 有一定的去除效果，年度平均去除率为 27.4%。

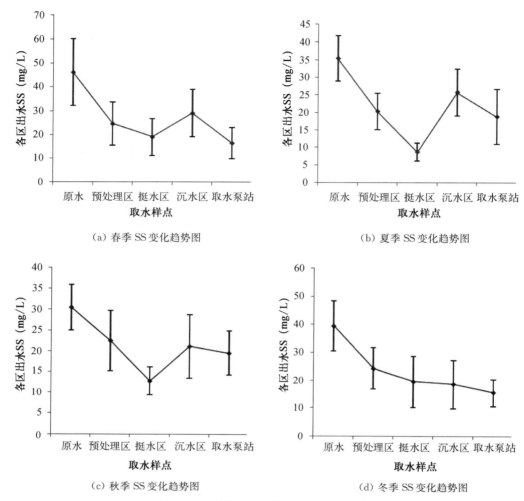

图 16-6　不同季节盐龙湖各区 SS 变化趋势图

16.1.1.3　高锰酸盐指数（COD_{Mn}）

COD_{Mn}是蟒蛇河原水的主要超标指标,盐龙湖进出水 COD_{Mn}变化趋势图如图 16-7所示。调试运行期间,蟒蛇河原水 COD_{Mn}浓度为 3.29～12.96 mg/L,平均值为6.35 mg/L;出水浓度为 3.42～7.65 mg/L,平均值为 5.51 mg/L,平均去除率为 13.2%。

盐龙湖进出水 COD_{Mn}月度平均值和去除率见图 16-8。2012 年夏秋季,因生态系统刚刚构建完成,盐龙湖工程对于 COD_{Mn}的净化效果一般;在秋末至翌年春季,进水水质逐渐好转,虽去除率不高,但出水水质基本可满足Ⅲ类标准;2013 年夏季以来,随着水生植物的稳定生长,生态系统对 COD_{Mn}的处理能力稳步提升,但是在低温季节由于植物枯萎、微生物活性降低等原因,去除率又呈下降趋势。虽然蟒蛇河进水浓度为Ⅲ～Ⅴ类标准,总达标率仅为 44%,但盐龙湖工程出水 COD_{Mn}绝大多数时段均能满足Ⅲ类标准,达标率为98%以上。

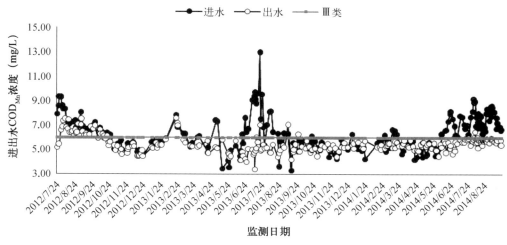

图 16-7 盐龙湖进出水 COD_{Mn} 变化趋势图

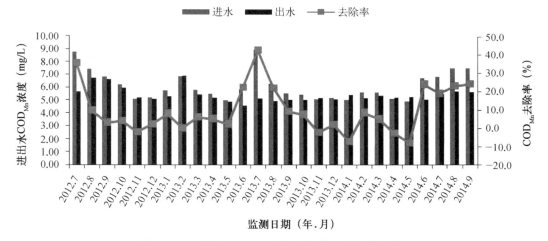

图 16-8 进出水 COD_{Mn} 月度平均值和去除率变化图

盐龙湖各区不同季节 COD_{Mn} 浓度变化趋势如图 16-9 所示。蟒蛇河原水经预处理区和挺水植物区后,COD_{Mn} 含量略有下降,预处理区和挺水植物区 COD_{Mn} 浓度全年平均值分别为 6.14 mg/L 和 6.03 mg/L,其中夏季下降趋势较为明显;经沉水植物区后 COD_{Mn} 有反弹上升趋势,该区出水 COD_{Mn} 全年平均值为 6.18 mg/L;深度净化区出水 COD_{Mn} 得以大幅降低,全年平均值为 5.51 mg/L。

16.1.1.4 氨氮(NH_3-N)

盐龙湖进出水 NH_3-N 变化趋势如图 16-10 所示。大部分时段原水中 NH_3-N 含量较低,在汛期 NH_3-N 含量突升,最高可达 2.5 mg/L。盐龙湖工程对 NH_3-N 的去除效果理想,出水 NH_3-N 浓度范围在 0.03～0.57 mg/L,出水平均值为 0.12 mg/L,平均去除率为 76.9%。

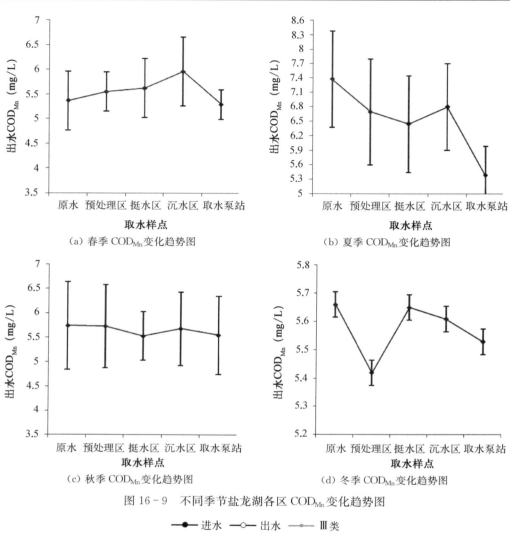

（a）春季 COD$_{Mn}$变化趋势图　　　　（b）夏季 COD$_{Mn}$变化趋势图

（c）秋季 COD$_{Mn}$变化趋势图　　　　（d）冬季 COD$_{Mn}$变化趋势图

图 16-9　不同季节盐龙湖各区 COD$_{Mn}$变化趋势图

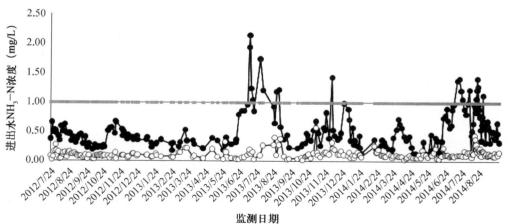

图 16-10　盐龙湖进出水 NH$_3$-N 变化趋势图

盐龙湖工程进出水 NH_3-N 月度平均值和月度去除率如图 16-11 所示,月度去除率一直保持较高水准,其中春季平均去除率为 64.5%,夏季平均去除率为 82.9%,秋季平均去除率为 73.8%,冬季平均去除率为 68.4%。除少数时段出水水质为Ⅲ类标准外,大部分时段出水可达到地表Ⅰ~Ⅱ类标准,调试运行期间达标率为 100%。

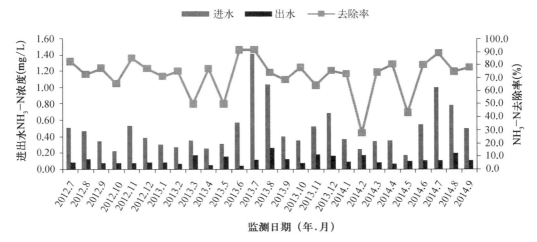

图 16-11 进出水 NH_3-N 月度平均值和去除率变化图

盐龙湖各区对于 NH_3-N 的去除趋势如图 16-12 所示。蟒蛇河原水中 NH_3-N 经预处理区后其浓度年度平均值下降至 0.32 mg/L;挺水植物区对于 NH_3-N 去除效果最好,其出水 NH_3-N 浓度年度平均值为 0.22 mg/L;沉水植物区出水 NH_3-N 浓度年度平均值为 0.15 mg/L;最后经深度净化区后盐龙湖出水 NH_3-N 浓度年度平均值维持在 0.12 mg/L 左右。

16.1.1.5 总氮(TN)

盐龙湖进出水 TN 变化趋势如图 16-13 所示。蟒蛇河原水中 TN 浓度波动范围为 0.64~4.48 mg/L,冬季浓度较高,随着天气回暖进水浓度也逐渐降低,进水 TN 年度平均值为 1.67 mg/L。盐龙湖出水 TN 波动范围为 0.2~2.14 mg/L,年度平均值为 0.85 mg/L,平均去除率为 49.1%。出水浓度变化趋势与进水大体相同。

盐龙湖工程 TN 月度平均值和月度去除率如图 16-14 所示。在冬春季出水 TN 较高,进入夏季后 TN 去除率逐步提高,出水 TN 有所降低,可满足Ⅲ类标准。其中春季平均去除率为 24.7%,夏季平均去除率为 70.1%,秋季平均去除率为 57.3%,冬季平均去除率为 38.8%。调试期间 TN 单指标进水达标率仅为 6.7%,出水达标率为 69.5%。其中第一阶段期间 TN 单指标达标率为 69%,第二阶段为 70%。

各区不同季节 TN 变化趋势如图 16-15 所示。蟒蛇河原水经预处理区后 TN 浓度年度平均值下降至 1.46 mg/L;挺水植物区对于 TN 去除效果最好,其出水 TN 浓度年度平均值为 1.13 mg/L;沉水植物区出水 TN 平均值为 1.01 mg/L,但在冬季有反弹;经深度净化区后盐龙湖出水 TN 浓度进一步降低,平均值为 0.85 mg/L。

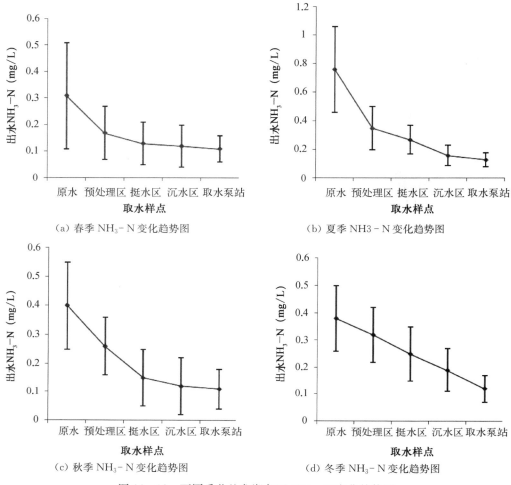

(a) 春季 NH₃-N 变化趋势图   (b) 夏季 NH3-N 变化趋势图

(c) 秋季 NH₃-N 变化趋势图   (d) 冬季 NH₃-N 变化趋势图

图 16-12　不同季节盐龙湖各区 NH₃-N 变化趋势图

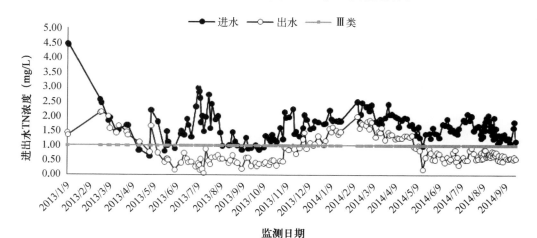

图 16-13　盐龙湖进出水 TN 变化趋势图

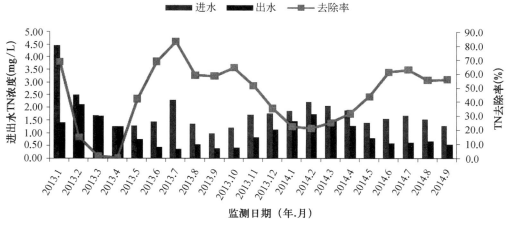

图 16 - 14　进出水 TN 月度平均值和去除率变化图

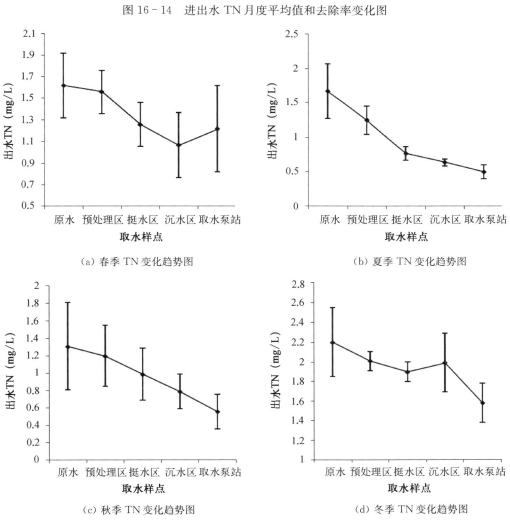

（a）春季 TN 变化趋势图　　　　　　　　　　　（b）夏季 TN 变化趋势图

（c）秋季 TN 变化趋势图　　　　　　　　　　　（d）冬季 TN 变化趋势图

图 16 - 15　不同季节盐龙湖各区 TN 变化趋势图

16.1.1.6　总磷(TP)

蟒蛇河原水 TP 浓度波动范围为 0.085～0.576 mg/L,平均值为 0.242 mg/L,如图 16-16 所示。冬季原水 TP 浓度较低,随着天气回暖,TP 逐渐升高;盐龙湖出水 TP 波动范围为 0.028～0.193 mg/L,平均值为 0.102 mg/L,平均去除率为 57.9%。

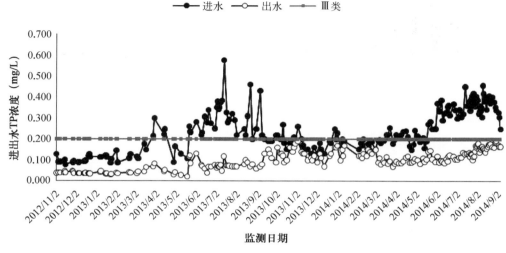

图 16-16　盐龙湖进出水 TP 变化趋势图

盐龙湖工程 TP 月度平均值和月度去除率如图 16-17 所示。TP 的月度去除率一直保持较高水平,其中春季平均去除率为 57.6%,夏季平均去除率为 72.9%,秋季平均去除率为 45.1%,冬季平均去除率为 42.3%。调试期间,进水 TP 达标率为 39.8%,但出水达标率在调试运行期内可达到 100%。

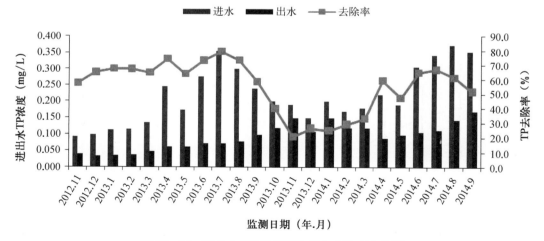

图 16-17　进出水 TP 月度平均值和去除率变化图

各功能区不同季节 TP 变化趋势如图 16-18 所示。预处理区、挺水植物区和深度净化区对 TP 的去除均有良好的效果。蟒蛇河原水经预处理区后 TP 平均值下降至

0.161 mg/L;挺水植物区进一步将 TP 平均值下降至为 0.133 mg/L;沉水植物区出水 TP 平均值为 0.128 mg/L,整体呈微弱下降趋势,但在秋季该区出水 TP 浓度有所反弹;经深度净化区处理后,最终盐龙湖出水 TP 平均值为 0.102 mg/L。

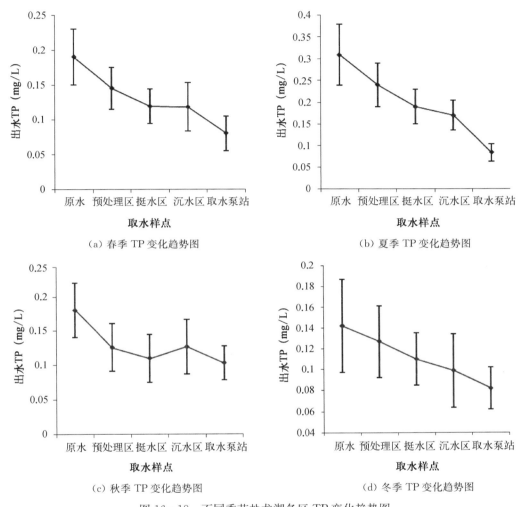

（a）春季 TP 变化趋势图　　　　　　　　（b）夏季 TP 变化趋势图

（c）秋季 TP 变化趋势图　　　　　　　　（d）冬季 TP 变化趋势图

图 16-18　不同季节盐龙湖各区 TP 变化趋势图

16.1.1.7　溶解氧（DO）

DO 是蟒蛇河原水夏秋季主要超标指标,盐龙湖进出水 DO 变化趋势图如图 16-19 所示。盐龙湖进出水 DO 均呈现夏秋季低、冬春季高的特点。调试期间,蟒蛇河原水 DO 浓度全年在 0.90~12.17 mg/L 波动,平均值为 4.29 mg/L,出水浓度在 3.9~14.9 mg/L,平均值为 9.24 mg/L,平均提升率为 115.4%。

月度平均值和提升率如图 16-20 所示。夏秋季因原水 DO 含量较低,提升率较高,冬春季因原水自身 DO 含量已接近饱和,提升率较低。其中,在春季平均提升率为 66.3%,夏季平均提升率为 193.8%,秋季平均提升率为 207.1%,冬季平均提升率为 35.6%。调试运行期间进水 DO 达标率为 31.3%,出水达标率可达 99.3%。

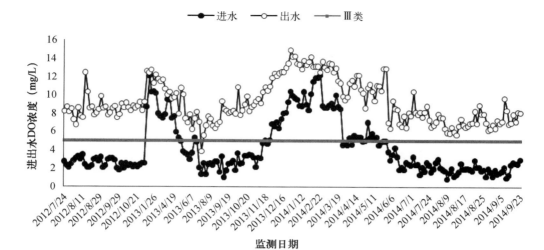

图 16 - 19　盐龙湖进出水 DO 变化趋势图

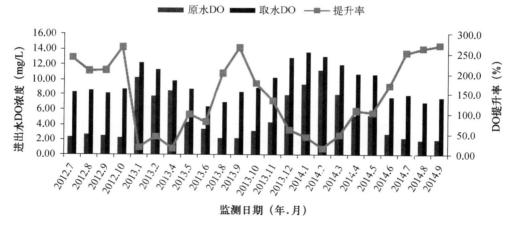

图 16 - 20　进出水 DO 月度平均值和提升率变化图

盐龙湖各区对于 DO 的提升效果各季节趋势大致相同,如图 16 - 21 所示。蟒蛇河原水经预处理区后出水 DO 平均提升率为 63.2%,平均值提升至 7.01 mg/L;经过挺水植物区后,出水 DO 除冬季外均呈下降趋势,平均值为 5.46 mg/L,此现象与挺水植物区好氧分解、硝化活动较为强烈以及因枝叶遮挡而导致大气复氧较慢等因素有关;经过沉水植物区后,由于滚水坝的跌水增氧、湖面的大气复氧及沉水植物光合作用释氧等综合作用,DO含量迅速恢复,出水 DO 均值为 9.08 mg/L;深度净化区出水 DO 含量与沉水植物区基本持平,平均值为 9.24 mg/L。

16.1.1.8　pH

盐龙湖进出水 pH 变化趋势图如图 16 - 22 所示。调试运行期间,进水 pH 在 6.71～8.66 波动,平均值为 7.78;出水 pH 在 7.79～8.92 波动,平均值为 8.39。进出水 pH 变化趋势基本相同,出水 pH 均高于进水,呈弱碱性状态。

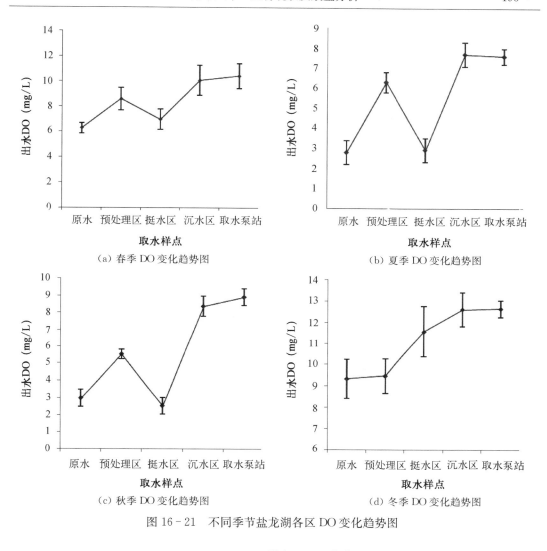

（a）春季 DO 变化趋势图

（b）夏季 DO 变化趋势图

（c）秋季 DO 变化趋势图

（d）冬季 DO 变化趋势图

图 16-21　不同季节盐龙湖各区 DO 变化趋势图

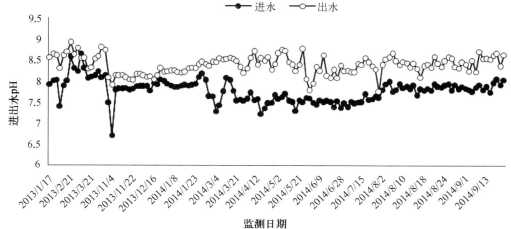

图 16-22　盐龙湖进出水 pH 变化趋势图

不同季节盐龙湖各区 pH 变化趋势大致相同。其中,预处理区 pH 的平均值从 7.78 上升到 7.97;挺水植物区除冬季 pH 略微上升外,其余季度均呈下降趋势;沉水植物区 pH 上升趋势最为明显,平均值从 7.88 上升到 8.25;最终经深度净化区后,出水 pH 平均值进一步上升至 8.39。

16.1.1.9 小结

盐龙湖工程所采用的以生态湿地为主体的净化工艺总体净化效果良好,对 TN、TP、NH$_3$-N 及 SS 有较好的去除效果,平均总去除率分别为 49.1%、57.9%、76.9% 及 50.8%,出水 SD 可提升 70.6%;DO 平均提升 115.4%;出水 pH 保持在 7.5～8.9,呈弱碱性状态;对 COD$_{Mn}$的去除效果一般,平均去除率为 13.2%。从季节上看,盐龙湖净化效果在夏季最佳,春秋季次之,冬季一般。

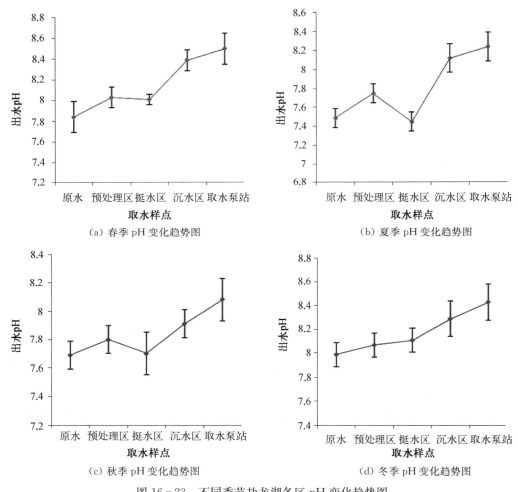

(a) 春季 pH 变化趋势图　　(b) 夏季 pH 变化趋势图

(c) 秋季 pH 变化趋势图　　(d) 冬季 pH 变化趋势图

图 16-23　不同季节盐龙湖各区 pH 变化趋势图

16.1.2　污染物削减量分析

盐龙湖调试运行期间,Ⅳ～劣Ⅴ类的蟒蛇河原水经盐龙湖工程净化后,出水水质稳定提升到地表Ⅲ类水标准,其中主要水质污染指标 COD_{Mn}、$NH_3 - N$、TP、DO 的达标率接近 100%。以 2013 年 6 月～2014 年 5 月的一个周年时间为例,按日均 20 万 m^3/d 的供水规模计算,盐龙湖全年累计供应优质原水 7 300 万 t。将同期蟒蛇河原水水质,以及盐龙湖出水水质中的污染物质进行对比计算,全年盐龙湖工程累计削减蟒蛇河原水中 COD_{Mn}、$NH_3 - N$、TN、TP 的量分别为 56.7 t、35.6 t、59.8 t 及 8.8 t,为原水充氧 344.6 t,为水厂减少清淤量 1 000.0 t(干重)(表 16 - 1)。盐龙湖工程在显著提高原水水质的同时,也减少了下游水厂的药剂投加量与清淤量,显著降低了制水成本。

表 16 - 1　主要水质污染物的削减(提升)量　　　　　　　　　(单位：t)

	COD_{Mn}	$NH_3 - N$	TN	TP	DO	SS
夏　季	50.8	22.1	30.4	5.5	113.7	460.4
秋　季	2.4	3.8	9.9	0.8	69.9	94.0
冬　季	1.0	5.9	9.5	0.9	71.2	108.9
春　季	2.4	3.8	10.0	1.7	89.9	336.7
合　计	56.7	35.6	59.8	8.8	344.6	1 000.0

注：除 DO 为提升量外,其他指标均为削减量。

16.2　富营养化防控效果

16.2.1　评价方法

采用营养状态指数(EI 指数)法对深度净化区水体富营养化水平进行评价,计算方法选取叶绿素 a($Chl - a$)、总磷(TP)、总氮(TN)、透明度(SD)、高锰酸盐指数(COD_{Mn})五项评价指标。采用线性插值法将水质项目浓度值转换为赋分值后,按以下公式计算营养状态指数(EI)：

$$EI = \sum_{n=1}^{N} En / N$$

式中,EI 代表营养状态指数;En 为评价项目赋分值;N 代表评价项目个数。计算营养状态指数(EI)后,根据表 16 - 2 确定营养状态分级。

表 16 - 2　湖泊(水库)营养状态评价标准及分级方法(EI 指数法)

营养状态分级	(EI=营养状态指数)	评价项目赋分值(En)	TP (mg/L)	TN (mg/L)	$Chl - a$ (mg/L)	COD_{Mn} (mg/L)	SD (m)
贫营养	($0 \leqslant EI \leqslant 20$)	10	0.001	0.02	0.000 5	0.15	10
		20	0.004	0.05	0.001	0.4	5
中营养	($20 < EI \leqslant 50$)	30	0.01	0.1	0.002	1	3
		40	0.025	0.3	0.004	2	1.5
		50	0.05	0.5	0.01	4	1
轻度富营养	($50 < EI \leqslant 60$)	60	0.1	1	0.026	8	0.5

续　表

营养状态 分级	(EI=营养 状态指数)	评价项目 赋分值(En)	TP (mg/L)	TN (mg/L)	Chl-a (mg/L)	COD_Mn (mg/L)	SD (m)
中度富营养	(60 < EI ≤ 80)	70	0.2	2	0.064	10	0.4
		80	0.6	6	0.16	25	0.3
重度富营养	(80 < E ≤ 100)	90	0.9	9	0.4	40	0.2
		100	1.3	16	1	60	0.12

16.2.2　评价结果

根据叶绿素 a(Chl-a)、透明度(SD)、高锰酸盐指数(COD_Mn)、总磷(TP)、总氮(TN)5个评价指标,深度净化区富营养状态评价结果见表 16-3。由评价结果可知,尽管蟒蛇河原水水质有机物、营养盐类含量较高,但经过盐龙湖生态净化工艺后,深度净化区的水质得到了较大改善。在多点进水调控技术、生物操纵技术以及太阳能循环复氧技术的多重保障下,尽管深度净化区水体在停留时间达 25 d 以上,但其水质仅处于轻度富营养化状态,有效控制了富营养化发生的程度。

表 16-3　盐龙湖深度净化区富营养化状态

时　间	水质指标得分					EI 分值	评　价
	SD	COD_Mn	TN	TP	Chl-a		
2012 冬	55.2	53.6	67.7	44.8	62	56.7	轻度富营养
2013 春	58.2	52.9	61.3	51.8	50.3	54.9	轻度富营养
2013 夏	58	52.4	47.5	56	57.9	54.4	轻度富营养
2013 秋	63	53.1	51.2	62	57	57.3	轻度富营养
2013 冬	57.6	53.2	64.1	62.1	46.3	56.7	轻度富营养
2014 春	58.2	53.4	62.2	60.2	63.4	59.5	轻度富营养
2014 夏	59.2	53.8	52.6	61.6	61.3	57.7	轻度富营养

16.3　水生生物群落演替

16.3.1　水生植物群落

高等水生植物是水生生态系统中核心的一环,是盐龙湖工程发挥水质净化功能的重要组成部分。其功能具体体现在对营养物质的吸收,以及作为微生物的载体,直接或间接地起到水质净化效果。盐龙湖工程的水生植物包括挺水植物、沉水植物和浮水植物。

16.3.1.1　种类及分布情况

盐龙湖工程各净化功能区水生植物分别于 2011 年 10～11 月、2012 年 3～5 月两批种植,共种植各类水生植物 813 506 m²。根据调试运行期间对水生植物的种类和分布情况的调研,盐龙湖共设计种植了近 20 种水生植物,经过数年的群落演替后,水生植物的物种多样性得到进一步提升,现已达到了 38 种。各类水生植物的种植与分布情况见表 16-4。

表 16-4 盐龙湖水生植物的种类及分布

水生植物	种名	学　　名	科　　属	来　源	分　布　区　域
湿生植物	黄菖蒲	*Iris pseudacorus*	鸢尾科鸢尾属	人工种植	挺水植物区浅水带
	慈姑	*Sagittaria trifolia*	泽泻科慈姑属	自然分布	挺水植物区收集干渠
	泽泻	*Alisma plantago-aquatica*	泽泻科泽泻属	自然分布	挺水植物区收集干渠
	水蓼	*Polygonum hydropiper*	蓼科蓼属	自然分布	挺水植物区隔堤、收集干渠岸坡
	藨草	*Scirpus triqueter*	莎草科藨草属	自然分布	预处理区和挺水植物区隔堤、收集干渠岸坡
	水花生	*Alternanthera philoxeroides*	苋科莲子草属	自然分布	挺水植物区隔堤
	水毛花	*Scirpus triangulatus*	莎草科蔗草属	自然分布	预处理区岸坡
	红蓼	*Polygonum orientale*	蓼科蓼属	自然分布	挺水植物区隔堤、收集干渠岸坡
	石龙芮	*Ranunculus sceleratus*	毛茛科毛茛属	自然分布	挺水植物区隔堤
挺水植物	芦苇	*Phragmites australis*	禾木科芦苇属	人工种植	挺水植物 A 区
	菰草	*Zizania caduciflora*	禾本科菰属	人工种植	挺水植物 A、B、C 区
	狭叶香蒲	*Typha angustifolia*	香蒲科香蒲属	人工种植	挺水植物 A、B、C 区
	水葱	*Scirpus tabernaemontani*	莎草科藨草属	人工种植	挺水植物 B 区、深度净化区岸线带
	水竹	*Cyperus alternifolius*	莎草克莎草属	人工种植	挺水植物 C 区
	小香蒲	*Typha minima*	香蒲科香蒲属	自然分布	挺水植物区隔堤
	千屈菜	*Spiked Loosestrlfe*	千屈菜科千屈菜属	人工种植	挺水植物 C 区
	荷花	*Nelumb onucifera*	莲科莲属	自然分布	挺水区收集干渠
浮叶植物	睡莲	*Nymphaea alba*	睡莲科睡莲属	人工种植	预处理区末端、挺水植物区出水处
	荇菜	*Nymphoides peltatum*	龙胆科荇菜属	自然分布	沉水植物区
	水鳖	*Hydrocharis dubia*	水鳖科水鳖属	自然分布	各区浅水处均有分布
	野菱	*Trapa incisa*	千屈菜科菱属	自然分布	沉水植物区
	满江红	*Azolla imbircata*	满江红科满江红属	自然分布	预处理区、挺水植物区
漂浮植物	槐叶萍	*Salvinia natans*	槐叶苹科槐叶苹属	自然分布	挺水植物区收集干渠
	田字萍	*Marsilea quadrifolia*	苹科苹属	自然分布	挺水植物区滩面
	浮萍	*Commom Duckweed*	浮萍科浮萍属	自然分布	挺水植物区滩面
沉水植物	菹草	*Potamogeton crispus*	眼子菜科眼子菜属	人工种植	预处理区、挺水植物区滩面和布水沟、沉水植物区
	伊乐藻	*Elodea nuttallii*	水鳖科伊乐藻属	人工种植	预处理区、挺水植物区滩面和布水沟、沉水植物区

续　表

水生植物	种名	学　名	科　属	来　源	分　布　区　域
沉水植物	矮型苦草	*Vallisneria natans*	水鳖科苦草属	人工种植	沉水植物区和深度净化区边缘
	大茨藻	*Najas marina*	茨藻科茨藻属	人工种植	沉水植物区
	小茨藻	*Najas minor*	茨藻科茨藻属	人工种植	沉水植物区
	穗状狐尾藻	*Myriophyllum spicatum*	小二仙草科狐尾藻属	人工种植	沉水植物区和深净化区种植平台
	龙须眼子菜	*Potamogeton pectinatus*	眼子菜科眼子菜属	人工种植	沉水植物区
	金鱼藻	*Ceratophyllum demersum*	金鱼藻科金鱼藻属	人工种植	预处理区、挺水植物区和沉水植物区
	苦草	*Vallisneria natans*	水鳖科苦草属	人工种植	沉水植物区、挺水植物区
	刺苦草	*Vallisneria spinulosa*	水鳖科苦草属	人工种植	沉水植物区、挺水植物区
	轮叶黑藻	*Hydrilla verticillata*	水鳖科黑藻属	人工种植	沉水植物区、挺水植物区
	马来眼子菜	*Potamogeon distinctus*	眼子菜科眼子菜属	自然分布	沉水植物区、挺水植物区
	光叶眼子菜	*Potamogeton lucens*	眼子菜科眼子菜属	自然分布	沉水植物区、挺水植物区

16.3.1.2　密度及生物量

以挺水植物区种植的主要物种茭草、芦苇、狭叶香蒲群落为例,分析水生植物的密度及生物量。调试运行期间,上述 3 种水生植物株高分别为 215~250 cm、250~310 cm、240~320 cm,密度分别为 20~40 株/m²、100~140 株/m²、60~90 株/m²,地上部分生物量鲜重平均值分别为 6.95 kg/m²、5.7 kg/m²、12.35 kg/m²。通过烘箱在 75℃下烘至恒重时,称得干重生物量分别为 1.61 kg/m²、3.01 kg/m²、1.97 kg/m²。

根据历年收割情况与实测估算,盐龙湖每年通过收割可产生的挺水植物地上部分的生物量的鲜重在 3 400 t 左右,干重在 790 t 左右。根据水生植物氮、磷含量的测定结果,若在植物氮、磷含量回流之前,通过收割水生植物每年可带走氮素约 17.98 t,磷素 1.68 t,可分别占到挺水植物区氮、磷去除能力的 29.7% 与 16.7%。

16.3.2　鱼类群落

鱼类是维持水生生态系统稳定的重要因子,在水质调控中也起着举足轻重的作用。鲢鱼、鳙鱼为中上层活动的滤食性鱼类,能够滤食掉水体中的浮游藻类,抑制水华的发生;鲫鱼、鲤鱼等杂食性鱼类,能够摄食水体中的水草、动植物残体等,从而促进生态系统的物质循环与能量流动;乌鳢等凶猛肉食性鱼类,在水体中作为捕食者,在调节水体生态平衡方面起着至关重要的作用。

16.3.2.1　盐龙湖鱼类组成

经历次捕捞与实测调查发现,盐龙湖现有鱼类 20 种,隶属 5 科 16 属,以鲤科鱼类居多。除鲢鱼、鳙鱼、黄颡鱼为人工投放外,其他鱼类均为蟒蛇河泵站抽水带入。目前各种鱼类的分布情况见表 16-5。盐龙湖鱼类主要包括湖泊定居性鱼类、人工放流鱼类、洄游和半洄游性鱼类,种类组成具有如下的特点:① 湖泊定居性鱼类居多,属于这类鱼类有鲤鱼、鲫鱼、鲌类、乌鳢等,这类鱼类的种类多,群体数量大,是构成盐龙湖鱼类的优势种群;② 鲤科鱼类占绝对优势,在现有种类中,鲤科鱼类达 16 种,占总数量 80%;③ 中下层鱼类数量较多。

表 16-5 盐龙湖区鱼类组成

鱼 类	科 属	生态位	食 性	区 域			
				预处理区	挺水区	沉水区	深度区
* 黄颡鱼 Pelteobagrus fulvidraco	鲿科黄颡鱼属	底层	杂食性	+	+	r	r
* 鳙鱼 Hypophthalmichthys nobilis	鲤科鲢属	中上层	滤食性			+++	+++
* 鲢鱼 Hypophthalmichthys molitrix	鲤科鲢属	中上层	滤食性			+++	+++
草鱼 Ctenopharyngodon idellus	鲤科草鱼属	下层	草食性	+	+	+++	++
乌鳢 Channa argus	鳢科鳢属	下层	肉食性	+	++	++	+
团头鲂 Megalobrama amblycephala	鲤科鲂属	中下层	杂食性		+	+	
鲫鱼 Carassius auratus	鲤科鲫属	底层	杂食性	++	+	+++	+++
青梢红鲌 Erythroculter dabryi	鲤科红鲌属	中上层	肉食性				+
翘嘴红鲌 Erythroculter ilishaeformis	鲤科红鲌属	中上层	肉食性				+
蒙古红鲌 Erythroculter mongolicus	鲤科红鲌属	中上层	肉食性				+
红鳍鲌 Culter erthropterus	鲤科红鲌属	中上层	肉食性				+
鲦鱼 Hemiculter leucisculus	鲤科鲦属	上层	杂食性	++	++	++	++
似鳊 Pseudobrama simoni	鲤科似鳊属	中下层	杂食性	+++	+++	+++	+++
刀鲚 Coilia macrognathos	鳀科鲚属	中上层	杂食性	+	+		+
鳡鱼 Elopichthys bambusa	鲤科鳡属	中上层	肉食性	r			
泥鳅 Misgurnus anguillicaudatus	鳅科泥鳅属	底层	杂食性		+	+	
花(鱼骨)Osteichthyes Cypriniformes	鲤科(鱼骨)属	中、上层	肉食性	+		+	
麦穗鱼 Pseudorasbora parva	鲤科麦穗鱼属	底层	杂食性	+		+	
棒花鱼 Abbottina rivularis	鲤科棒花鱼属	底层	杂食性	+		+	
青鱼 Mylopharyngodon piceus	鲤科青鱼属	中下层	肉食性	+	+	+	+
种数				16	13	18	15

注:*号代表该鱼为人工投放,+代表分布较少,++代表分布中等,+++代表分布广泛,r代表数量很少。

16.3.2.2 盐龙湖鱼类群落结构分析

1)深度净化区

以 2013 年冬季鱼类捕捞情况对深度净化区鱼类群落结构进行分析。该次在深度净化区捕捞鱼类 7 880 kg。其中,占生物量最大比重的为鳙鱼、鲢鱼,分别达 63.5% 与 29.4%,其他各鱼类生物量比重均很小;占个数体量比重最大的是似鳊,达 71.7%,鳙鱼、鲢鱼个体数比重分别为 9.7％、6.9％(表 16 - 6)。

表 16 - 6　深度净化区鱼类个体特征及群落结构

名　称	种群分析				个体分析		
	数量 (尾)	百分比	生物量 (kg)	百分比	均长 (cm)	均高 (cm)	均重 (g)
鲢鱼	1 247	6.9％	2 315	29.4％	51.93	13.65	1 856.75
鳙鱼	1 759	9.7％	5 006	63.5％	60.59	15.04	2 845.71
团头鲂	45	0.2％	29	0.4％	37.30	14.15	648.50
黑鱼	20	0.1％	44	0.6％	57.93	11.27	2 218.00
蒙古红鲌	519	2.9％	41	0.5％	23.42	4.45	79.74
翘嘴红鲌	135	0.7％	7	0.1％	21.02	4.03	49.67
青梢红鲌	248	1.4％	16	0.2％	22.55	4.27	65.45
红鳍鲌	45	0.2％	3	0.0％	21.75	4.35	56.50
似鳊	12 993	71.7％	361	4.6％	14.41	3.66	27.68
刀鲚	564	3.1％	22	0.3％	25.66	3.81	38.73
鲫鱼	406	2.2％	18	0.2％	13.45	4.06	38.45
鲦鱼	113	0.6％	3	0.0％	16.46	3.18	30.20
草鱼	20	0.1％	14.25	0.2％	40.98	8.20	712.50
总体	18 114	100％	7 880	100％			

　　共采集各类鱼样 700 尾进行个体分析,结果显示:鲢鱼均长在 52 cm 左右,均重为 1 850 g;鳙鱼均长为 61 cm,均重为 2 850 g,最大个体为 8 000 g 左右。其他鱼类方面,除 黑鱼、团头鲂、草鱼等体型偏上外,其他鲌鱼、鲦鱼、刀鲚等均为小型鱼类,均长在 15~ 25 cm,均重为 30~80 g(图 16 - 24)。

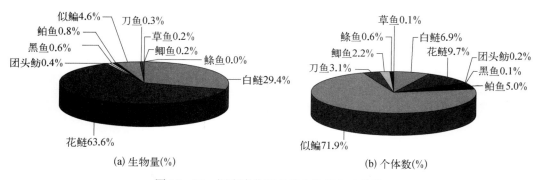

图 16 - 24　深度净化区鱼类生物量与个体数

　　结合历年鱼类投放情况可见,2012 年 7 月投放的鲢鱼、鳙鱼均重在 175~200 g,经过 15 个月的生长,目前鲢鱼均重为 1 850 g,增长了 1 000％左右;鳙鱼为 2 850 g 增长 1 560％。从投放—捕获的数量上看,2012 年 7 月投放的鲢鱼、鳙鱼幼鱼分别为 9 934、 2 170 尾,本次共捕获较大鲢鱼、鳙鱼分别为 1 247、1 759 尾,捕获率分别为 12.6％、

81.1%。这可能说明鲢鱼的成活率不及鳙鱼,亦有可能是因为鲢鱼生性较活跃,捕捞时逃逸较多有关。

2)沉水植物区

2013年秋季,在沉水植物区捕捞鱼类共12 883 kg,合约34 388尾。其中,占生物量最大比重的为鲢鳙鱼、草鱼,分别达59.9%与33.0%,其他各鱼类生物量比重较小,约占7.1%左右;按照本次捕捞的鲢鳙鱼、草鱼均重750 g、其他小杂鱼均重50 g计算个体数量,小杂鱼占个数体量比重为53.6%,鲢鳙鱼、草鱼个体数比重分别为29.9%、16.5%。

结合历次捕鱼的情况分析,盐龙湖的草鱼从未人工投放,全部是由蟒蛇河原水带入,由于沉水植物区食物来源较多,草鱼大多集中在沉水植物区。沉水植物区捕获的鲢鳙鱼个体均匀,体重在0.5~1.0 kg,结合历年鱼类投放情况,其来源有两种可能:① 2012年6月在深度净化区投放的鲢鱼、鲢鳙鱼苗(体长0.5~0.7 cm)洄游入沉水植物区生长约14个月;② 2013年6月在深度净化区或沉水植物区投放的鲢鱼、鳙鱼幼鱼(均重100~150 g)生长约4个月。

另外,从沉水植物区及深度净化区捕捞的鲢鳙鱼的平均体重和数量看,沉水植物区的鲢鳙鱼个体数量较多但平均体重在1 kg左右,而深度净化区的鲢鳙鱼个体数量不多但平均体重在2.5 kg左右。对照鱼类投放的情况,深度净化区投放鱼类数量较多,沉水植物区投放鱼类数量较少。分析原因,可能是由于鱼类回游上溯的特性,投入深度净化区的鱼苗受水流刺激大量进入沉水植物区所致。

表16-7 沉水植物区鱼类群落结构

名 称	种 群 分 析			
	数量(尾)	百分比	生物量(kg)	百分比
鲢鳙鱼	10 281	29.9%	7 711	59.9%
草 鱼	5 667	16.5%	4 250	33.0%
其他鱼类	18 440	53.6%	922	7.1%
总 计	34 388	100%	12 883	100%

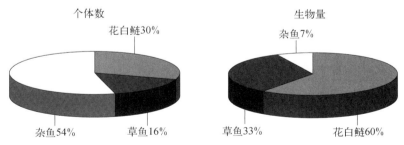

图16-25 沉水植物区鱼类个体数与生物量

(3)预处理区

预处理区内、外圈分别捕获各种鱼类341.5 kg、370.5 kg斤。出现的鱼类品种主要为各类鲌鱼、鲦鱼、团头鲂、青鱼、乌鳢、鲫鱼等,还捕获了数尾鳡鱼(最大约9 kg)。预处理区除黄颡鱼外,其他鱼类均为蟒蛇河原水带入,主要为杂食、肉食性的鱼类。

16.3.2.3 鱼类生物量

经蟒蛇河泵站抽取的均是鱼卵,重量可忽略不计,盐龙湖运行以来累计投放鱼类约12.5 t,累计捕捞鱼类122.5 t。根据捕捞量减去投放量估算,盐龙湖通水运行以来,共计产出了鱼类110 t,不考虑湖内现存鱼量,平均每年鱼类生产力保守估算为55 t。

16.3.3 大型底栖动物群落

底栖动物是水生生态系统中重要的生物类群,生活在水体底部,从底质中吸取营养物质,在水生生态系统的物质循环和能量流动中起着重要的作用。对盐龙湖水生生态系统中的大型底栖动物群落开展研究,有助于今后盐龙湖生态系统的调控工作地开展,也可为水质生态评价及监测提供依据。

16.3.3.1 种类组成及优势物种

盐龙湖为新开挖人工湖,本底无底栖动物分布。在盐龙湖调试运行的第1年调查结果显示,水生生态系统初步建立且尚未达到稳定状态,底泥大多为新土,大型底栖动物的从生物多样性、数量及生物量上看,均处于较低水平。从调试运行第2年起,随着盐龙湖工程建成通水时间的增长,其水生生态系统中大型底栖动物群落已初步自然构建。对盐龙湖周年的采样调查共鉴定出大型底栖动物18种,隶属于3门6纲15科,其中软体动物类有9科10属10种、摇蚊幼虫1属1种、寡毛类1科2属2种、其他有5科5属5种。优势物种为长角涵螺、纹沼螺、梨形环棱螺、背角无齿蚌、霍普水丝蚓与摇蚊幼虫。种类数在冬季(15种)＞春季(13种)＞秋季(12种)＞夏季(10种),在挺水植物区(15种)＞深度净化区(9种)＞沉水植物区(8种)＞预处理区(6种)。具体情况见表16-7。

1)时间分布

(1)秋季调查共发现底栖动物12种,优势物种为寡毛纲的霍甫水丝蚓、昆虫纲的摇蚊幼虫、腹足纲的长角涵螺以及纹沼螺,此四者数量分别占全部底栖动物的28.2%、26.0%、17.8%、14.7%;

(2)冬季共鉴定出底栖动物15种,相比秋季调查成果底栖生物多样性有一定增加,新出现的物种有中国圆田螺、绘环棱螺、蝇类幼虫、黄蜻稚虫;未出现的物种有椭圆萝卜螺、方格短沟蜷。优势物种为寡毛纲的霍甫水丝蚓、腹足纲的长角涵螺以及纹沼螺,此三者数量分别占全部底栖动物的44.7%、18.9%、13.1%;

(3)春季采样共鉴定出底栖动物13种,相比冬季底栖生物在种类上区别不大,新出现的物种有椭圆萝卜螺、背角无齿蚌;未出现的物种有蝇类幼虫、绘环棱螺。优势物种为寡毛纲的霍甫水丝蚓、腹足纲的长角涵螺以及纹沼螺,此三者数量分别占全部底栖动物的57.7%、12.2%、11.6%;

(4)夏季共鉴定出底栖动物10种,相比春季无新物种。优势物种为寡毛纲的霍甫水丝蚓、腹足纲的纹沼螺以及长角涵螺,此三者数量分别占全部底栖动物的51.1%、20.0%、13.3%。

2)空间分布

(1)预处理区共鉴定出大型底栖动物6种,其中软体动物类有3属3种、摇蚊幼虫1属1种、寡毛类1属1种、其他有1属1种。该区的大型底栖动物从个体数量和种类上看

表16-7　盐龙湖不同季节不同区域大型底栖动物种类组成

种名	科属	总体				预处理区				挺水植物区				沉水植物区				深度净化区			
物种名	科 属	秋	冬	春	夏	秋	冬	春	夏	秋	冬	春	夏	秋	冬	春	夏	秋	冬	春	夏
物种数		12	15	13	10	4	2	4	3	11	14	11	8	7	7	7	9	6	7	5	6
一、软体动物		6	7	7	6	2	2	2	1	5	6	5	5	3	4	4	6	4	3	2	3
纹沼螺 *Parafossarulus striatulus*	豆螺科沼螺属	1	1	1	1	1	1	1	1	1	1	1	1	1	1	1	1	1	1	1	1
长角涵螺 *Alocinma longicornis*	觟螺科涵螺属	1	1	1	1		1			1	1	1		1	1	1		1	1		
扁卷螺 *Planorbidae trumpet*	扁卷螺科扁卷螺属	1	1							1											
中国圆田螺 *Cipangopaludina chinensis*	田螺科圆田螺属		1	1	1						1	1					1			1	
绘环棱螺 *Bellamya limnophila*	田螺科环棱螺属	1	1							1											1
梨形环棱螺 *Bellamya purificata*	田螺科环棱螺属	1	1	1	1					1	1	1	1	1	1	1	1				
方格短沟蜷 *Semisulcospira cancellata*	黑螺科短沟蜷属	1																			
椭圆萝卜螺 *Radix swinhoei*	椎实螺科萝卜螺属	1	1	1	1	1	1	1	1	1	1	1	1	1	1	1	1	1	1	1	1
河蚬 *Corbicula fluminea*	蚬科蚬属	1	1	1	1			1		1	1	1	1								
背角无齿蚌 *Anodonta woodiana*	蚌科无齿蚌属	1	1	1	1	1	1	1		1	1	1	1	1	1	1	1	1	1	1	1
二、摇蚊幼虫		1	1	1	1	0	0	0	0	1	1	1	1	1	1	1	1	1	1	1	1
摇蚊科1种 *Tendipes sp.*	摇蚊科	1	1	1	1	0	0	0	0	1	1	1	1	1	1	1	1	1	1	1	1
三、寡毛类		2	2	2	2	0	0	1	2	2	2	2	2	2	2	2	2	2	2	2	2
霍普水丝蚓 *Limnodrilus hoffmeisteri*	颤蚓科水丝蚓属	1	1	1	1	0	0	0	1	1	1	1	1	1	1	1	1	1	1	1	1
苏氏尾鳃蚓 *Branchiura sowerbyi*	颤蚓科尾鳃蚓属	1	1	1	1	0	0	1	1	1	1	1	1	1	1	1	1	1	1	1	1
四、其他		3	5	3	1	0	0	1	0	3	5	3	0	1	1	1	1	1	1		0
日本沼虾 *Macrobrachium nipponense*	长臂虾科沼虾属	1	1	1	1					1	1	1		1	1	1	1	1	1		
扁舌蛭 *Glossiphonia complanata*	舌蛭科舌蛭属	1	1	1	1			1		1	1	1					1				
黄蜻 *Pantala flavescens*	蜻科黄蜻属	1	1	1			1	1		1	1	1									
食蚜蝇科1种 *Scaeva sp.*	食蚜蝇科	1	1	1						1	1	1									
未知水生昆虫1种		1	1	1	1					1	1	1	1						1		

都不丰富,也没有明显的优势物种与季节变化,这可能与预处理区植物带水流速度较快、底泥有机物量积累不多且受到鱼类的捕食压力较大有关。

(2)挺水植物区共鉴定出大型底栖动物15种,其中软体动物类有7属7种、摇蚊幼虫1属1种、寡毛类2属2种、其他有5属5种。大底栖动物群落中的优势物种为纹沼螺、霍普水丝蚓、长角涵螺、摇蚊幼虫。其种类数量在冬季(14)>秋季、春季(11)>夏季(8)。

(3)沉水植物区共鉴定出大型底栖动物9种,其中软体动物类有5属5种、摇蚊幼虫1属1种、寡毛类2属2种、其他有1属1种。其种类数量在各季度之间相差不大,秋、冬、春季的物种数均为7种,夏季为9种。该区的优势物种为纹沼螺、长角涵螺与梨环棱螺等软体动物,次优势种为水丝蚓,摇蚊幼虫与其他物种则出现较少。

(4)深度净化区共鉴定出大型底栖动物9种,其中软体动物类有5属5种、摇蚊幼虫1属1种、寡毛类2属2种、其他有1属1种。该区大底栖动物群落中的优势物种水丝蚓,次优势种为纹沼螺、摇蚊幼虫,其种类数量在冬季(7)>秋季、夏季(6)>春季(5)。

16.3.3.2　密度及生物量

盐龙湖大型底栖动物年均密度表现为挺水植物区、沉水植物区的要显著大于深度净化区及预处理区,预处理区密度最低;生物量上通常表现为沉水植物区>挺水植物区>深度净化区、预处理区。按不同季节分析如下。

1)秋季

盐龙湖预处理区、挺水植物区、沉水植物区、深度净化区大型底栖动物的密度平均为:22.4 ind/m²、209.3 ind/m²、119.7 ind/m²、149.3 ind/m²,生物量平均为:0.61 g/m²、9.00 g/m²、7.45 g/m²、1.75 g/m²(图16-26)。密度总体规律是挺水植物区,尤其是A、

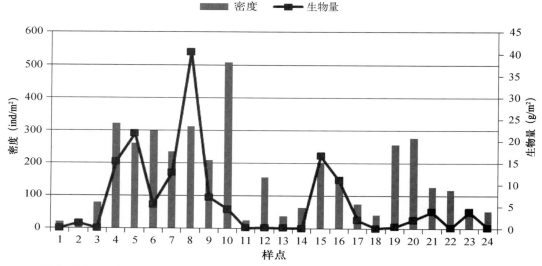

说明:样点1、2为预处理区,样点3~14为挺水植物区,样点15~18为沉水植物区,样点19~24为深度净化区,图16-27~图16-29同。

图16-26　盐龙湖秋季大型底栖动物密度与生物量

B 区域的大型底栖动物密度要显著大于预处理区、深度净化区及沉水植物区;生物量总体规律是挺水植物区>沉水植物区>深度净化区>预处理区。

2) 冬季

盐龙湖预处理区、挺水植物区、沉水植物区、深度净化区大型底栖动物的密度平均为:21.3 ind/m²、385.8 ind/m²、181.3 ind/m²、357.3 ind/m²,总体规律是挺水植物区、深度净化区的大型底栖动物密度要显著大于沉水植物区及预处理区,预处理区密度最低。其中挺水植物区 B3 区荇草区域底栖动物最多,达到 860.7 ind/m²。密度最低的样点为预处理区的内外圈的水生植物带,其中内圈没有发现底栖生物分布,外圈仅为42.7 ind/m²。

从生物量上看,盐龙湖预处理区、挺水植物区、沉水植物区、深度净化区大型底栖动物的生物量平均为:4.12 g/m²、47.78 g/m²、55.10 g/m²、9.97 g/m²(图 16 - 27)。总体规律是沉水植物区>挺水植物区>深度净化区>预处理区。由于寡毛类及摇蚊幼虫个体过小,几乎无法称重。因此表现为螺类多的样点生物量也相对较高。其中,挺水植物区 C3区荇草、C4 区荇草、沉水植物区 0.8 m 高程区的生物量较高,分别为 126.7 g/m²、224.9 g/m²、124.0 g/m²;预处理区、沉水植物区 0.0 m 高程区以及深度净化区主库区的底栖动物的生物量都非常低,仅为 0.0~1.0 g/m²。

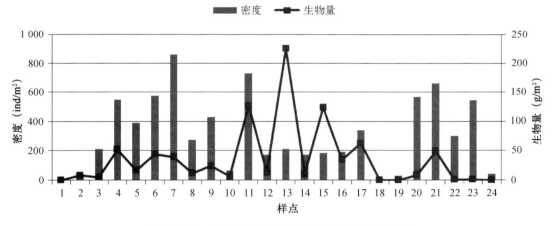

图 16 - 27　盐龙湖冬季大型底栖动物密度与生物量

3) 春季

盐龙湖预处理区、挺水植物区、沉水植物区、深度净化区大型底栖动物的密度平均为:21.3 ind/m²、360.8 ind/m²、385.1 ind/m²、149.3 ind/m²(图 16 - 28),总体规律是挺水植物区、沉水植物区的大型底栖动物密度要显著大于深度净化区及预处理区,预处理区密度最低。其中挺水植物区 B4 区香蒲区域底栖动物最多,达到 821.6 ind/m²。密度最低的样点为预处理区的内外圈的水生植物带,其中外圈仅为 10.7 ind/m²。

从生物量上看,盐龙湖预处理区、挺水植物区、沉水植物区、深度净化区大型底栖动物的生物量平均为:1.89 g/m²、30.6 g/m²、135.1 g/m²、1.55 g/m²。总体规律是沉水植物区>挺水植物区>深度净化区、预处理区。

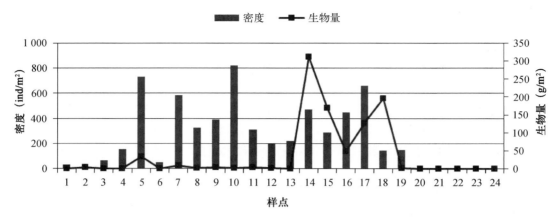

图 16-28　盐龙湖春季大型底栖动物密度与生物量

4）夏季

盐龙湖预处理区、挺水植物区、沉水植物区、深度净化区大型底栖动物的密度平均为：37.3 ind/m²、395.6 ind/m²、748.0 ind/m²、138.7 ind/m²（图 16-29），总体规律是挺水植物、沉水植物区的大型底栖动物密度要显著大于深度净化区及预处理区，预处理区密度最低。其中沉水植物区 0.2 m 及 0.5 m 高程区域底栖动物最多，达到 1 000 ind/m² 以上。密度最低的样点为预处理区的内外圈的水生植物带，其中外圈仅为 21.3 ind/m²。

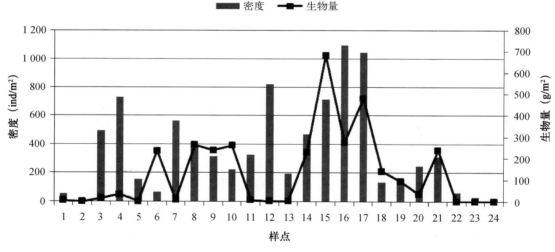

图 16-29　盐龙湖夏季大型底栖动物密度与生物量

从生物量上看，盐龙湖预处理区、挺水植物区、沉水植物区、深度净化区大型底栖动物的生物量平均为：2.6 g/m²、108.4 g/m²、394.3 g/m²、61.2 g/m²。总体规律是沉水植物区＞挺水植物区＞深度净化区、预处理区。

第十七章 科技创新及效益

17.1 工　程　创　新

盐龙湖工程是目前国内外建成生态净化规模最大、兼具常规供水与应急备用功能的盐城市饮用原水生态净化工程。大规模采用生态技术净化微污染饮用水原水的相关研究或工程实例在世界范围内十分少见，更无相应的规程规范和技术标准。在盐龙湖工程设计建设与调试运行期间，课题组面临并克服了生态净化工艺、水质维持及富营养化防控、工程调度运行及生态管护等一系列技术难题，取得了多项创新成果。

（1）针对平原河网地区河道型水源地来水成分复杂、季节波动明显、水量时空分布不均、抗风险能力低等特点，集成创新提出由"河道原位取水转换为湿地旁位净化湖库调蓄取水"处置模式、"降浊活化、脱氮除磷、调蓄备用"处理流程和"前置预处理、中端复合高效表流功能湿地及后置生态调蓄库"净化工艺组成的模块化技术体系，具有功能完备、流程清晰、结构耦合、调度灵活、易复制推广的特点，攻克了平原河网地区河道型水源地供水水质、水量保障及应急供水需求的技术难题。

（2）针对高水力负荷条件和传统表流湿地的不足，创新研发了一套高效稳定立体复合表流功能性湿地构建技术体系，具有"串并结合、羽状布水、生境多样、立体群落、时空衔接、低碳节能"的特点，克服了传统表流湿地负荷不均、生境单一、系统老化、季节性强等问题，保障了生态净化工程在高水力负荷、多变水质条件下处理效果的高效、持续、稳定。

（3）针对调蓄库水力停留时间长存在富营养化风险的问题，从水力调控、生态净化、多营养级生物操纵及多要素监控入手，集成创新"多点布水、水平推流、垂向紊动、表层溢流"的水力调控与"生境构建、群落配置、生物操纵、监控反馈"生物维护技术，解决了长换水周期调蓄库原水水质维持和水华防治难题。

（4）基于"水量保障、水质达标、系统健康"三位一体目标，通过"负荷调控、水力调度、水位波动、干湿交替、单元轮作、生物调控、监测反馈"等技术研究，首次提出了一套集多要素、全过程、跨季节的功能性湿地与原水调蓄库联合调度运行及生态管护技术，有效保障系统持续、高效、稳定运行，形成了系统联合调度和管护技术指南。

经国家一级科技查新机构检索，盐龙湖工程采用的主体技术工艺具有新颖性，江苏省水利厅、水利部国科司对盐龙湖工程相关科研成果鉴定结论为：盐龙湖工程总体上达到了国内领先水平，在立体复合表流湿地技术体系方面达到国际先进水平。

17.2 工　程　效　益

17.2.1 社会效益

（1）有利于促进和谐社会发展。盐龙湖工程的建成运行，保障了微污染饮用水水源地的供水水质稳定安全,避免了多次突发性水环境污染事故对盐城市区正常供水产生影响,使居民能喝上优质水、放心水及安全水,党和政府在群众中的威信将进一步提高,增强了党的凝聚力,对构建和谐社会和改善人民生活品质具重要作用。

(2)有利于提高公民环境保护意识。盐龙湖工程是公益性的社会事业,通过在管理运行过程中的宣传教育,提高了当地公民的自然保护意识和科学认知水平,增加了科学修养。自工程建设运行以来,盐龙湖工程吸引了来自国家、江苏省、上海市及当地各级新闻媒体的采访与报道,通过网络、报刊、广播、电视等媒体向广大社会人士传播了生态治水的环保理念,影响力进一步扩大。

(3)引领了国内微污染地表水生态净化及平原水库安全保障等技术领域的整体提升。盐龙湖工程重点解决了多变微污染原水与稳定供水之间的平衡问题,攻克了长交换周期的平原水库水质保障难题,技术工艺总体达到国内领先水平,在湿地净化工艺方面处于国际先进水平,填补了国内空白。2009年至今,在盐龙湖工程的设计、施工、调试及运行管理过程中,已形成了发明专利及实用新型专利10余项、发表学术论文30余篇、形成著作及施工工法各1部,并获得了全国优秀水利水电工程勘测设计金质奖、大禹水利科学技术二等奖、江苏省水利科技一等奖、上海市优秀工程咨询成果一等奖等多项省部级奖项,取得了丰硕的科研成果。

(4)为我国类似水源地保护工程起到示范作用。盐龙湖工程是目前我国规模最大的原水生态净化工程,该项目的成功投产为我国平原地区水源地保护工程树立了新的样板,起到良好的示范作用。盐龙湖运行以来,接待了大批来自全国各地从事水资源及生态保护的科研、规划设计、工程咨询、工程管理的专业技术人员,对我国今后类似项目的开展与推广起到了积极的促进作用。目前,盐龙湖工程多项技术成果已推广于江苏省连云港市应急水源地工程(蔷薇湖水库)、浙江省桐乡应急备用水源(凤凰湖)工程、吴江东太湖应急备用水源地等大型工程项目之中。

17.2.2 经济效益

(1)盐龙湖拥有大面积的植物湿地与水域,每年可通过生态净化产生大量水生动植物资源。通过对水生植物收割及水生动物的捕获,可获得一定的经济效益。

(2)盐龙湖及周边防护林带营造出了优美的湿地风光,可带动周边地块的土地升值和其他产业的发展,使当地的经济能较为快速增长。

17.2.3 生态环境效益

(1)通过盐龙湖工程生态净化,大大改善了蟒蛇河原水的各类污染指标,悬浮物浓度大大降低,透明度显著升高,水质感官改善,出水水质稳定达到Ⅲ类标准,极大地改善了原水水质,环境效益突出。

(2)经盐龙湖工程净化后的优质原水输送至水厂后,因其污染物浓度低(特别是氨氮含量小),悬浮物浓度低,可降低制水过程中投加氧化物而产生对人体有害的副产物含量,在保障饮用水安全的同时,也产生了十分显著的环境效益。

(3)盐龙湖工程建成后,构建了以挺水植物、沉水植物、浮叶植物及乔灌草为主的净化湿地,水生植物、湿生植物及陆域植物共计约 50 余种,呈现了随地形特征改变的植物生态系统的多样性结构,营造出了一片景色秀美、空气清新的湿地风景。同时,大面积的湿地吸引了数量众多的鸟类、爬行类、两栖类及鱼类等生物安家落户、繁衍生息,使当地的物种多样性大大提高。各种生物群落在时间、空间上的镶嵌和交替,完善了生态系统的结构,充分发挥出湿地生态系统的各项生态服务功能,生态效益良好。

17.3　展　　望

三千余亩生机盎然,五百万方碧波潋滟;龙湖明珠耀盐阜,千家万户笑颜生。盐龙湖工程的建成启用从根本上改变了盐城市区饮用水源格局,保障了城市供水安全,提升了我国平原河网地区河道型水源地原水生态净化与水质保障技术水平,为我国平原地区水源地保护树立了样板,起到了示范作用。

随着我国各地对水源地保护的日益重视和“水十条”目标的落实,“盐龙湖”模式可为我国南方平原河网地区 8 个省市、约 3 亿人口解决清洁原水提供经验借鉴和技术支撑,具有广阔的推广应用空间。

参 考 文 献

Bormann B T, Sidle R C. 1990. Change in productivity and distribution of nutrients in a chrono-sequence at Glacier bay, national Park, Alaska. Journal of Ecology, 18: 561 – 578.

Braskerud B C. 2002. Factors affecting nitrogen retention in small constructed wetlands treating agricultural non-point source pollution. Ecological Engineering, 18: 351 – 370.

Comin F A. 1997. Nitrogen removal and cycling in restored wetlands used as filters of nutrients for agricultural runoff. Water Science and Technology, 35(5): 255 – 261.

Croker R L, Major J. 1955. Soil development in relation to vegetation and surface age at Glacier bay, Alaska. Journal of Ecology, 43: 427 – 448.

Dierberg F E, DeBusk T A, Jackson S D, et al. 2002. Submerged aquatic vegetation-based treatment wetlands for removing phosphorus from agricultural runoff: response to hydraulic and nutrient loading. Water Research, 36(6): 1409 – 1422.

Ding Y, Song X S, Wang Y H, et al. 2012. Effects of dissolved oxygen and influent COD/N ratios on nitrogen removal in horizontal subsurface flow constructed wetland. Ecological Engineering, 46(1): 107 – 111.

Drizo A, Frost C A, Grace J, et al. 1999. Physico-chemical screening of phosphate-removing substrates for use in constructed wetland systems. Water Research, 33(17): 3595 – 3602.

Fierer N, Schimel J P. 2002. Effects of drying-rewetting frequency on soil carbon and nitrogen transformations. Soil Biology and Biochemistry, 34(6): 777 – 787.

Huang J, Reneau R B, Hagedorn C. 2000. Nitrogen removal in constructed wetlands employed to treat domestic wastewater. Water Research, 34(9): 2582 – 2588.

Job G B, Biddlestone A J, Gray K R. 1991. Treatment of high strength agricultural and industrial effluents using reed bed treatment systems. Chemical Engineering Research and Design, 69(3): 187 – 189.

Kadlec R H, Knight R L. 1996. Treatment wetlands. Boca Raton: CRC Press/Lewis Publishers: 893.

Lin Y F, Jing S R, Wang T W, et al. 2002. Effects of macrophytes and external carbon sources on nitrate removal from groundwater in constructed wetlands. Environ Pollut, 119 (3): 413 – 420.

Liu M, Hou L, Xu S, et al. 2002. Adsorption of phosphate on tidal flat surface sediments from the Yangtze Estuary. Environmental Geology, (42): 657 – 665.

Mantovi, et al. 2003. Application of a horizontal flow constructed wetland flow treatment of dairy parlor wastewater. Bioresource Technology, 88(1): 85 – 94.

Martin C D, Moshiri G A. 1994. Nutrient reduction in an in-series constrcted wetland system treating landfill leachate. Water Science and Technology, 29(4): 267 – 272.

Mays P A, Edwards G S. 2001. Comparison of heavy metal accumulationin a natural wetland and constructed wetlands receiving acid minedrainage. Ecological Engineering, 16 (4): 487 – 500.

Picard C R, Fraser L H, Steer D. 2005. The interacting effect s of temperature and plant community type on nut rient removal in wetland microcosms. Bioresource Technology, 96 (9): 1039 – 1047.

Reed S C, Brown D S. 1992. Constructed wetland design-the first generation. Water Research, 64(6): 776 – 781.

Saunders W M H, Williams E G. 1955. Observations on the determination of total organic phosphorus in soils. Journal of Soil Science, 6(2): 254 – 267.

U. S. Environmental Protection Agency. 1993. Manual: nitrogen control. EPA/625/R – 93/ 010. Environmental Protection Agency Cincinnati, OH.

Vacca G, Wand H, Nikolausz M, et al. 2005. Effect of plants and filter materials on bacteria removal in pilot-scale constructed wetlands. Water Research, 39(7): 1361 –1373.

Vymazal J, Brix H, Cooper P F, et al. 1998. Constructed wetlands for wastewater treatment in Europe. Leiden: Backguys Publishers.

Writtgren H B, Tobiason S. 1995. Nitrogen removal from pretreated wastewater in surface flow wetlands. Water Science Technology, 32(3): 69 – 78 .

Xiang S R, Doyle A, Holden P A, et al. 2008. Drying and rewetting effects on C and N mineralization and microbial activity in surface and subsurface California grassland soils. Soil Biology and Biochemistry, 40(9): 2281 – 2289.

白军红, 邓伟, 王庆改, 等. 2007. 内陆盐沼湿地土壤碳氮磷剖面分布的季节动态特征. 湖泊科学, (19): 599 – 603.

仓基俊, 陈煜权, 左倬, 等. 2014. 平原河网地区新建湖库型水源地生态技术研究与应用: 江苏省盐城市盐龙湖工程成果. 科技成果管理与研究, (10): 65 – 67.

仓基俊, 左倬, 郭萧, 等. 2012. 青苔在微污染水体生态净化系统中的发生与防治. 安徽农业科学, (9): 5524 – 5526.

仓基俊, 左倬, 胡伟, 等. 2013. 人工湿地改善微污染水体溶解氧的中试研究. 中国农村水利水电, (7): 10 – 12,17.

曹琳, 吉芳英. 2010. 三峡库区消落带干湿交替表层沉积物磷分布特征. 地球与环境, 41(2): 126 – 131.

曹向东, 王宝贞. 2002. 强化塘—人工湿地复合生态塘系统中氮和磷的去除规律. 环境科学研究, 13(2): 15 – 19.

陈峰峰, 李秋华, 等. 2013, 百花湖入库河流麦西河河口消落带土壤磷形态及其分布特征研究. 长江流域资源与环境, 22(4): 486 – 492.

陈庆华, 俞新峰, 王为东. 2013, 石臼漾水源生态湿地工程的水质改善效果. 中国给水排水, 29 (1): 43 – 48.

成必新, 郭萧, 朱雪诞, 等. 2013. 盐龙湖富营养化防治关键技术探讨. 工程建设与管理, (14): 20 – 22.

范成新,刘元波,陈荷生.2000.太湖底泥蓄积量估算及分布特征探讨.上海环境科学,19(2):72-75.

付融冰,杨海真,顾国维,等.2005.人工湿地基质微生物状况与净化效果相关分析.环境科学研究,18(6):44-49.

富宏霖,王生荣,韩士杰,等.2009.土壤干湿交替对长白山阔叶红松林土壤微生物活性与区系的影响.东北林业大学学报,37(7):80-81.

高拯民,李宪法,等.1991.城市污水土地处理利用设计手册.北京:中国标准出版社.

郭劲松,王春燕,方芳,等.2006.湿干比对人工快渗系统除污性能的影响.中国给水排水,22(17):9-12.

国家环保总局.2002.水与废水监测分析方法(第4版).北京:中国环境科学出版社.

何玉良,郑军田.2014.平原河网地区微污染饮用水源生态净化——盐龙湖湿地实践.南京:河海大学出版社.

胡霭堂.2003.植物营养学.北京:中国农业大学出版社.

胡伟,朱雪诞,左倬,等.2014.平原地区新建湖库型水源地生态工程设计关键技术问题及实践.给水排水,(4):27-30.

扈庆.2010.饮用水预处理技术探讨.环境科学与管理,(12):75-77

华莱士 S,帕金 G,考思 C.2003.寒冷地区污水处理的人工湿地设计与运行.中国环保产业,(6):40-42.

黄翔峰,谢良林,陆丽君,等.2008.人工湿地在冬季低温地区的应用研究进展.环境污染与防治,30(11):84-89.

黄有志,刘永军,熊家晴,等.2013.北方地区表流人工湿地冬季污水脱氮效果及微生物分布分析.水处理技术,39(1):55-59.

李怀正,叶建峰,徐祖信.2008.轮休措施对堵塞型垂直潜流人工湿地的影响.环境科学学报,28(8):1555-1560.

李静,尹澄清,王为东,等.2008.表流湿地冬季运行效果及植物腐烂影响的初步研究.农业环境科学学报,27(4):1482-1488.

李丽娟,梁丽乔,刘昌明,等.2007.近20年我国饮用水污染事故分析及防治对策.地理学报,(9):917-924.

李生秀.2008.中国旱地土壤植物氮素.北京:科学出版社.

李阳,何伟,左倬,等.2014.干湿交替对湿地土壤氮磷缓冲能力的影响.环境科学与技术,(A2):25-28,32.

凌子微,仝欣楠,李亚红,等.2013.处理低污染水的复合人工湿地脱氮过程.环境科学研究,26(3):320-325.

刘佳,王泽民,李亚峰,等.2005.潜流人工湿地系统对污染物的去除与转化机理.环境保护科学,31(2):53-57

卢少勇,金相灿,余刚.2006.人工湿地的氮去除机理.生态学报,26(8):2670-2677.

卢少勇,张彭义,余刚,等.2006.云南昆明人工湿地冬季运行情况分析.中国给水排水,22(12):59-62.

鲁如坤.2000.土壤农业化学分析方法.北京:中国农业科学技术出版社.

彭焘,徐栋,贺锋,等.2007.人工湿地系统在寒冷地区的运行及维护.给水排水,33(S)：82-86.

卿杰,王超,左倬,等.2015.大型表流人工湿地不同季节不同进水负荷下水质净化效果研究.环境工程,(A1)：190-193.

卿杰,朱雪诞,左倬,等.2016.人工介质对微污染水的净化效果.水处理技术,(3)：69-71.

卿杰,左倬,朱雪诞,等.2014.大型人工湿地水质净化预处理工艺效果研究.人民长江,(A2)：73-75.

宋铁红,丁大伟,王野,等.2008.冬季人工湿地内微生物活性和除污效率分析.水处理技术,34(9)：68-74.

谭月臣,姜冰冰,洪剑明.2012.北方地区潜流人工湿地冬季保温措施的研究.环境科学学报,32(7)：1653-1661.

王超,陈煜权,蔡丽婧,等.2015.不同季节大型生态净化工程对原水氮素净化效果.环境工程学报,(8)：3763-3767.

王瀚林,商志清,成必新,等.2015.生态净化工程预处理单元对泥沙沉积的时空规律研究.中国农村水利水电,(7)：74-76.

王世和,王薇,俞燕.2003.水利条件对人工湿地处理效果的影响.东南大学学报,33(3)：359-362.

王宜明.2000.人工湿地净化机理和影响因素探讨.昆明冶金高等专科学校学报,16(2)：3-4.

文启孝.1984.土壤有机质研究法.北京：农业出版社.

项学敏,杨洪涛,周集体,等.2009.人工湿地对城市生活污水的深度净化效果研究：冬季和夏季对比.环境科学,30(3)：713-719.

熊飞,李文朝,潘继征,等.2005.人工湿地脱氮除磷的效果与机理研究进展.湿地科学,3(3)：228-234.

杨立君,余波平,王永秀,等.2008.净化湖水的垂直流人工湿地的脱氮研究.环境科学研究,21(3)：131-134.

杨旭,张雪萍,于水利,等.2010.微污染水源人工湿地处理效果与植物作用分析.中国农学通报,26(3)：274-278.

杨杨阳,万蕾,张林军.2012.人工湿地低温运行效果及强化措施研究现状.生态经济,12：192-195.

叶捷,彭剑峰,高红杰,等.2011.低温下潮汐流人工湿地系统对污水净化效果.环境科学研究,24(3)：294-300.

尹连庆,谷瑞华.2008.人工湿地去除氨氮机理及影响因素研究.环境工程,26：151-155.

尹炜,李培军,裘巧俊,等.2006.植物吸收在人工湿地去除氮、磷中的贡献.生态学杂志,25(02)：218-221.

张建,邵文生,何苗,等.2006.潜流人工湿地处理污染河水冬季运行及升温强化处理研究.环境科学,27(8)：1560-1564.

张军,周琪,何蓉.2004.表面流人工湿地中氮磷的去除机理.生态环境,13(1)：98-101.

张姝,尚佰晓,周莹.2011.莲花湖人工湿地对污水的净化效果研究.中国给水排水,27(9)：25-28.

张燕燕,刘加刚,郑少奎,等.2006.低温下浮水植物型表面流人工湿地中有机氮的去除.环境科学研究,19(4):47-50.

赵庆祥.2002.污泥资源化技术.北京:化学工业出版社.

朱雪诞,陈煜权,仓基俊,等.2013.生态净化技术对微污染原水 DO、浊度、透明度及 pH 指标的改善效果分析.中国农村水利水电,(11):11-14,19.

左丽丽,丁爱中,郑蕾,等.2009.去除预处理生活污水的潜流人工湿地中试除氮性能.环境科学研究,22(9):1063-1067.

左倬,仓基俊,朱雪诞,等.2015.低温季大型表流湿地对微污染水体脱氮效果及优化运行.环境工程学报,(9):4314-4320.

左倬,陈煜权,成必新,等.2016.不同植物配置下人工湿地大型底栖动物群落特征及其与环境因子的关系.生态学报,(4):953-960.

左倬,郭萧,李巍,等.2013.盐龙湖工程中试系统去除原水中氮磷效果研究.中国水利,(14):33-36.

左倬,胡伟,朱雪诞,等.2013.不同季节表流湿地对微污染原水的净化效果分析.人民长江,(19):91-95.

左倬,朱雪诞,胡伟,等.2015.盐城蟒蛇河饮用水源原水水质及盐龙湖工程水质净化效果评价.环境污染与防治,(5):61-65,71.

附录　日常运行管理记录套表

编号前三个字母"YLH"代表"盐龙湖";中间字母代表所属科室,序号代表用途分类,例如生态科表格分为四类,"01"代表水质取样调查记录,"02"代表水质化验原始数据记录,依次类推;末端序号为该表编号。

日常运行管理记录套表清单

序　号	名　称	编　码	用　途
1	水质取样调查表	YLH－ST01－001	水质取样调查
2	采样记录表	YLH－ST01－002	水质取样调查
3	高锰酸盐指数原始记录表	YLH－ST02－001	水质化验
4	氨氮原始记录表	YLH－ST02－002	水质化验
5	总磷原始记录表	YLH－ST02－003	水质化验
6	总氮原始记录表	YLH－ST02－004	水质化验
7	悬浮物原始记录表	YLH－ST02－005	水质化验
8	叶绿素 a 原始记录表	YLH－ST02－006	水质化验
9	现场测定项目原始记录表	YLH－ST02－007	水质化验
10	危险药剂使用记录表	YLH－ST02－008	水质化验
11	鱼类调查表	YLH－ST03－001	生态调查
12	渔获物分析表	YLH－ST03－002	生态调查
13	水生植物样方调查表	YLH－ST03－003	生态调查
14	底栖动物采样记录表	YLH－ST03－004	生态调查
15	底栖动物名录及其分布表	YLH－ST03－005	生态调查
16	底栖动物调查记录表	YLH－ST03－006	生态调查
17	浮游生物名录及其分布表	YLH－ST03－007	生态调查
18	浮游植物调查记录表	YLH－ST03－008	生态调查
19	浮游动物调查记录表	YLH－ST03－009	生态调查
20	生态系统巡查表	YLH－ST03－010	生态调查
21	运行工况调度单	YLH－SB01－001	运行工况
22	运行工况记录表	YLH－SB01－002	运行工况
23	设备维修记录表	YLH－SB02－001	设备管理
24	设备巡检记录表	YLH－SB02－002	设备管理
25	来访人员车辆登记表	YLH－ZH01－001	来访登记

续 表

序 号	名 称	编 码	用 途
26	夜间值班记录表	YLH－ZH02－001	工作值班
27	安保岗亭值班记录表	YLH－ZH02－002	工作值班
28	安保监控中心值班记录表	YLH－ZH02－003	工作值班
29	安保巡逻记录表	YLH－ZH02－004	工作值班
30	设备采购申请表	YLH－ZH03－001	采购和领用
31	设备领用申请表	YLH－ZH03－002	采购和领用

盐龙湖工程	YLH－ST01－001 水质取样调查表		编号：
采样时间	年　　月　　日　　时		
水样编号		水域名称	
采样站号		采样深度(m)	
气温(℃)		水温(℃)	
水　色		透明度(cm)	
pH		分析项目	
调查区域：		记录人：	

盐龙湖工程	YLH－ST01－001 水质取样调查表		编号：
采样时间	年　　月　　日　　时		
水样编号		水域名称	
采样站号		采样深度(m)	
气温(℃)		水温(℃)	
水　色		透明度(cm)	
pH		分析项目	
调查区域：		记录人：	

盐龙湖工程	YLH - ST01 - 002 水质采样调查表			编号：
水域名称		采样点号		采样时间	
样品类别		样品编号		样品量	
采样工具		采样层次		固定剂	
天　气		风力风向		气温(℃)	
水深(m)		流速(m/s)		水温(℃)	
透明度(cm)		pH		底质	
其　他					
周围环境					
备　注					

调查区域：　　　　　　　　　　　　　　　　记录人：

盐龙湖工程	YLH－ST02－001 高锰酸盐指数分析原始记录表							编号：		
样品来源	样品类型							共　页　第　页		

分析项目：高锰酸盐指数　　　　　　分析方法：高锰酸钾酸性法（GB/T 11892—1989）

滴定管	规格：mL	标准液	名称：KMnO₄				标定日期：			
	颜色：		浓度 c：（　　）mol/L				指示剂：KMnO₄			
	编号	温度：　℃　湿度：　%RH　温湿度仪：ZC1－2/34#								

计算方法	高锰酸盐指数(mg/L)＝{[(10＋V_1)10/V_2－10]－[(10＋V_0)10/V_2－10]×f}×C×8×1 000/V_3									
序　号	1	2	3	4	5	6	7	8	9	10
样品编号										
采样日期										
分析日期										
取样量(mL)										
用量标准液　始点										
终点										
始点										
终点										
比例　f										
含量　mg/L										
偏差/回收率 %										
备　注	空白＝　　－　　＝mL									
	标定＝　　－　　＝mL									

测试：　　　　　　　　　　　　　　复核：
日期：　　　　　　　　　　　　　　日期：

| 盐龙湖工程 | YLH－ST02－002
氨氮分析原始记录表 | | 编号 | |

| 样品来源 | 样品类型 | 共 页 第 页 |

分析项目： 氨氮　　　　　　　分析方法：纳氏试剂分光光度法（HJ 535—2009）

仪器名称：可见光分光光度计　　　　　型号：　　　　　　　编号：

温度：　　　℃　　湿度：　　　％RH　　温湿度仪：ZC1－2/34#

计算方法：$c = m/V$

标准浓度：10.00 μg/mL　　配制日期：　　　曲线绘制日期：　　　曲线号：

曲线	标准液用量（mL）	
	吸光度（A）	
	校正吸光度（△A）	

样品空白

序号	采样 日期	分析 日期	样品 编号	样品体积 （mL）	吸光度（A）			含量 （mg/L）	相对偏 差（％）
					Ⅰ	Ⅱ	均值		

测试：　　　　　　　　　　　　　　　复核：
日期：　　　　　　　　　　　　　　　日期：

盐龙湖工程	YLH-ST02-003 总磷分析原始记录表		编号：

样品来源	样品类型	共 页 第 页

分析项目： 总磷(TP) | 分析方法：钼酸铵分光光度法(GB/T 11893—1989)

仪器名称：可见光分光光度计 | 型号： | 编号：

检出限：	0.01 mg/L(25 mL 试样)	选用波长： 700 nm	比色皿规格： mm

温度： ℃ 湿度： %RH 温湿度仪：ZC1-2/34#

计算方法：$c = m/V$

标准浓度：2.00 μg/mL	配制日期：	曲线绘制日期：	曲线号：

曲线	标准液用量(mL)	
	吸光度(A)	
	校正吸光度(△A)	

样品空白

序号	采样 日期	分析 日期	样品 编号	样品体积 (mL)	吸光度(A)			含量 (mg/L)	相对偏 差(%)
					Ⅰ	Ⅱ	均值		

测试： 复核：
日期： 日期：

盐龙湖工程	YLH－ST02－004 总氮分析原始记录表		编号：

样品来源	样品类型	共　页　第　页

分析项目：总氮　　　　分析方法：碱性过硫酸钾消解紫外分光光度法(GB/T 11894—1989)

仪器名称：紫外可见分光光度计	型号：	编号：

检出限：　0.050 mg/L	选用波长：220、275 nm	比色皿规格：10 mm

计算方法：总氮(mg/L)＝m/V

温度：　　℃　　湿度：　　％RH　　温湿度仪：ZC1－2/34$^{\sharp}$

标准浓度 10.00 μg/mL	配制日期：	曲线绘制日期：	曲线号：

曲线	标准液用量(mL)	
	吸光度(A_{220})	
	吸光度(A_{275})	
	$\triangle A＝A_{220}－2A_{275}$	

样品空白	$A_{220}＝$	$A_{275}＝$	$\triangle A＝$

序号	采样 日期	分析 日期	样品 编号	样品体积 (mL)	吸光度(A)			含量 (mg/L)	相对偏 差(％)
					A_{220}	A_{275}	$\triangle A$		

测试：　　　　　　　　　　　　　　　复核：
日期：　　　　　　　　　　　　　　　日期：

盐龙湖工程	YLH - ST02 - 005 叶绿素 a 分析原始记录表	编号：
样品来源	样品类型	共 页 第 页

分析项目：叶绿素 a　　　　　　　　分析方法：分光光度法

仪器名称：可见光分光光度计　　型号：722S　　编号：B - 03　　　　比色皿规格： cm

温度：　　℃　湿度：　　%RH　　温湿度仪：ZC1 - 2/34#

计算方法：叶绿素 a 的浓度（Ca，mg/L）＝27.9×（Eb−Ea）×Ve/（V×I ）

序号	采样日期	分析日期	样品编号	光密度（酸化前）		光密度（酸化后）		V1（mL）	V2（mL）	含量（mg/L）	相对偏差（%）
				750 nm	665 nm	750 nm	665 nm				
1											
2											
3											
4											
5											
6											
7											
8											
9											
10											

测试：　　　　　　　　　　　　　　　　　复核：
日期：　　　　　　　　　　　　　　　　　日期：

盐龙湖工程	YLH－ST02－006 悬浮物分析原始记录表	编号：

样品来源	样品类型	共　页　第　页

分析项目：悬浮物　　　分析方法：重量法(GB/T 11901—1989)

仪器名称：电子天平　　　型号：FA2104N　　　编号：

计算方法：$C(g/L)=(W2-W1)/V$　　　干燥温度：103～105(℃)　　　干燥时间：1 h

温度：　　℃　　　湿度：　　%RH　　　温湿度仪：ZC1－2/34＃

序　号	采样日期	样品编号	过滤前膜重量(g) W1	过滤后总重量(g) W2	采样体积 V(mL)	浓度 (mg/L)

测试：　　　　　　　　　　　复核：
日期：　　　　　　　　　　　日期：

盐龙湖工程	YLH - ST02 - 007 水质监测现场测定项目原始记录表				编号:
样品来源	样品类型				共　页　第　页

分析项目	仪器名称	型号	仪器编号	测定范围	分度值
水温					
溶解氧					
pH					
透明度					

仪器使用情况:

序号	采样日期	河名	断面	测试项目及结果						
				水温 (℃)	溶解氧 (mg/L)	pH	透明度 (cm)			

测试:　　　　　　　　　　　　　　　　　复核:

日期:　　　　　　　　　　　　　　　　　日期:

盐龙湖工程		YLH‐ST03‐001 实验室危险药剂使用记录表				编号：		
日期日期	化学品名	出库数量	使用人	使用原因	签发人	签发日期	备　注	

YLH - ST04 - 001
鱼类调查表

盐龙湖工程				编号：
渔具		总渔获量(kg)		样品量(kg)

种类和组成

鱼名	尾数	所占比例(%)	重量(kg)	所占比例(%)	鱼名	尾数	所占比例(%)	重量(kg)	所占比例(%)

记录：　　　　　调查日期：　　　　　调查区域：

盐龙湖工程	YLH - ST04 - 002 渔获物分析表		编号：	
渔具		总渔获量(kg)	样品量(kg)	

种　类　和　组　成

鱼名	体长 (mm)	体重 (g)	年龄	性别	鱼名	体长(mm)	体重 (g)	年龄	性别

调查区域：　　　　　　　　　　　　　　调查日期：
分析日期：　　　　　　　　　　　　　　记录：

物种编号	种名（俗名）	学名	盖度(%)	高度(cm)			密度(株/m²)			生长情况描述	备注
				建 群 种							

盐龙湖工程　　　　YLH - ST04 - 003　水生植物样方调查表　　　　编号：

调查区域：　　　　调查日期：　　　　记录：

盐龙湖工程	YLH - ST04 - 004 底栖动物采样记录表	编号：
采泥样总数：	拖网样品总数：	
采泥器：	采泥次数：	
网型：	样品厚度：	

种　类　记　录

序　号	种　名	拉丁学名	总个数(ind)	取回个数 （ind）	备　注
1					
2					
3					
4					
5					
6					
7					
8					
9					
10					
11					
12					
13					
14					
15					
16					
17					
18					
19					

调查区域：　　　　　　　　　　　　　　　　调查日期：
采样：　　　　　　　　　　　　　　　　　　记录：

盐龙湖工程			YLH－ST04－005 底栖动物名录及其分布表						编号：	
序号	种类	学名	采 样 点 分 布 状 况							

注：用符号表示分布状况："－"表示少，"＋"表示一般，"＋＋"表示较多，"＋＋＋"表示很多,用于定性比较。

调查区域：　　　　　　　　　　　　　调查日期：

采　　样：　　　　　　　　　　　　　统　　计：

采样时间：　　　　　　　　　　　　　统计时间：

盐龙湖工程		YLH‑ST04‑006 底栖动物调查记录表								编号：	
采样点编号											平均
软体动物	密度（ind/m²）										
	生物量（g/m²）										
水生昆虫	密度（ind/m²）										
	生物量（g/m²）										
水栖寡毛类	密度（ind/m²）										
	生物量（g/m²）										
其他	密度（ind/m²）										
	生物量（g/m²）										

调查区域： 调查日期：
采　样： 统　计：
采样时间： 统计时间：

盐龙湖工程			YLH - ST04 - 007 浮游生物名录及其分布表			编号：		
序　号	种　类	学　名	采 样 点 分 布 状 况					
合　计								

注：用符号表示分布状况："－"表示少，"＋"表示一般，"＋＋"表示较多，"＋＋＋"表示很多，用于定性比较。

调查区域：　　　　　　　　　　　　　　　调查日期：
采　样：　　　　　　　　　　　　　　　　统　计：
采样时间：　　　　　　　　　　　　　　　统计时间：

盐龙湖工程			YLH－ST04－008 浮游植物调查记录表							编号：

采样点编号	浮游植物总量		各门浮游植物（数量/生物量）占总量的百分比（%）							
	数量× （10⁴ cells/L）	生物量 （mg/L）	蓝藻	绿藻	硅藻	甲藻	裸藻	隐藻	金藻	其他

调查区域：　　　　　　　　　　　　　　采样：

采样时间：　　　　　　　　　　　　　　记录：

盐龙湖工程	YLH-ST04-009 浮游动物调查记录表		编号：		
采样点	浮游动物总量		各类浮游动物(数量/生物量)占总量的百分比(%)		
编　号	数量(ind/L)	生物量 (mg/L)	原生动物	轮　虫	枝角类	桡足类
平　均						

调查区域：　　　　　　　　　　　　　测定日期：

采样时间：　　　　　　　　　　　　　记　　录：

盐龙湖工程	YLH-ST04-010 生态系统巡查表				编号:	
日期:	星期:		天气:		温度:	

功能区域 巡查项目	时 间		昨日进出水量(t)	动植物观察		感官性指标	
				动物	植物	异味(鼻闻口尝)	异色(比色)
原水泵站	上午						
	下午						
预处理区	上午		—				
	下午						
挺水植物区	上午		—				
	下午						
沉水植物区	上午		—				
	下午						
深度净化区	上午		—				
	下午						
取水泵站	上午						
	下午						

异味的强度等级说明:0 级,无任何异味;1 级,一般人难以发觉,但是嗅觉敏感者可以发觉;2 级,一般人刚能发觉;3 级,已能明显察觉;4 级,已经有明显臭味;5 级,有强烈恶臭或异味。

记录: 审核:

检 查 项 目		管 护 内 容	要 求	考核情况
取水口	1. 水面漂浮物清理、外运	蟒蛇河取水口外侧格栅条周边聚集的水面漂浮物的清理	泵站取水时,格栅正前方 10 m 内,上下游 100 m 内不出现漂浮物聚集现象	优□ 良□ 中□ 差□
预处理区	1. 亲水平台保洁、维护	清水平台日常维护、清洁	亲水平台保持干净、整洁	优□ 良□ 中□ 差□
	2. 水面保洁	水面、可调节配水堰板及人工检修步道、溢流堰保洁	水面干净,随水流入的有害漂浮物及时打捞;溢流堰干净	优□ 良□ 中□ 差□
	3. 导流堤管护	堤坝绿化管护	堤坝完整,绿化高度低于 20 cm	优□ 良□ 中□ 差□
	4. 人工介质及挡水板管护	人工介质保洁、填料维护;挡水板日常维护	人工介质无脱落现象,填料脏了后及时清理;挡水板无脱落现象	优□ 良□ 中□ 差□
挺水植物区	1. 挺水植物区日常养护	① 挺水植物区水面保洁日常维护;② 入侵植物清理、沉水植物收割及无害化处理	① 水面无植物残体、青苔及其他杂物;② 入侵植物及时清理;③ 布水沟渠、收集干渠、收集总渠的沉水物及时收割并做无害化处理	优□ 良□ 中□ 差□
	2. 挺水植物倒伏处理	对区域内倒伏的植物及时清理	将倒伏的植物及时收割并收运出湖区作无害化处理	优□ 良□ 中□ 差□
	3. 隔埂养护	① 配水总渠路面、隔埂路面、沟渠坡面保洁及绿化养护;② 蝶阀罩壳以及水位测报系统等设备的日常保洁	① 混凝土隔埂无青苔、淤泥等杂物,所有堤坝、土隔埂保持完整,植物高度低于 20 cm;② 外露设备表面整洁	优□ 良□ 中□ 差□
沉水植物区	1. 生态导流堤养护	生态导流堤日常清洁维护	保持堤坝完整,整洁,绿化高度不超过 20 cm	优□ 良□ 中□ 差□
	2. 亲水平台保洁	亲水平台日常维护清洁	亲水平台干净、整洁	优□ 良□ 中□ 差□
	3. 水面保洁	水面保洁、废弃物打捞清理	对流入的有害水生植物、漂浮物等及时进行打捞;杂物清理外运出湖区,规范化处理	优□ 良□ 中□ 差□
	4. 沉水植物收割、外运及处理	① 沉水植物露出水面收割;② 收割物外运,并进行无害化处理	① 沉水植物收割整齐,无杂乱现象;② 收割现场堤坝两侧无杂乱现象,无垃圾堆积,无腐烂的水草	优□ 良□ 中□ 差□
	5. 跌水堰及 8♯、9♯、10♯涵闸	跌水堰及 8♯、9♯、10♯涵闸附近的卫生清理	保持水流通畅,无杂物残留	优□ 良□ 中□ 差□
深度净化区	1. 水面保洁	对随水流入的有害水生植物、漂浮物等及时进行打捞;杂物清理外运出湖区,规范化处理	水面无水生植物及动物残体、无漂浮物 坡面无杂物	优□ 良□ 中□ 差□
	2. 沿岸缓冲带挺水、沉水植物养护、收割及无害化处理	对沿岸缓冲带挺水、沉水植物进行养护并及时收割、外运	沿岸缓冲带内的挺水植物倒伏后及时处理,沉水植物出现残枝后及时打捞外运,根据情况适当补种。保持水面无植物残体	优□ 良□ 中□ 差□
	3. 亲水平台保洁	亲水平台日常维护、清洁	亲水平台保持干净、整洁	优□ 良□ 中□ 差□
	4. 输水明渠及石笼护坡清理、养护	输水明渠及石笼护坡清理、养护	无漂浮物、杂物	优□ 良□ 中□ 差□
其他	1. 堤坝绿化及铁丝网围栏管护	湖区内所有道路、中堤双侧斜坡绿化及外围围栏维护及附着物清理	保持围栏整洁、无杂物,保证封闭效果良好,坡面绿化无杂草	优□ 良□ 中□ 差□

盐龙湖工程		YLH - SB01 - 001 工程调度运行单			编号：
序号	区域	设备名称	开启（开启度及时间段）	关闭	其他要求
一	取水泵站	5 台取水泵			
二	预处理区	涵闸 1			
		涵闸 7			
		增氧机			
三	生态湿地净化区——挺水植物区	配水总渠东部 9 个配水闸			
		配水总渠西部 9 个配水闸			
		溢流调节闸 1			
		溢流调节闸 2			
		涵闸 8			
四	生态湿地净化区——沉水植物区	涵闸 9			
		涵闸 10			
		联通管 1、2、3			
五	深度净化区	涵闸 2			
		涵闸 3			
		涵闸 4			
		涵闸 5			
		涵闸 6			
		溢流管 1			
		溢流管 2			
六	其他控制要求				

经办人： 　　　　　审批人： 　　　　　日期：

YLH - SB01 - 002 运行记录工况

编号：

盐龙湖工程														
日　期														
原水泵站	水泵	开启台数												
		每日台时												
	水位(m)													
预处理区	内圈增氧机	开启时间												
		关闭时间												
	外圈增氧机	开启时间												
		关闭时间												
	涵闸1	工　况												
	涵闸7	工　况												
	水位(m)													
挺水植物区	配水闸东	工　况												
	配水闸西	工　况												
	溢流调节闸西	高度(m)												
	溢流调节闸东	高度(m)												
	涵闸8	工　况												
	水位(m)													
沉水植物区	涵闸9	工　况												
	涵闸10	工　况												
	联通管1~3	工　况												
	水位(m)	上　午												
深度净化区	涵闸2	工　况												
	涵闸3	工　况												
	涵闸4	工　况												
	涵闸5	工　况												
	涵闸6	工　况												
	溢流管1	工　况												
	溢流管2	工　况												

记录：　　　　　审核：　　　　　日期：

盐龙湖工程	YLH - SB02 - 001 设备维修记录表		编号：
机器名称		型　号	
出厂日期		使用日期	
发现故障时间			
故障经过			
现　象			
检查情况			
维修经过			
维修后情况			

记录：　　　　　　　　　　　　　　　　　日期：

盐龙湖工程	YLH - SB02 - 002 设备维修记录表			编号：
日　期	设 备 名 称	设 备 状 况	负 责 人	巡 检 人

盐龙湖工程

YLH - ZH01 - 001
来访人员车辆登记表

编号：

日期	来访人姓名	来访者单位	手机号	车牌号	接待人姓名	事由	人/时间	出/时间	检查情况	门卫执勤签名

盐龙湖工程	YLH－ZH02－001 夜间值班记录表	编号：	

日期： 年 月 日

序　号	项　　目	检 查 内 容	考 核 情 况
1	原水泵站	原水口保洁情况	优□ 良□ 中□ 差□
2		原水鼻闻口尝记录	优□ 良□ 中□ 差□
3		原水泵开启情况	1#□ 2#□ 3#□ 4#□ 5#□
4	安　保	人员到位情况	优□ 良□ 中□ 差□
5		电动车巡查情况	优□ 良□ 中□ 差□
6		岗亭值班情况	优□ 良□ 中□ 差□
7	水　质	外河原水感官性状	优□ 良□ 中□ 差□
8		预处理区感官性状	优□ 良□ 中□ 差□
9		挺水区感官性状	优□ 良□ 中□ 差□
10		沉水区感官性状	优□ 良□ 中□ 差□
11		深度净化区感官性状	优□ 良□ 中□ 差□

备注：

巡查人：　　　　　　　　　　　　　　　　审核人：

盐龙湖工程

YLH-ZH02-002
安保岗亭值班记录表

编号:

设备	对讲机	电筒	警棍	救生衣	救生圈	救生绳	扫把	簸箕	拖把	灯	插座	茶瓶
交接情况												

检查意见:

序号	出岗亭巡逻时间	巡逻结束时间	岗亭卫生	个人仪容	护栏	监控	路灯	绿化	环卫	水质	动物情况	植物情况	人员车辆情况
1													
2													
3													
4													
5													
6													

检查意见:

检查意见:

检查意见:

值班队长: 项目负责人: 盐龙湖管理处:

盐龙湖工程　　　YLH - ZH02 - 003　　　编号：

安保监控中心值班记录表

设备	对讲机	电筒	警棍	救生衣	救生圈	救生绳	扫把	簸箕	拖把	灯	插座	茶瓶
交接情况												

设备、设施情况	监控室人员出入情况	外来人员、车辆情况

检查意见：

检查意见：

检查意见：

值班队长：　　　　　项目负责人：　　　　　盐龙湖管理处：

盐龙湖工程	YLH-ZH02-004 盐龙湖安保巡逻记录表	编号：

日期：　　年　月　日　　班次：班

轮　次	岗　位	时　间	情况汇报	汇报人	备　注
1	1号岗				
	2号岗				
巡逻人：	3号岗				
	4号岗				
	监控中心				
	5号岗				
2	1号岗				
	2号岗				
巡逻人：	3号岗				
	4号岗				
	监控中心				
	5号岗				
3	1号岗				
	2号岗				
巡逻人：	3号岗				
	4号岗				
	监控中心				
	5号岗				
4	1号岗				
	2号岗				
巡逻人：	3号岗				
	4号岗				
	监控中心				
	5号岗				

盐龙湖工程	YLH-ZH03-001 采购申请表	编号：

年　月　日

序号	材料 名称	规格 品牌	单位	本次 需要量	库存 数量	申请采购 数量	单价 （元）	总价 （元）	备注
合　计									
1									
2									
3									
4									
5									
6									
7									
8									
9									
10									

申请人（保管）	领导审批	由_____通过_____方式采购。

盐龙湖工程	YLH - ZH03 - 002 领用申请表	编号：

年　月　日

序　号	材料名称	规格品牌	单　位	本次需要量	库存数量	申请领用数量	备注
1							
2							
3							
4							
5							
6							
7							
8							
9							
10							
11							
领用人填写申请表前应先与 保管确认所需材料库存情况		领导审批		出库材料数量、质量正常			
领用人：		领用人：				保管：	

附　　件

附件一　专利成果目录

盐龙湖工程申请专利一览表

专 利 名 称	知识产权类别	授权专利号
一种受污染饮用水源原水的生态净化工艺	发　明	ZL201210181368.3
复合型表流湿地系统	发　明	ZL201210584637.0
沉水植物渐沉式种植装置	发　明	ZL201110455978.3
沉水植物繁育毯及其应用	发　明	ZL201110063175.3
沉积物采样器	发　明	ZL201510454825.1
沉水植物与浮叶植物混合型潜流湿地系统	发　明	ZL201210304205.X
引排河道水质处理系统	实用新型	ZL201420719455.4
一种受污染饮用水源原水的生态净化系统	实用新型	ZL201120571171.1
针对高破碎度地形的生态净化工程布局	实用新型	ZL201120571127.0
浮动式拦截净化装置	实用新型	ZL201220061802.X
一种水质预处理设施	实用新型	ZL201220646303.7
复合型表流湿地的生境	实用新型	ZL201220741269.1
一种可旋转式生态浮床装置	实用新型	ZL201320193009.X
沉积物观测器	实用新型	ZL201320188411.9
溢流增氧跌水堰	实用新型	ZL201320284407.2
生态护坡	实用新型	ZL201320424326.8
手持式水生植物收割装置	实用新型	ZL201320475835.3
一种针对新建水库型水源地的工程布局	实用新型	ZL201320884591.4
一种水库蓝藻溢流排出装置	实用新型	ZL201420189190.1
微污染饮用水水源原水强化预处理装置	实用新型	ZL201420332856.4
低流速水体流速测定工装	实用新型	ZL201420456564.1
饮用水水库的出水调控系统	实用新型	ZL201420054571.3
饮用水水库的进水调控系统	实用新型	ZL201420054531.9
饮用水水库的水质保障系统	实用新型	ZL201420054559.2
河道型水源地水体的异位净化及水质维持系统	实用新型	ZL201520091896.9

附件二　获奖目录

盐龙湖工程获奖情况表

序号	名　　称	奖　项	等　级
1	盐城市区饮用水源生态净化工程可行性研究报告	上海市优秀工程咨询成果奖	一等奖
2	盐城市区饮用水源生态净化工程可行性研究报告	全国优秀咨询成果奖	三等奖
3	盐城市区饮用水源生态净化工程中试研究报告	上海市优秀工程咨询成果奖	一等奖
4	生态湿地系统在盐龙湖工程中的研究与应用	江苏省水利科技进步奖	一等奖
5	生态湿地系统在盐龙湖工程中的研究与应用	上海市优秀工程咨询成果奖	一等奖
6	平原河网地区河道型水源地原水生态净化工程调度及生态管护关键技术研究	江苏省水利科技进步奖	一等奖
7	盐城市区饮用水源生态净化工程（盐龙湖）设计	全国优秀水利水电工程勘测设计奖	金质奖
8	平原河网地区河道型水源地原水生态净化与水质保障关键技术研究	大禹水利科学技术奖	二等奖

附件三　发表论文目录

论文汇总一览表

序号	刊物名称	论文名称	作者（前2名）
1	中国水利	盐城盐龙湖工程建设的探索与实践	罗利民　朱榛国
2	中国水利	盐龙湖富营养化防治关键技术探讨	成必新　郭萧
3	中国水利	盐龙湖工程中试系统去除原水中氮磷效果研究	左倬　郭萧
4	中国水利	盐龙湖饮用水水源地水土保持设计探讨	陈燕　周航
5	中国水利	加强盐龙湖管理保护的对策思考	陈红卫
6	中国水利	盐龙湖堤防压密注浆施工质量控制	谷祥先
7	中国水利	盐龙湖人工湿地净化微污染河水水质研究	罗利民　何玉良
8	中国水利	水泵驻厂监造的质量控制要点	项鹏海
9	中国水利	盐城饮用水水源生态净化工程景观设计	饶倩倩
10	中国水利	盐城饮用水水源生态净化工程综合自动化系统设计	符新峰　仓基俊

续　表

序　号	刊 物 名 称	论 文 名 称	作者(前2名)
11	中国水利	盐城市区饮用水源生态净化工程库区生态堤防设计	朱冬舟　陆惠萍
12	中国农村水利水电	人工湿地改善微污染水体溶解氧的中试研究	仓基俊　左倬
13	中国农村水利水电	生态净化技术对微污染原水水体溶解氧及理化指标的改善	朱雪诞　陈煜权
14	中国给水排水	盐龙湖取水泵房设计	吴贵江　郭承元
15	中国给水排水	集中式饮用水水源的生态净化中试研究	仓基俊　罗利民
16	水利建设与管理	盐龙湖生态净化工程质量控制措施	严路易
17	安徽农业科学	青苔在微污染水体生态净化系统中的发生与防治	仓基俊　左倬
18	江苏水利	湿地净化水质　改善水源地环境——盐龙湖工程整治	盐城市水利局
19	人民长江	多生活型表流湿地在高、低温季节水质净化效果的比较	左倬　胡伟
20	城市道桥与防洪	生态水源地工程路面结构的选择——以盐城市区饮用水源生态净化工程为例	韩海潮
21	环境科学与管理	人工湿地处理技术在集中式饮用水源工程中的应用研究	侍爱秋
22	供水技术	统计技术在人工生态湿地净化水质中的应用	杜观超　杨政义
23	城镇供水	人工生态湿地对水厂原水水质的净化	杨政义
24	给水排水	平原地区新建湖库型水源地设计生态工程关键技术问题及实践	胡伟　朱雪诞
25	生态学报	不同植物配置下人工湿地大型底栖动物群落特征及其环境因子的关系	左倬　陈煜权
26	环境工程学报	低温季大型表流湿地对微污染水体脱氮效果及优化运行	左倬　仓基俊
27	环境污染与防治	盐城蟒蛇河饮用水水源原水特征及盐龙湖工程水质净化效果评价	左倬　朱雪诞
28	环境工程学报	不同季节大型生态净化工程对原水氮素净化效果	王超　陈煜权
29	中国农村水利水电	生态净化工程预处理单元对泥沙沉积的时空规律研究	王瀚林　商志清
30	环境科学与技术	干湿交替对湿地土壤氮磷缓冲能力的影响	李阳　何伟
31	人民长江	大型人工湿地水质净化预处理工艺效果研究	卿杰　左倬
32	环境工程	大型表流人工湿地不同季节不同进水负荷下水质净化效果研究	卿杰　王超
33	科技成果管理与研究	平原河网地区新建湖库型水源地生态技术研究与应用	仓基俊　陈煜权

附件四　盐 龙 湖 风 采

蟒蛇河原水泵站

原水泵站进水前池

预处理区溢流堰

预处理区俯瞰

挺水植物区一角

挺水植物区俯瞰

沉水植物区跌水增氧堰

沉水植物区俯瞰

深度净化区进水涵闸

深度净化区输水泵站

盐龙湖湿地水鸟

盐龙湖湿地水鸟

盐龙湖广场

堤顶道路

收集总渠道路

盐龙湖管理楼

中央监控室

水质实验室

盐龙湖沙盘

盐龙湖展示厅

盐龙湖全景

盐龙湖湿地全景